Leitfaden Arithmetik

Ralf Benölken · Hans-Joachim Gorski ·
Susanne Müller-Philipp

Leitfaden Arithmetik

Für Studierende der Lehrämter

7., vollständig überarbeitete und
erweiterte Auflage

 Springer Spektrum

Ralf Benölken
Fakultät für Mathematik und
Naturwissenschaften
Bergische Universität Wuppertal
Wuppertal, Deutschland

Susanne Müller-Philipp
Didaktik der Mathematik
Westfälische Wilhelms-Universität
Münster
Münster, Deutschland

Hans-Joachim Gorski
Didaktik der Mathematik
Westfälische Wilhelms-Universität
Münster
Münster, Deutschland

ISBN 978-3-658-22851-4   ISBN 978-3-658-22852-1 (eBook)
https://doi.org/10.1007/978-3-658-22852-1

Die Deutsche Nationalbibliothek verzeichnet diese Publikation in der Deutschen Natio-
nalbibliografie; detaillierte bibliografische Daten sind im Internet über http://dnb.d-nb.de
abrufbar.

Springer Spektrum
© Springer Fachmedien Wiesbaden GmbH, ein Teil von Springer Nature 1999, 2004, 2005,
2008, 2009, 2012, 2018
Das Werk einschließlich aller seiner Teile ist urheberrechtlich geschützt. Jede Verwer-
tung, die nicht ausdrücklich vom Urheberrechtsgesetz zugelassen ist, bedarf der vorherigen
Zustimmung des Verlags. Das gilt insbesondere für Vervielfältigungen, Bearbeitungen,
Übersetzungen, Mikroverfilmungen und die Einspeicherung und Verarbeitung in elektroni-
schen Systemen.
Die Wiedergabe von Gebrauchsnamen, Handelsnamen, Warenbezeichnungen usw. in diesem Werk berechtigt auch ohne besondere Kennzeichnung nicht zu der Annahme, dass
solche Namen im Sinne der Warenzeichen- und Markenschutz-Gesetzgebung als frei zu
betrachten wären und daher von jedermann benutzt werden dürften.
Der Verlag, die Autoren und die Herausgeber gehen davon aus, dass die Angaben und Informationen in diesem Werk zum Zeitpunkt der Veröffentlichung vollständig und korrekt
sind. Weder der Verlag noch die Autoren oder die Herausgeber übernehmen, ausdrücklich oder implizit, Gewähr für den Inhalt des Werkes, etwaige Fehler oder Äußerungen.
Der Verlag bleibt im Hinblick auf geografische Zuordnungen und Gebietsbezeichnungen
in veröffentlichten Karten und Institutionsadressen neutral.

Verantwortlich im Verlag: Ulrike Schmickler-Hirzebruch

Gedruckt auf säurefreiem und chlorfrei gebleichtem Papier

Springer Spektrum ist ein Imprint der eingetragenen Gesellschaft Springer Fachmedien
Wiesbaden GmbH und ist ein Teil von Springer Nature.
Die Anschrift der Gesellschaft ist: Abraham-Lincoln-Str. 46, 65189 Wiesbaden, Germany

für Susanne

Vorwort zur siebten Auflage

Nur sehr wenig ist uns im Leben so schwer gefallen, wie die Erarbeitung der vorliegenden Auflage ohne Dr. Susanne Müller-Philipp, die im Jahre 2015 viel zu früh verstorben ist. Wir wissen aber auch, dass ihr die Leitfäden Arithmetik und Geometrie sehr am Herzen lagen, und wir glauben fest daran, dass sie uns darin bestärkt hätte, ihre Weiterentwicklung anzugehen. Susanne war uns während der Arbeit an der vorliegenden Auflage sehr nahe, schimmern doch ihre Gedanken und nicht zuletzt ihr Humor an so vielen Stellen des Textes durch. Wir werden sie immer sehr vermissen. Wir versprechen, die Arbeit in ihrem Sinne fortzuführen.

Wie in vergangenen Auflagen sind in der vorliegenden einige Passagen aktualisiert, beispielsweise die Liste der größten Primzahlen. Außerdem wurden mit der „Mengenlehre" und mit „Operativen Beweisen" zwei vollständig neue Kapitel ergänzt, wobei die Ausweitung fachlicher Fundamente und die Spezifik des Fachs an der Schnittstelle von Fachlichkeit und Didaktik fokussiert sind. Das Kapitel zu „Kryptologie" (neu: „Geheime Botschaften") erfuhr eine grundlegende Überarbeitung und enthält nun eine Vielzahl – auch unterrichtspraktisch interessanter – Verschleierungs- und Verschlüsselungsverfahren. Nicht zuletzt haben wir das Kapitel zu „Alternativen Rechenverfahren" um einige substanzielle Rechentricks ergänzt. Seien Sie gespannt!

Mathematisches Hintergrundwissen, für die Mathematik typische Argumentationsformen, Verständnis für Verfahren und Zusammenhänge, aber auch Freude an diesem Tun, Staunen und Begeisterung wollen wir in der Lehrerbildung erfahrbar machen. Der *Leitfaden Arithmetik* soll diesen Prozess unterstützen. Er wendet sich primär an Studierende mit den Studienzielen Lehramt Primarstufe und/oder Lehramt Sekundarbereich I bzw. an die angehenden Grund-, Haupt- und Realschullehrerinnen und -lehrer. Uns freut besonders, dass auch Studierende anderer Studiengänge offenbar vermehrt Gewinn aus unserem Lehrbuch ziehen.

Wir wünschen Ihnen viel Freude und Erfolg bei der Durcharbeitung des *Leitfadens Arithmetik*.

Münster, im Juni 2018

Ralf Benölken   Hans-Joachim Gorski

Inhaltsverzeichnis

Vororientierung

Was nicht vorkommen wird

Es bezeichne

$\mathbb{N}$ die Menge der natürlichen Zahlen $\{1, 2, 3, 4, 5, \dots\}$,

$\mathbb{Z}$ die Menge der ganzen Zahlen $\{0, \pm 1, \pm 2, \pm 3, \pm 4, \pm 5, \dots\}$,

$\mathbb{Q}$ die Menge der rationalen Zahlen und

$\mathbb{R}$ die Menge der reellen Zahlen.

Weiter sei $\mathbb{N}_0 := \mathbb{N} \cup \{0\}$. Es gilt $\mathbb{N} \subset \mathbb{N}_0 \subset \mathbb{Z} \subset \mathbb{Q} \subset \mathbb{R}$. Wir setzen im Folgenden das Rechnen in diesen Mengen als bekannt voraus, d.h., die Frage, was z.B. die natürlichen Zahlen eigentlich sind und wie sich das Rechnen mit ihnen axiomatisch begründen lässt (Peano-Axiome), wird hier nicht thematisiert.

Des Weiteren werden wir den Begriff der Relation sowie Eigenschaften von Relationen nicht gesondert behandeln. Den meisten Leserinnen und Lesern werden verschiedene Relationen (z.B. die Kleinerrelation) bekannt sein. Vermutlich sind Sie mindestens implizit bereits mit Eigenschaften (z.B. transitiv, symmetrisch) in Berührung gekommen, die man an Relationen zu untersuchen pflegt. Den übrigen versichern wir, dass sie an den fraglichen Stellen „ad hoc" verstehen werden, was gemeint ist, auch ohne systematische Vorkenntnisse zu diesem Begriff.

Gewisse Grundkenntnisse über algebraische Strukturen werden wir als bekannt voraussetzen. Sicher sind Sie dem Begriff *Gruppe* schon mehrfach begegnet, auch sollte Ihnen klar sein, was eine *kommutative Gruppe* ist. So ist etwa die Menge der ganzen Zahlen zusammen mit der Addition eine kommutative Gruppe. Aber auch hier gilt: Da, wo diese Begriffe auftauchen, werden sie an Ort und Stelle – soweit für das Verständnis nötig – geklärt. Für den genannten Gruppenbegriff geschieht dies beispielsweise in Kapitel 8.

Einige Voraussetzungen in Kurzform

1. $a, b \in \mathbb{Z}$.
    Dann gilt: Entweder $a = b$ oder $a \neq b$

2. Trichotomie:
    $a, b \in \mathbb{Z}$. Entweder $a = b$ oder $a < b$ oder $a > b$

3. Transitivität der Kleinerrelation:
    $a < b \;\wedge\; b < c \;\Rightarrow\; a < c$

4. Zu jedem $z \in \mathbb{Z}$ gibt es genau einen Nachfolger $z + 1$ (z').

5. Zu jedem $z \in \mathbb{Z}$ gibt es genau eine vorhergehende Zahl $z - 1$.

6. Jede endliche Menge ganzer Zahlen besitzt ein kleinstes Element.
    (Wohlordnung)

7. Für alle natürlichen Zahlen n ist $n! = 1 \cdot 2 \cdot 3 \cdot \ldots \cdot n$ als Produkt der
    natürlichen Zahlen von 1 bis n definiert (sprich „n Fakultät") und $0! = 1$.

Verknüpfungen   (seien $a, b, c \in \mathbb{Z}$)

8. Abgeschlossenheit bzw. Existenz
    wenn $a, b \in \mathbb{Z}$,
    dann $a + b \in \mathbb{Z}$ und $a \cdot b \in \mathbb{Z}$

9. Eindeutigkeit
    $a + b = c$ (genau ein c) $a \cdot b = c$ (genau ein c)

10. Kommutativität
    $a + b = b + a$ $a \cdot b = b \cdot a$

11. Assoziativität

$$(a + b) + c = a + (b + c) \qquad (a \cdot b) \cdot c = a \cdot (b \cdot c)$$

12. Regularität

$$a + c = b + c \implies a = b$$
$$c + a = c + b \implies a = b$$

$$a \cdot c = b \cdot c \implies a = b \qquad \text{für } c \in \mathbb{Z} \setminus \{0\}$$

13. Distributivität

$$(a + b) \cdot c = a \cdot c + b \cdot c$$
$$c \cdot (a + b) = c \cdot a + c \cdot b$$

14. Neutrales Element

$$a + 0 = a \qquad a \cdot 1 = a$$

15. Inverses Element

$$a, x \in \mathbb{Z}$$
$$a + x = 0$$
$$x = -a$$

16. Subtraktion

$$a + x = b$$
$$x = b - a$$

17.
$$(+m) \cdot (+n) = m \cdot n$$
$$(+m) \cdot (-n) = -(m \cdot n)$$
$$(-m) \cdot (+n) = -(m \cdot n)$$
$$(-m) \cdot (-n) = m \cdot n$$

18. Monotonie

$$a < b \implies a + c < b + c$$
$$a > b \implies a + c > b + c$$

$$a < b \implies a \cdot c < b \cdot c \qquad \text{für } c > 0$$
$$a < b \implies a \cdot c > b \cdot c \qquad \text{für } c < 0$$

Darüber hinaus verwenden wir folgende Notationen / Abkürzungen:

den All-Quantor in der Form:[1] $\forall\, n \in \mathbb{N}$ gilt: …

                                         Für alle $n \in \mathbb{N}$ gilt: …

den Existenz-Quantor in der Form: $\exists\, n \in \mathbb{N}$ mit: …

                                         Es gibt ein $n \in \mathbb{N}$, für das … gilt.

als Abkürzung für „zu zeigen ist":   z.z.:

zur Kennzeichnung einer Begrün-
dung für einen Beweisschritt: / n. Induktionsvoraussetzung

als Abkürzung für
Distributivgesetz: DG …

als Abkürzung für
Assoziativgesetz: AG …

als Abkürzung für
Kommutativgesetz: KG …

---

[1] Hier wie bei der folgenden Darstellung zum Existenz-Quantor deuten die
     Pünktchen das Einsetzen einer „Aussageform A(n)" an – der Begriff der
     Aussageform wird bereits in Kapitel 1 eingeführt.

Was stattdessen behandelt wird

Das erste Kapitel dieses Buchs stellt Fundamente zu *Mengen und Aussagen* bereit. Wenngleich wir davon ausgehen, dass Ihnen *grundlegende Beweistechniken* aus Ihrem bisherigen Studium bekannt sind, haben wir uns dazu entschlossen, diese Techniken in Kapitel 2 gesondert zu thematisieren. Dabei wird es darum gehen, die zentralen Beweisverfahren zu memorieren, zu begründen und ihre Anwendung anhand von Beispielen einzuüben. Kapitel 3 wird eine andere, nämlich eine didaktisch inspirierte Sichtweise auf Beweise und Begründungen nehmen und insbesondere *operative Beweise* einführen.

Ein wichtiges Anliegen dieses Buches ist es zu zeigen, wie man jede natürliche Zahl aus „Bausteinen" aufbauen kann. Die Suche nach solchen „Bausteinen" mit entsprechenden „Bauvorschriften" ist ein zentrales Anliegen der Mathematik. Die *Stellenwertschreibweise*, die gegen Ende behandelt wird, ist ein Beispiel hierfür. Ein anderes Beispiel ist die Darstellung von natürlichen Zahlen durch ihre *Primfaktorzerlegung*. In beiden Fällen muss man sowohl die *Existenz* als auch die *Eindeutigkeit* einer solchen Darstellung nachweisen. Die Existenz sowie die Eindeutigkeit (bis auf Reihenfolge) der Primzahlzerlegung natürlicher Zahlen ist Aussage des *Hauptsatzes der elementaren Zahlentheorie* (Kapitel 5).

Zunächst aber gilt es, die *Teilbarkeitsrelation* zu definieren und auf ihre Eigenschaften zu untersuchen. Begriffe wie *Teiler, Teilermengen, Primzahlen* und *Verfahren zu ihrer Darstellung und Ermittlung* werden in Kapitel 4 angesprochen.

Kapitel 6 macht Sie mit einigen interessanten *Fakten und Vermutungen über Primzahlen* bekannt. Unseres Erachtens liegt der Reiz der elementaren Zahlentheorie auch darin begründet, dass Aussagen, die einem mathematischen Laien verständlich sind, Mathematiker noch heute vor zum Teil unlösbare Probleme stellen.

Kapitel 7 wendet sich dem *größten gemeinsamen Teiler* (ggT) und dem *kleinsten gemeinsamen Vielfachen* (kgV) zu. Nicht nur zur Vorbereitung der Bruchrechnung sind diese Begriffe von Bedeutung. Auch Probleme des Sachrechnens führen auf die Bestimmung von ggT und kgV. Neben der Primfaktorzerlegung als ein Weg zur Ermittlung von ggT und kgV (Zusammenhang zu Kapitel 5) lernen Sie ein weiteres Verfahren zur Bestimmung des größten gemeinsamen Teilers zweier Zahlen kennen, das meist sehr viel schneller zum Ziel führt: den *euklidischen Algorithmus*. Dieser führt uns auch zur Darstellung des ggT(a,b) (und damit auch aller Vielfachen von diesem) als Linearkombination von a und b und damit zu den *linearen diophantischen Gleichungen*.

Nachdem wir uns ausführlich mit der Teilbarkeit befasst haben, liegt es nahe, diejenigen Zahlen, die bei Division durch eine feste natürliche Zahl m denselben Rest lassen, zu einer Menge, der so genannten *Restklasse*, zusammenzufassen. In Kapitel 8 zeigen wir, dass sich das Rechnen mit den Zahlen im Rechnen mit den Resten widerspiegelt, wodurch eine starke Vereinfachung von Beweisen und Rechnungen erzielt werden kann. An dieser Stelle werden u.a. die Ihnen sicher geläufigen *Teilbarkeitsregeln* (Endstellenregeln, Quersummenregeln) hergeleitet.

Kapitel 9 zu *geheimen Botschaften* präsentiert u.a. einige klassische Verfahren der Kryptologie. Es soll Ihnen aber zugleich vor allem zeigen, dass die bis dahin erarbeiteten Grundlagen Anwendungen nach sich ziehen, die unser aller tägliches Leben allgegenwärtig beeinflussen. Wir geben Ihnen einen kurzen Einblick in das sichere *Ver- und Entschlüsseln von Daten*, realisiert durch den *RSA-Algorithmus*. Manches, was Sie bis dahin vielleicht nur als zahlentheoretische „Spielereien" wahrgenommen haben, entpuppt sich nun als höchst relevant auf einem uns alle angehenden Gebiet der angewandten Mathematik.

Einen vorläufigen Abschluss bildet Kapitel 10 über *Stellenwertsysteme*. Hier werden Sie u.a. erfahren, welch geniale Erfindung unsere Art der *Zahldarstellung* ist, auch durch einen Blick in die Geschichte der Mathematik. Das *Rechnen in anderen Stellenwertsystemen* führt zu einem tieferen Verständnis des Prinzips unserer Zahldarstellung und der verwendeten Algorithmen. Gerade dieses Kapitel versetzt uns in besonderer Weise in die Lage von Schulkindern, die diese Darstellungsformen und die damit in Zusammenhang stehenden Algorithmen erst noch verstehen müssen.

Im Mathematikunterricht gilt es heute aus didaktischer Perspektive als selbstverständlich, dass Kinder individuelle Rechenwege beschreiten können. Die Bedeutung „schriftlicher Normalverfahren" und damit ein bloßes Abspulen von Rechenalgorithmen ist stark in den Hintergrund getreten. Schriftliche Normalverfahren sind freilich weiterhin ein zentraler Gegen-

stand des Mathematikunterrichts, gelten aber nicht länger als „Königsform"
des Rechnens. Hier setzt das Kapitel 11 an, das einige Beispiele *für alternative Rechenverfahren* vorstellt.

Wie vorgegangen wird

Bei der Entwicklung der vorliegenden Auflage standen Überlegungen hinsichtlich der Lesbarkeit und Verstehbarkeit wieder im Vordergrund. Wie in
vorangegangenen Auflagen möchten wir hierzu die wichtigsten uns leitenden
konzeptuellen Aspekte skizzieren:

Hinsichtlich der Lesbarkeit haben wir uns an gängigen Theorien zur Textproduktion orientiert. Darüber hinaus haben wir die entwickelten Textbausteine immer wieder in der Praxis überprüft und anschließend optimiert. Dabei sind an zahlreichen Stellen, gerade bei Hinführungen und Rückblicken,
Formulierungen unserer Studierenden in den *Leitfaden Arithmetik* eingeflossen. Diese implizite Mitarbeit wollten wir bewusst in Anspruch nehmen und
wir bedanken uns an dieser Stelle dafür explizit.

Hinsichtlich der Verstehbarkeit greifen wir, neben einer generellen Ausrichtung an lernpsychologischen Erkenntnissen, unter anderem auf die folgenden
methodischen Hilfsmittel zurück:

– Das deduktive (beweisende) Vorgehen wird bei als schwierig empfundenen Stellen induktiv vorbereitet. Es wird also keineswegs auf Beweise
  verzichtet, wohl aber werden sie häufig erst dann geführt, wenn das Verständnis des zu Beweisenden oder der Beweisidee am Beispiel sichergestellt wurde. Wo es möglich und sinnvoll ist, stellen wir Ihnen alternative
  Beweisideen zur Verfügung.

– Für zentrale Verfahren wie etwa den euklidischen Algorithmus, die Teilermengen-, ggT- und kgV-Bestimmung oder das Lösen diophantischer
  Gleichungen bieten wir verschiedene Darstellungsformen an.

– Viele Fragestellungen greifen wir mehrfach auf und bearbeiten sie mit
  den jeweils neu entwickelten Methoden.

Mathematische Sätze und Verfahren werden von uns nicht um ihrer selbst
willen bewiesen, sondern sollten Anwendungen nach sich ziehen. Darum
bieten wir Ihnen im Buch vielfältige Anwendungs- und Übungsaufgaben an.
Ohne in blinde Rezeptvermittlung abzugleiten, weisen wir Sie bei zentralen
Verfahren musterhaft in Standardanwendungen ein.

1 Mengenlehre

1.1 Grundlegendes

Die „Mengenlehre" ist ein grundlegendes Teilgebiet der Mathematik und Fundament für eine Vielzahl mathematischer Überlegungen und Phänomene. In Anlehnung an den Mathematiker Georg Cantor lassen sich Mengen als eine Gesamtheit von Objekten oder genauer als eine Zusammenfassung von bestimmten, wohl unterscheidbaren Objekten der Anschauung zu einem Ganzen beschreiben. Beispiele bieten die Menge aller Studierenden in einer Vorlesung, die Menge aller Kinder in einer Klasse oder die Menge aller Klassen an einer Schule. Letzteres Beispiel zeigt insbesondere, dass die Beschaffenheit der Objekte völlig unwichtig ist: Bei einer Klasse handelt es sich ja bereits um eine Menge von Kindern und die Menge aller Klassen an einer Schule setzt sich somit aus verschiedenen Mengen als Objekte zusammen. Wichtig ist hingegen, dass genau feststeht, ob ein Objekt zu einer Menge gehört oder nicht, denn nur dann kann sinnvoll von einer Menge gesprochen werden. Der Begriff der Menge ist ein Grundbegriff – er entzieht sich einer mathematischen Definition in einem strengen Sinne.

Historisch interessant ist eine starke Orientierung der Schulmathematik an fachmathematischen Grundlagen bereits in der Grundschule in Folge des „Sputnik-Schocks" in den 1960er und 1970er Jahren, die eine Betonung abstrakterer mathematischer Strukturen mit sich brachte:[1]

> „Als ein markantes Ergebnis der Neuorientierung der Grundschulmathematik kann die verbindliche Einführung des Mathematikunterrichts der Grundschule im Jahre 1972 hervorgehoben werden. Hiermit verbunden war eine deutliche fachwissenschaftliche Fundierung aller Lernthemen ab dem ersten Schuljahr. Die häufig mit ‚neue Mathematik' betitelte Reform sah beispielsweise vor, die ersten natürlichen Zahlen auf mengentheoretischer Fundierung einzuführen, oft sogar mit dem expliziten Gebrauch von Termini wie ‚Element einer Menge' oder ‚Durchschnittsmenge' und entsprechender Symbolik." (Käpnick, 2014, S. 7)

Die Notwendigkeit einer konsistenten Fundierung der Schulmathematik steht freilich außer Frage, aber Sie dürfen sich die Auswirkungen durchaus so

---

[1] Siehe im Detail z.B.: Käpnick, 2014; Graumann, 2002.

© Springer Fachmedien Wiesbaden GmbH, ein Teil von Springer Nature 2018
R. Benölken, H.-J. Gorski, S. Müller-Philipp, *Leitfaden Arithmetik*,
https://doi.org/10.1007/978-3-658-22852-1_1

vorstellen wie eine Decodierung der bekannten Sentenz „Das maximale Volumen subterraner Agrarprodukte steht in reziproker Relation zur intellektuellen Kapazität des Produzenten." Heute ist man von den abstrakten Zugängen der neuen Mathematik abgerückt und man versucht, Kindorientierung und fachwissenschaftliche Fundierung auszubalancieren (Käpnick, 2014). In dem oben angeführten Zitat wird mit „Element einer Menge" auf einen wichtigen Begriff Bezug genommen.Gemeint ist natürlich ein Objekt, das zu einer bestimmten Menge gehört.

In diesem Kapitel wird Sie die Klasse 3a der Grundschule Dawiewo in Weitweg begleiten. Die Klasse wird von 23 Kindern besucht. Hier sind ihre Lieblingshobbies – wir werden bald darauf zurückkommen:

Anne: Fußball	Franka: Blockflöte
Mirko: Judo	Nasan: Fußball
Ali: Schach	Ramona: Querflöte
Mirja: Tennis	Holger: Gitarre
Aylin: Blockflöte	Diana: Blockflöte
Markus: Schlagzeug	Marlen: Tennis
Ivar: Querflöte	Benedikt: Fußball
Sebastian: Fußball	Simon: Blockflöte
Angela: Computerspiele	Marie: Schlagzeug
Fredon: Computerspiele	Franz: Blockflöte
Kathrin: Querflöte	Timo: Gitarre
Lena: Blockflöte	

1.2   Bezeichnungen

Die Kinder unserer Klasse 3a können wir als Menge so darstellen:

{Anne, Mirko, Ali, Mirja, Aylin, Markus, Ivar, Sebastian, Angela, Fredon, Kathrin, Lena, Franka, Nasan, Ramona, Holger, Diana, Marlen, Benedikt, Simon, Marie, Franz, Timo}

Als ersten Schritt auf dem Weg zur formalen Beschreibung von Mengen halten wir fest: Die Elemente einer Menge fasst man in geschweiften Klammern zusammen. Üblicherweise werden Mengen mit einem Großbuchstaben notiert. Die Menge der Kinder unserer Klasse 3a könnten wir beispielsweise mit K bezeichnen und erhielten (wobei es nicht auf die Reihenfolge der Elemente ankommt):

K = {Anne, Mirko, Ali, Mirja, Aylin, Markus, Ivar, Sebastian, Angela, Fredon, Kathrin, Lena, Franka, Nasan, Ramona, Holger, Diana, Marlen, Benedikt, Simon, Marie, Franz, Timo}

Zur Charakterisierung einer beliebigen Menge wählt man oft den großen Buchstaben M. Schauen wir uns nun ein etwas mathematischeres Beispiel an und zwar die Menge der positiven Teiler der Zahl zwanzig.[2] Man bezeichnet sie mit dem Buchstaben T, ergänzt durch eine 20 in Klammern, da es ja gerade die Teilermenge von 20 sein soll:

$$T(20) = \{1, 2, 4, 5, 10, 20\}$$

Die Zugehörigkeit eines Elements a zu einer beliebigen Menge M beschreibt man knapp durch $a \in M$ (sprich „a ist Element von M"). Gehört ein Element a nicht zu einer Menge M, so schreibt man entsprechend $a \notin M$ („a ist nicht Element von M"). Für die Menge K der Kinder der Klasse 3a aus Weitweg gilt beispielsweise „Marie $\in$ K", aber „Horst $\notin$ K". Für die Menge T(20) gilt z.B. ferner $5 \in T$, offensichtlich jedoch $17 \notin T$.

Mengen müssen keinesfalls endlich sein.[3] Beispiele für unendliche Mengen[4] bieten Zahlbereiche wie die natürlichen oder die ganzen Zahlen, die üblicherweise anhand eines Buchstabens mit Doppelstrich bezeichnet werden:

$\mathbb{N}$ = $\{1, 2, 3, 4, 5, 6, 7, ...\}$ (Menge der natürlichen Zahlen)

$\mathbb{Z}$ = $\{..., -2, -1, 0, 1, 2, ...\}$ (Menge der ganzen Zahlen)

Charakteristika der natürlichen bzw. der ganzen Zahlen werden durch diese aufzählenden Darstellungen noch ausreichend deutlich. Bei anderen Mengen wäre es demgegenüber müßig, sie durch eine ähnliche, die Elemente aufzählende „Pünktchenschreibweise" zu charakterisieren. So ist es für die Menge der rationalen Zahlen, also die Menge aller Zahlen, die sich als Bruch mit ganzzahligem Zähler und Nenner darstellen lassen, günstiger, die folgende – hier noch etwas ungenaue – beschreibende Schreibweise zu verwenden:

$\mathbb{Q} = \{ \frac{a}{b} \mid a \in \mathbb{Z}$ und $b \in \mathbb{Z}, b \neq 0\}$ (Menge der rationalen Zahlen)

---

[2] Zur Einführung der sog. „Teilermenge" siehe Kapitel 4.3.
[3] So heißt eine Menge, falls die Anzahl ihrer Elemente endlich ist.
[4] Also Mengen mit unendlicher Anzahl an Elementen.

Die Grundidee liegt darin, die Beschreibung der Menge anhand der Formulierung von Eigenschaften auszuführen, die rechts des senkrechten Strichs formuliert sind: Es handelt sich um die Menge aller Quotienten[5] aus a und b, wobei die Bedingung gilt, dass a und b ganze Zahlen sind und b ungleich 0 ist (denn sonst würde ja vielleicht durch 0 geteilt werden). Der Vollständigkeit halber ist noch zu klären, aus welcher „Grundmenge" die Quotienten aus a und b selbst stammen: Nämlich aus der Menge der reellen Zahlen $\mathbb{R}$. Diese setzen sich aus den rationalen Zahlen zusammen, wie sie oben beschrieben sind, und den irrationalen, also denjenigen Zahlen, die sich nicht als Bruch zweier ganzer Zahlen darstellen lassen. Solche Zahlen haben unendlich viele Nachkommastellen und sie sind nicht periodisch, d.h., kein Muster von Ziffern wiederholt sich ab einer bestimmten Stelle immer wieder (ein Beispiel für eine irrationale Zahl ist die Kreiszahl π).[6] Mit diesem Hintergrundwissen können wir obige Beschreibung der rationalen Zahlen präzisieren als

$$\mathbb{Q} = \{ \tfrac{a}{b} \in \mathbb{R} \mid a \in \mathbb{Z} \text{ und } b \in \mathbb{Z}, b \neq 0 \}$$

und zusammengefasst festhalten, dass sich eine Menge von Elementen aus einer beliebigen Menge M bisweilen am günstigsten durch das Fixieren von Eigenschaften beschreiben lässt. Anstatt für die Darstellung der Menge K der Kinder der Klasse 3a alle Elemente vollständig aufzuzählen, könnten wir diese also auch etwa wie folgt beschreiben:

K = {Anne, Mirko, Ali, ... , Franz, Timo}
   = {a ∈ Kinder_aus_Weitweg_und_Drumherum | a besucht die Klasse 3a}

Analog kann die Menge T(20) charakterisiert werden:

T(20) = {1, 2, 4, 5, 10, 20} = {a ∈ $\mathbb{N}$ | a ist Teiler von 20}

Die Menge der Kinder der Klasse 3a mag Ihnen noch ein wenig sperrig erscheinen. Vielleicht gibt sich dies, wenn wir sie detaillierter anschauen. Wie viele Kinder treiben Sport? Es sind diejenigen, die Tennis, Fußball sowie Judo betreiben, und auch Schach ist ja eine Sportart, nämlich für den Geist. Wie viele spielen ein Instrument? Es sind die, die Gitarre, Schlagzeug, Block- und Querflöte spielen. Bezeichnen wir die Menge der Sporttreibenden mit S und die Menge der Musizierenden mit M, so erhalten wir:

---

[5] Hieraus erschließt sich die Bezeichnung der rationalen Zahlen durch $\mathbb{Q}$.
[6] Zu Zahlbereichen siehe z.B.: Padberg, Danckwerts & Stein (1995).

S = {Anne, Mirko, Ali, Mirja, Sebastian, Nasan, Marlen, Benedikt}

M = {Aylin, Markus, Ivar, Kathrin, Lena, Franka, Ramona, Holger, Diana, Simon, Marie, Franz, Timo}

Durch diese Klassifikationen haben wir „Teilmengen" unserer Gesamtmenge K der Kinder der Klasse 3a erhalten. Blicken wir auf die Teilermenge T(20), so ist die folgende Menge U ein Beispiel für eine Teilmenge:

$$U = \{5, 10, 20\}$$

Lassen Sie uns etwas genauer hinschauen: Offenbar liegen alle Elemente von U in T(20), nicht aber umgekehrt. Gleiches gilt beispielsweise auch für die Mengen {1, 2, 4}, {1, 20} oder auch {20} – jedes Element einer Teilmenge muss Element der übergeordneten Menge sein, d.h., es ließen sich hier noch mehr Teilmengen bestimmen, insbesondere auch die Menge selbst. Weitere Beispiele für Teilmengen liefern die oben angesprochenen Zahlbereiche: $\mathbb{N}$ ist eine Teilmenge von $\mathbb{Z}$, $\mathbb{Z}$ von $\mathbb{Q}$ und $\mathbb{Q}$ ist wiederum eine Teilmenge von $\mathbb{R}$ (damit ist natürlich z.B. auch $\mathbb{N}$ eine Teilmenge von $\mathbb{R}$). Wir halten die Überlegungen in Form einer formalen Definition fest:

Definition 1:   Teilmenge

Es seien A und B zwei Mengen. Jedes Element von B sei auch ein Element von A. Dann ist B eine Teilmenge von A. Formal: $B \subseteq A$

Das Zeichen $\subseteq$ bezeichnet eine Inklusion[7] und damit eine Relation zwischen den beiden Mengen. Es schließt zwei Aspekte ein: Einerseits kann B eine „echte" Teilmenge von A sein, also Elemente aus A enthalten, aber nicht alle Elemente. Andererseits können A und B aber auch gleich sein. Man sagt bei $B \subseteq A$ daher „B ist enthalten oder gleich A". Ist B eine echte Teilmenge von A, also Teilmenge von A, aber nicht identisch mit A, so schreibt man $B \subset A$ (d.h., hier liegt eine „echte" Inklusion vor, sprich „B ist echt enthalten in A"). Ist $A \subseteq B$ und $B \subseteq A$, so sind A und B gleich und man schreibt $A = B$ (sprich „A ist gleich B").

---

[7] Aus dem Lateinischen, wörtlich einen „Einschluss".

Bei der Klasse 3a sind beispielsweise $S \subset K$ und $M \subset K$. Ein weiteres, andersgelagertes Beispiel: Betrachten wir die Menge T(20) und zusätzlich die Menge W = {7, 8, 9}, so haben T(20) und W keine gemeinsamen Elemente, d.h., die Mengen sind nicht gleich und W ist auch keine Teilmenge von T(20). Man schreibt $W \nsubseteq T(20)$ bzw. $W \not\subset T(20)$, da W und T(20) schon aufgrund der unterschiedlichen Anzahlen an Elementen nicht gleich sein können. Der folgende Satz 1, dessen Nachweis unmittelbar aus obiger Definition einsichtig ist, klärt einige elementare Regeln für Inklusionen und damit für Relationen zwischen Mengen.

Satz 1:   Seien A, B und C Mengen.

Für die Relation $\subseteq$ zwischen den Mengen gilt:

(1) $A \subseteq A$ für jede beliebige Menge A.
     Verbal: Jede Menge ist zugleich eine Teilmenge von sich selbst.

(2) Wenn $A \subseteq B$ und $B \subseteq C$, dann ist auch $A \subseteq C$.

Für die Relation $\subset$ zwischen den Mengen gilt:

(1) $A \not\subset A$ für jede beliebige Menge A.
     Verbal: Jede Menge kann nicht echte Teilmenge von sich selbst sein.

(2) Wenn $A \subset B$ und $B \subset C$, dann ist auch $A \subset C$.

(3) Wenn $A \subset B$, dann ist $B \not\subset A$.

Abschließend führen wir die Begriffe „leere Menge" sowie „Mächtigkeit einer Menge" ein:

Die *leere Menge* ist die einzige (!) Menge, die keine Elemente enthält, und zugleich eine Teilmenge jeder beliebigen anderen Menge. Man bezeichnet die leere Menge üblicherweise mit dem Symbol $\varnothing$ und seltener mit { }.

Die *Mächtigkeit einer Menge* beschreibt die Anzahl ihrer Elemente, kann also im Falle einer endlichen Menge konkret angegeben werden: Da die leere Menge keine Elemente enthält, ist ihre Mächtigkeit 0. Man schreibt $|\varnothing| = 0$. Für die Menge der Kinder der Klasse 3a ist $|K| = 23$, denn die Klasse wird von 23 Kindern besucht, sowie $|S| = 8$, da sieben Kinder Sport betreiben, und $|M| = 13$, weil 13 Kinder musizieren. Für das Beispiel der Menge T(20) können wir $|T(20)| = 6$ notieren, sie besteht nämlich aus sechs Elementen.

Übung: 1) Geben Sie die Teilermenge von 100 auf zwei Weisen an.

2) Bestimmen Sie alle Teilmengen der Teilermenge von 10.

3) Bestimmen Sie alle Teilmengen der Menge der Buchstaben des Wortes „Studium".

4) Geben Sie konkrete Beispiele für die Aussagen von Satz 1 an.

5) Seien A und B endliche Mengen. Begründen Sie mithilfe elementarer Überlegungen:

   a) Wenn $A \subseteq B$, dann ist $|A| \leq |B|$.

   b) Wenn $A \subseteq B$ und $|A| = |B|$, dann ist $A = B$.

   c) Wenn $A \subseteq B$ und $|A| \neq |B|$, so ist $A \subset B$.

6) Ist M eine Menge, so kann man die Menge aller Teilmengen von M bilden. Diese Menge heißt die „Potenzmenge" von M. Sie wird mit P(M) bezeichnet.[8]

   a) Bestimmen Sie die Potenzmenge der Menge M mit $M = \{1, 2, 3\}$

   b) Notieren Sie drei Mengen A, B und C in aufzählender Form. Es soll gelten: $|A| < |B| < |C|$
   Finden und erläutern Sie einen Zusammenhang zwischen $|A|$, $|B|$, $|C|$ und $|P(A)|$, $|P(B)|$, $|P(C)|$.

7) Für zwei nichtleere Mengen A und B bezeichnet man die Menge $A \times B = \{(a, b) \mid a \in A \text{ und } b \in B\}$ als kartesisches Produkt von A und B.

   Für $A = \{v, w\}$ und $B = \{x, y\}$ enthält $A \times B$ beispielsweise alle Kombinationen der Elemente von A und B als Paare in Klammern[9]. Also: $A \times B = \{(v, x), (v, y), (w, x), (w, y)\}$.

   Ermitteln Sie das kartesische Produkt der Mengen $\{1, 2\}$ und $\{1, 3, 4\}$. Bestimmen sie alle zwei- und dreielementigen Teilmengen dieses kartesischen Produkts.

---

[8] Beachten Sie bei der Lösung: $\varnothing$ und M sind auch Teilmengen von M.
[9] Siehe auch das Beispiel auf S. 17.

1.3   Aussagen und Mengen

Wir kommen nochmals zurück zu der Teilermenge von 20, die wir aufzählend beschrieben hatten als T(20) = { 1, 2, 4, 5, 10, 20} und beschreibend als
T(20) = {a ∈ ℕ | a ist Teiler von 20}. In Kapitel 1.2 wurde bereits festhalten,
dass sich eine Menge von Elementen gelegentlich am günstigsten durch das
Fixieren von Eigenschaften beschreiben lässt. Präziser ausgedrückt: Es wird
hier eine Menge natürlicher Zahlen dadurch beschrieben, dass eine bestimmte
„Aussage" für sie wahr ist, nämlich dass sie Teiler von 20 sind. Gleiches
können wir für unsere Klasse 3a formulieren: Es wird eine Menge von Kindern aus Weitweg und Umgebung dadurch beschrieben, dass eine bestimmte
Aussage für sie wahr ist, nämlich, dass sie die Klasse 3a der Grundschule
Dawiewo besuchen. In diesem Abschnitt beschäftigen wir uns mit Aussagen
und einigen weiteren Begriffen, die Grundlagen für Beweisargumentationen
bilden.

Wie der Mengenbegriff entzieht sich der Begriff der *Aussagen* allen Definitionsversuchen im strengeren Sinn. Wohl aber kann dieser Grundbegriff angemessen umschrieben werden: Aussagen sind ein sprachliches Gefüge, von
dem objektiv feststeht, ob es wahr oder falsch ist.[10]

Wahre Aussagen sind beispielsweise:

- Der Aasee liegt in Münster.
- Rostock liegt an der Ostsee.
- 10 ist ein Teiler von 20.
- 20 ist ein Vielfaches von 4.

Falsche Aussagen sind beispielsweise:

- Der Aasee liegt in Wuppertal.
- Rostock liegt an der Nordsee.
- 3 ist ein Teiler von 20.
- 20 ist ein Vielfaches von 7.

---

[10] „Objektiv" meint hier: Ein Fachmann kann den Wahrheitsgehalt der Aussage eindeutig als wahr oder falsch bestimmen.

Allgemeiner gehalten als der Begriff der Aussage ist der Begriff der *Aussage-form*. Das sprachliche Gefüge „x liegt in Nordrhein-Westfalen" kann z.B. gleichermaßen wahr wie falsch sein, je nachdem ob x in Nordrhein-Westfalen liegt oder nicht. Eine Aussage erhält man erst, wenn man für x bestimmte Elemente einsetzt, etwa „Münster liegt in Nordrhein-Westfalen" (wahr) oder „Tokio liegt in Nordrhein-Westfalen" (falsch). Natürlich macht es hier nur Sinn, Elemente einzusetzen, die zu Aussagen führen – „blau liegt in Nordrhein-Westfalen" würde beispielsweise keine Aussage bestimmen, da nicht einschätzbar ist, ob dies wahr oder falsch wäre. Hier müsste man also mindestens definieren, was unter „blau" verstanden werden soll. Aussage-formen werden in der Gestalt A(x) notiert, wodurch die Abhängigkeit von einzusetzenden Elemente zum Ausdruck gebracht wird.

Die Elemente, die eine Aussageform zu einer wahren oder falschen Aussage machen, wenn man sie einsetzt, lassen sich zu einer Menge zusammenfassen, die als eine *Grundmenge* zu dieser Aussageform bezeichnet wird. Warum sprechen wir hier nicht von <u>der</u> Grundmenge? Weil dieselbe Aussageform bei unterschiedlichen Grundmengen sinnvoll betrachtet werden kann. Für die Aussageform „x liegt in Nordrhein-Westfalen" könnte die Grundmenge bei-spielsweise ebenso durch alle Städte, Dörfer, Monumente, … Nordrhein-Westfalens bestimmt sein wie durch alle Städte Deutschlands, Europas oder Japans. Legen wir eine Grundmenge fest, so heißen die Elemente dieser Grundmenge, die eine Aussageform zu einer wahren Aussage machen, eine *Lösung* der Aussagenform über der festgelegten Grundmenge:

Definition 2:   Lösung einer Aussageform und Lösungsmenge

Sind G eine Grundmenge, A(x) eine Aussageform über G und ist für ein $a \in G$ die Aussage A(a) wahr, so heißt a eine Lösung der Aussageform.

Die Menge $\mathbb{L} = \{a \in G \mid A(a) \text{ ist wahr}\}$ heißt Lösungsmen-ge der Aussageform über G.

Wir betrachten als Beispiel die uns ach so bekannte Aussageform „x ist Tei-ler von 20". Als Grundmenge wählen wir $\mathbb{N}$. Wenig überraschend stellen wir fest: Die Aussageform wird bei Einsetzung der Elemente 1, 2, 4, 5, 10 und 20 aus der Grundmenge zu einer wahren Aussage. Voller Freude notieren wir die Lösungsmenge $\mathbb{L} = \{1, 2, 4, 5, 10, 20\}$. Natürlich ist diese Lösungsmenge zugleich eine Teilmenge der Grundmenge. Das Notieren der Lösungsmenge war nun ein erheblicher Schreibaufwand und wäre noch schlimmer gewesen,

wenn wir auf diese Weise die Lösungsmenge der uns ebenfalls bereits ver-
trauten Aussage „x besucht die Klasse 3a der Grundschule Dawiewo" hätten
aufschreiben müssen, denn dann hätten wir wie auf S. 3 wieder alle Kinder
als Elemente angeben müssen. Hätten wir es denn knapper haben können?
Die Antwort ist ein klares ja: Wir wählen in unserem Beispiel oben als
Grundmenge G die Menge $\{19, 20, 21, 22, \ldots\}$. Wir staunen nicht schlecht:
Die Aussageform wird nur noch für das Element 20 der Grundmenge wahr.
Entspannt notieren wir $\mathbb{L} = \{20\}$. Und es wird klar, welche Entscheidung zu
$\mathbb{L} = \varnothing$ geführt hätte – oder? Die Grundmenge zu der Menge der Kinder der
Klasse 3a könnten z.B. statt aller Kinder der Umgebung nur die Kinder der
Schule bilden, nur die Mädchen, nur Kinder, die Sport treiben, usw.

Sie wissen bereits, was eine Teilmenge ist: Für zwei Mengen A und B lieferte
uns dies Definition 1 in der Form „Jedes Element von B sei auch ein Element
von A. Dann ist B eine Teilmenge von A". Wir werden diese Darstellung
noch ein wenig formalisieren. Die Formulierung „Jedes Element von B sei
auch ein Element von A" lässt sich für ein beliebig gewähltes Element x
kürzer notieren als „wenn $x \in B$, dann $x \in A$" oder noch einfacher:

$$x \in B \Rightarrow x \in A$$

Dieser Pfeil heißt „Implikationspfeil" und er verbindet zwei Aussageformen
miteinander. Hierzu betrachten wir zunächst einige Beispiele:

- Die Stadt x liegt in Deutschland. $\Rightarrow$ Die Stadt x liegt in Europa.

- Eine natürliche Zahl a ist Teiler von 20. $\Rightarrow$ a ist kleiner oder gleich 20.

- Eine natürliche Zahl b ist Vielfaches von 10. $\Rightarrow$ b ist größer oder gleich 10.

- c ist durch 9 teilbar. $\Rightarrow$ c ist durch 3 teilbar.

Als formale Definition für eine *Implikation* präzisieren wir:[11]

Definition 3:   Implikation

Seien G eine Grundmenge und A(x) sowie B(x) Aussageformen über G. Dann bedeutet A(x) $\Rightarrow$ B(x), dass gilt:

$\{y \in G \mid A(y) \text{ ist wahr}\} \subseteq \{y \in G \mid B(y) \text{ ist wahr}\}$

Jede Lösung von A(x) ist also auch Lösung von B(x).

---

[11] Siehe auch die aussagenlogischen Klärungen des zweiten Kapitels.

Verbinden sich zwei gleichwertige Aussageformen, so spricht man von einer *Äquivalenz* und notiert dies mit einem Doppelpfeil. Auch hierzu betrachten wir zunächst einige Beispiele:

– Ein Kind k besucht unsere Klasse 3a. $\Leftrightarrow$ k $\in$ K.[12]
– Eine natürliche Zahl a ist Teiler von 20. $\Leftrightarrow$ a $\in$ {1, 2, 4, 5, 10, 20}.
– Eine natürliche Zahl b ist ein Vielfaches von 10. $\Leftrightarrow$ b = 10 · x, x $\in$ $\mathbb{N}$.
– c ist eine Primzahl. $\Leftrightarrow$ c hat keine Teiler außer 1 und sich selbst.

Der mathematische Fachjargon spricht hier auch von „genau-dann-wenn"-Beziehungen. Das zweite Beispiel ließe sich etwa ausformulieren als:

„Eine natürliche Zahl a ist genau dann ein Teiler von 20, wenn es sich bei a um ein Element der Menge {1, 2, 4, 5, 10, 20} handelt."

Will man eine solche Beziehung beweisen, so ist stets darauf zu achten, dass beide Implikationen in die Argumentation einbezogen sind.[13]

Als formale Definition halten wir fest:[14]

Definition 4:   Äquivalenz

Seien G eine Grundmenge und A(x) sowie B(x) Aussageformen über G. Dann bedeutet A(x) $\Leftrightarrow$ B(x), dass gilt:

{y $\in$ G | A(y) ist wahr} = {y $\in$ G | B(y) ist wahr}

Jede Lösung von A(x) ist also auch Lösung von B(x) und umgekehrt ist jede Lösung von B(x) eine Lösung von A(x). Die Lösungsmengen beider Aussageformen sind gleich.

Sowohl den Implikations- als auch den Äquivalenzpfeil werden wir im Folgenden auch für Aussagen verwenden, also beispielsweise A $\Leftrightarrow$ B als Äquivalenz zu Implikationen der Form A $\Rightarrow$ B und B $\Rightarrow$ A.

---

[12] Mit der auf S. 3 getroffenen Präzisierung der Menge K.
[13] Zu Äquivalenzbeweisen siehe auch Kapitel 2.6.
[14] Siehe wiederum auch Kapitel 2.

Aussagen und Aussageformen lassen sich durch „und" sowie „oder" miteinander verbinden. Diese Verbinder heißen *Junktoren*. Betrachten wir als Beispiel die Aussageformen „eine natürliche Zahl a ist ein Teiler von 20" sowie „eine natürliche Zahl a ist ein Vielfaches von 10", so lassen sie sich verbinden zu „a ist eine natürliche Zahl, die Teiler von 20 *und* Vielfaches von 10 ist", was zu den Lösungen 10 und 20 führt. Betrachten wir zwei Aussagen A und B, so ist auch „A und B" eine Aussage, die natürlich genau dann (Äquivalenz!) wahr ist, wenn A und gleichzeitig B wahr sind. Wir stellen eine solche Verbindung mit Hilfe des Junktors „∧" (und gleichzeitig) dar und schreiben kurz: A ∧ B bzw. A(x) ∧ B(x). Analog zu obigen Überlegungen ist auch „A oder B" eine Aussage, die aus einer Verbindung der Aussagen A und B entsteht. Diese ist genau dann (Äquivalenz!) wahr, wenn mindestens eine der Aussagen wahr ist. Das Wort „oder" wird in Anlehnung an das lateinische „vel" mit dem Symbol „∨" gekennzeichnet und ist nicht ausschließend gemeint. Um dies näher zu betrachten, beginnen wir mit dem Beispiel der Aussageformen „eine natürliche Zahl a ist ein Teiler von 15" und „eine natürliche Zahl a ist ein Teiler von 20". Im ersten Fall erhalten wir als Lösungsmenge {1, 3, 5, 15} und im zweiten Fall ist die Lösungsmenge {1, 2, 4, 5, 10, 20}. Die Verbindung der Aussageformen zu „eine natürliche Zahl a ist Teiler von 15 *oder* ein Teiler von 20" führt zu der Lösungsmenge {1, 2, 3, 4, 5, 10, 15, 20}. Die Lösungsmenge besteht also aus den Elementen, die in der ersten Lösungsmenge oder in der zweiten Lösungsmenge oder in beiden (!) Lösungsmengen enthalten sind.

Wahre Aussagen, die sich aus zwei Aussagen zusammensetzen, sind etwa:

- San Francisco liegt in den USA und Hamburg liegt in Deutschland.
- 4 ist eine gerade Zahl oder 4 ist größer als 7.

Falsche Aussagen, die sich aus zwei Aussagen zusammensetzen, sind etwa:

- New York liegt in den USA und in Kalifornien.
- 4 ist eine gerade Zahl und 4 ist größer als 7.

Für Aussageformen bzw. Aussagen sind die Junktoren ∧ und ∨ assoziativ und kommutativ (d.h., es kommt weder auf die Reihenfolge der Aussageformen bzw. Aussagen noch auf die Reihenfolge ihrer Auswertung an). Die Aussagen „14 ist ein Vielfaches von 7 und ein Teiler von 56" sowie „14 ist ein Teiler von 56 und ein Vielfaches von 7" sind beispielsweise natürlich völlig identisch. Zudem gelten diese Distributivgesetze:

$$(1) \qquad A \wedge (B \vee C) \Leftrightarrow (A \wedge B) \vee (A \wedge C)$$
$$(2) \qquad A \vee (B \wedge C) \Leftrightarrow (A \vee B) \wedge (A \vee C)$$

Übung: 1) Geben Sie bei den Aussagen an, ob sie wahr oder falsch sind.

a)   Kiel liegt an der Nordsee.

b)   Primzahlen sind schön..

c)   Kopenhagen ist die Hauptstadt von Dänemark.

d)   Wie spät ist es?

e)   Mercedes Benz ist der Automobilhersteller, der in diesem Jahr die schnellsten Autos hergestellt hat und in der ADAC-Pannenstatistik für Mittelklassefahrzeuge von 2014 vor Volkswagen rangiert.

f)   Der Erdmond ist ein regelmäßiges Siebeneck.

2) Geben Sie Beispiele für wahre und falsche Aussagen an. Zu beiden Kategorien sollen Ihre Beispiele auch Aussagen enthalten, bei denen Teilaussagen durch die Junktoren ∧ und ∨ verbunden sind.

3) Verwandeln Sie die Aussageformen in je eine wahre und eine falsche Aussage.

a)   Die Stadt x ist die Hauptstadt von Finnland.

b)   Das Land x liegt in Asien.

c)   Eine natürliche Zahl x ist ein Vielfaches von 7.

d)   Eine natürliche Zahl x ist ein Teiler von 40.

4) Beurteilen Sie den Wahrheitsgehalt der Aussage „Wenn der Hahn kräht auf dem Mist, ändert sich das Wetter oder es bleibt, wie es ist."

5) Geben Sie eine Aussageform mit Grundmenge $\mathbb{N}$ an, die zu $\mathbb{L} = \{1, 2, 3, 4, 5\}$ führt.

6) Formulieren Sie mithilfe von Implikationen und Junktoren eine kürzere Notation von Satz 1 auf S. 6.

1.4   Mengenalgebra

„Algebra" schreiben Sie begrifflich vielleicht hauptsächlich dem Rechnen
mit Zahlen oder der Untersuchung von Strukturen bestimmter Gebilde von
Zahlen zu. Doch auch mit Mengen lässt es sich „rechnen". Die hierfür benötigten Begriffe und „Rechengesetze" sind Gegenstand dieses Abschnitts.

Sie haben schon längst gemerkt: Wir versuchen mit mengentheoretischen
Mitteln, unsere Klasse 3a immer übersichtlicher zu beschreiben. Probieren
wir es nun als Schaubild! Für die Lieblingshobbies der Kinder mit den auf
S. 5 dargestellten Mengen S und M kann das so aussehen:

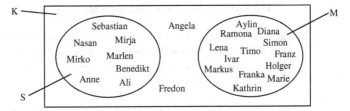

Man erkennt in dieser Diagrammdarstellung: S und M liegen als Teilmengen
vollständig in K. Die Teilmengen enthalten als Elemente alle Kinder, die als
Lieblingshobby eine Sportart angeben bzw. die als Lieblingshobby musizie-
ren. Die Teilmengen haben keine Schnittmenge, denn aufgeführt war ja nur
jeweils ein Lieblingshobby eines Kindes.

Ein weiteres Beispiel: T(20) = {1, 2, 4, 5, 10, 20} ist uns wohl bekannt und
T(30) können wir leicht angeben, nämlich T(30) = {1, 2, 3, 5, 6, 10, 15, 30}.
Nun veranschaulichen wir die Beziehungen dieser beiden Mengen durch eine
ähnliche Diagramm-Darstellung wie oben mit Ellipsen oder Kreisen.

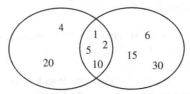

In der linken Ellipse stehen die Teiler von 20, in der rechten die Teiler von
30. Gemeinsame Teiler von 20 und 30 stehen in der überlappenden Fläche.
Das Diagramm verdeutlicht, dass T(20) und T(30) nicht gleich sind, aber eine
Schnittmenge besitzen, nämlich die Schnittfläche der beiden Ellipsen bzw.

die Menge {1, 2, 5, 10}. Die Vereinigungsmenge von T und S besteht aus allen Elementen in den Ellipsen, also {1, 2, 3, 4, 5, 6, 10, 20, 15, 30}.

Betrachten wir nun noch die Mengen T(20) und T(10). Wir erhalten die nebenstehende Darstellung. Alle Elemente von T(10) sind in T(20) enthalten und entsprechend veranschaulicht die Darstellung, dass die eine Menge vollständig in der anderen liegt.

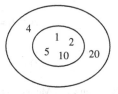

W betrachten zusammenfassend die in der folgenden Abbildung dargestellten Situationen, in der zwei (nichtleere) Mengen A und B durch Ellipsen symbolisiert und in der die möglichen Mengenbeziehungen veranschaulicht sind:

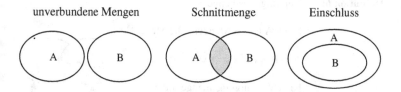

unverbundene Mengen   Schnittmenge   Einschluss

Solche und ähnliche Mengenbilder sind tatsächlich sehr gebräuchlich und nützlich, um Beziehungen zwischen Mengen zu veranschaulichen oder abzulesen. Sind alle Beziehungen zwischen (z.B. zwei) konkreten Mengen dargestellt – also etwa alle möglichen Flächenüberlappungen enthalten – so spricht man von einem *Venn-Diagramm*[15]. Die gesamte von den Ellipsen in obiger Abbildung jeweils bedeckte Fläche entspricht der *Vereinigungsmenge* der beiden Mengen. Die grau markierte Fläche des Beispiels in der Mitte der Abbildung veranschaulicht die *Schnittmenge* von A und B.

Mengendiagramme bieten auch dann nützliche Veranschaulichungen, wenn es sich um sehr große Mengen handelt, deren Elemente nicht (oder zumindest nicht sinnvollerweise) in zusammenfassende illustrierende Darstellungen integrierbar sind. Im Folgenden werden Schnitt- und Vereinigungsmenge zunächst formal eingeführt[16] und die schon angekündigten „Rechengesetze" formuliert und bewiesen.

---

[15] Nach dem englischen Mathematiker John Venn.
[16] Wir gehen stets von einer Grundmenge aus, die A und B enthält.

Definition 5:   Schnittmenge

Seien A und B Mengen. Die Menge

$A \cap B = \{x \mid x \in A \land x \in B\}$

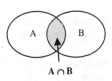

A ∩ B

heißt Schnittmenge (oder
Durchschnitt) von A und B.

Besitzen zwei Mengen keine Schnittmenge, d.h., ist die Schnittmenge zweier
Mengen die leere Menge, so heißen die Mengen *diskjunkt*.[17] Dies ist z.B. der
Fall für die Schnittmenge der Teilermenge von 20 mit der Menge der Vielfa-
chen von 7.

Definition 6:   Vereinigungsmenge

Seien A und B Mengen. Die Menge[18]

$A \cup B = \{x \mid x \in A \lor x \in B\}$

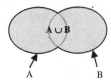

A ∪ B

heißt Vereinigungsmenge (oder
Vereinigung) von A und B.

A   B

Betrachten wir noch einige Beispiele zur Illustration der obigen Definitionen:

–   Für unsere Menge der Kinder der Klasse 3a mit den gewohnten Teilmen-
    gen S und M ist S ∩ M = ∅ und S ∪ M = {Anne, Mirko, Ali, Mirja,
    Aylin, Markus, Ivar, Sebastian, Kathrin, Lena, Franka, Nasan, Ramona,
    Holger, Diana, Marlen, Benedikt, Simon, Marie, Franz, Timo}.

–   Für die Mengen A = {1, 2, 3, 4, 5} und B = {4, 5, 6, 7, 8} ist
    A ∩ B = {4, 5} und A ∪ B = {1, 2, 3, 4, 5, 6, 7, 8}.

–   Für die Mengen N = {n, i, l} und P = {p, f, e, r, d} ist
    N ∩ P = ∅ und N ∪ P = {n, i, l, p, f, e, r, d}.

---

[17]   Aus dem Lateinischen, zu Deutsch „unverbunden".
[18]   Das „oder" ist hier natürlich nicht-ausschließend gemeint, d.h., x liegt in A
       oder in B oder in beiden Mengen.

- Für die Mengen T(10) und T(32) ist T(10) $\cap$ T(32) = {1, 2} und
  T(10) $\cup$ T(32) = {1, 2, 4, 5, 8, 10, 16, 32}.

- Für A = {x $\in$ G | x ist ein Vielfaches von 3} und
  B = {x $\in$ G | x ist ein Vielfaches von 4} mit Grundmenge
  G = {x $\in$ $\mathbb{N}$ | x < 20} ist A $\cap$ B = {12} und
  A $\cup$ B = {3, 4, 6, 8, 9, 12, 15, 16, 18}.

- In Aufgabe 7 auf S. 7 wird das „kartesische Produkt" definiert.
  Für E = {1, 2}, F = {3, 4} und G = {1, 4} ist beispielsweise[19]
  E x F = {(1, 3), (1, 4), (2, 3), (2, 4)} und
  E x G = {(1, 1), (1, 4),(2, 1), (2, 4)}.
  Die Schnitt- und die Vereinigungsmengen dieser kartesischen Produkte:
  (E x F) $\cap$ (E x G) = {(1, 4), (2, 4)} und
  (E x F) $\cup$ (E x G) = {(1, 1), (1, 3), (1, 4), (2, 1), (2, 3), (2, 4)}.

Für Schnittmengen gelten die in Satz 2 formulierten „Rechengesetze".

Satz 2: Für alle Mengen A, B bzw. C gilt:

(1) Die Schnittmenge einer Menge A mit der leeren Menge ist stets die leere Menge: A $\cap$ $\varnothing$ = $\varnothing$

(2) Die Schnittmenge einer Menge A mit sich selbst ist stets die Menge A selbst: A $\cap$ A = A

(3) Die Schnittmenge zweier Mengen A und B ist stets sowohl in der Menge A als auch in der Menge B enthalten: A $\cap$ B $\subseteq$ A und A $\cap$ B $\subseteq$ B

(4) Eine Menge A ist genau dann[20] selbst die Schnittmenge zweier Mengen A und B, wenn A in B enthalten ist, also:

$$A \cap B = A \Leftrightarrow A \subseteq B$$

(5) Eine Menge A ist genau dann sowohl in einer Menge B als auch in einer Menge C enthalten, wenn A in der Schnittmenge von B und C liegt: A $\subseteq$ B $\wedge$ A $\subseteq$ C $\Leftrightarrow$ A $\subseteq$ (B $\cap$ C)

---

[19] Überlegen Sie selbst Schnitt- und Vereinigungsmengen von F x G mit den übrigen kartesischen Produkten!

[20] Beachten Sie wie im Folgenden die Äquivalenz!

(6) Die Schnittmengenbildung ist kommutativ. Für Mengen A, B
    und C gilt also: $A \cap B = B \cap A$

(7) Die Schnittmengenbildung ist assoziativ. Für Mengen A, B und
    C gilt also: $(A \cap B) \cap C = A \cap (B \cap C)$

Beweis:

(1), (2), (3), (4), (5) und (6) sind unmittelbar einsichtig – vollziehen Sie diese
„Rechengesetze" selbst nach, z.b. anhand von Venn-Diagrammen oder mittels elementarer Begründungen.

Bei (5) können wir beispielsweise ein beliebiges $a \in A$ betrachten. Da $A \subseteq B$
und $A \subseteq C$, liegt das Element a sowohl in B als auch in C und damit notwendigerweise in der Schnittmenge von B und C. Da a beliebig gewählt war,
folgt die Behauptung.

zu (7): Wir zeigen zwei Ansätze für den Nachweis auf. Als Vorüberlegung
betrachten wir die möglichen Beziehungen der Mengen A, B und C in einem
Venn-Diagramm:

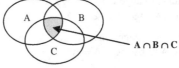

Offensichtlich ist es nicht von Bedeutung, welche der Mengen A, B oder C
wir zuerst miteinander zum Schnitt bringen, und auch bei der Bildung einer
Schnittmenge mehrerer Mengen (auch von mehr als drei Mengen) ist die
Reihenfolge bzw. die Klammersetzung nicht entscheidend. Für eine Formalisierung dieser Beobachtung stellen wir uns ein beliebiges Element a vor, dessen Mengenzugehörigkeiten wir analysieren.

Als ersten Beweisansatz erstellen wir eine „Zugehörigkeitstabelle". Wir überlegen, wie viele und welche Kombinationen von Zugehörigkeiten eines beliebig gewählten Elements a bei den betrachteten Mengen auftreten können
(die Darstellung der Tabelle verkürzt – gemeint ist stets „$a \in$" bzw. „$a \notin$"):

A	B	C	B∩C	A∩(B∩C)	A∩B	(A∩B)∩C
∈	∈	∈	∈	∈	∈	∈
∈	∈	∉	∉	∉	∈	∉
∈	∉	∈	∉	∉	∉	∉
∉	∈	∈	∈	∉	∉	∉
∉	∉	∈	∉	∉	∉	∉
∈	∉	∉	∉	∉	∉	∉
∉	∈	∉	∉	∉	∉	∉
∉	∉	∉	∉	∉	∉	∉

Die hervorgehobenen Spalten stimmen überein. Da a beliebig gewählt war, ist somit $A \cap (B \cap C) = (A \cap B) \cap C$.

Einen anderen Beweisansatz liefern Überlegungen, die auf die zugrundeliegenden Junktoren unter konsequenter Anwendung der Definitionen 5 und 6 zurückgreifen.

Wir betrachten ein beliebiges Element a aus $(A \cap B) \cap C$ und argumentieren mittels Äquivalenzen:

$a \in [(A \cap B) \cap C]$
$\Leftrightarrow \quad a \in (A \cap B) \wedge a \in C$ /Def. 5
$\Leftrightarrow \quad (a \in A \wedge a \in B) \wedge a \in C$ /Def. 5
$\Leftrightarrow \quad a \in A \wedge (a \in B \wedge a \in C)$ /Assoziativität der Junktoren
$\Leftrightarrow \quad a \in A \wedge a \in (B \cap C)$ /Def. 5
$\Leftrightarrow \quad a \in [A \cap (B \cap C)]$ /Def. 5

Da a beliebig gewählt war, ist also $A \cap (B \cap C) = (A \cap B) \cap C$.

Für Vereinigungsmengen gelten die in Satz 3 formulierten „Rechengesetze".

Satz 3: Für alle Mengen A, B bzw. C gilt:

(1) Die Vereinigungsmenge einer Menge A mit der leeren Menge ist stets die Menge A selbst: $A \cup \varnothing = A$

(2) Die Vereinigungsmenge einer Menge A mit sich selbst ist stets die Menge A selbst: $A \cup A = A$

(3) Jede Menge A ist selbst wieder in der Vereinigungsmenge von sich selbst und einer anderen Menge B enthalten:[21] $A \subseteq A \cup B$ und $B \subseteq A \cup B$

(4) Eine Menge A ist selbst die Vereinigungsmenge zweier Mengen A und B genau dann[22], wenn B in A enthalten ist: $A \cup B = A \Leftrightarrow B \subseteq A$

(5) Sowohl eine Menge A als auch eine Menge B sind in einer Menge C enthalten genau dann, wenn ihre Vereinigungsmenge in C enthalten ist: $A \subseteq C \wedge B \subseteq C \Leftrightarrow A \cup B \subseteq C$

(6) Die Vereinigungsmengenbildung ist kommutativ. Für Mengen A und B gilt also: $A \cup B = B \cup A$

(7) Die Vereinigungsmengenbildung ist assoziativ. Für Mengen A, B und C gilt also: $(A \cup B) \cup C = A \cup (B \cup C)$

Beweis:

(1), (2), (3), (4) und (5) sind unmittelbar einsichtig.[23]

Anschaulich erscheinen auch (6) und (7) klar, die wir aus Trainingszwecken unter Rückgriff auf die Eigenschaften der zugrundeliegenden Junktoren sowie auf die Definition der Vereinigungsmenge beweisen. Wir betrachten jeweils ein beliebiges Element a.

zu (6): $a \in (A \cup B)$
$\Leftrightarrow$ $a \in A \vee a \in B$ /Def. 6
$\Leftrightarrow$ $a \in B \vee a \in A$ /Kommutativität der Junktoren
$\Leftrightarrow$ $a \in (B \cup A)$ /Def. 6

zu (7): $a \in [(A \cup B) \cup C]$
$\Leftrightarrow$ $(a \in A \vee a \in B) \vee a \in C$ /Def. 6
$\Leftrightarrow$ $a \in A \vee (a \in B \vee a \in C)$ /Assoziativität der Junktoren
$\Leftrightarrow$ $a \in [A \cup (B \cup C)]$ /Def. 6

---

[21] Und für die Menge B gilt dies natürlich analog
[22] Beachten Sie hier wie im Folgenden wieder die Äquivalenzen.
[23] Vollziehen Sie diese „Rechengesetze" wieder selbst nach.

Da a beliebig gewählt war, folgen jeweils die Behauptungen. Zwar ist es bei (6) eher müßig, doch empfehlen wir Ihnen den Beweis von (7) mithilfe einer Zugehörigkeitstabelle analog zur Assoziativität des Durchschnitts als Übung.

In Kapitel 1.2 haben Sie bereits den Begriff der Mächtigkeit einer Menge kennen gelernt, welche die Anzahl der Elemente einer Menge beschreibt. Wie verhält es sich nun mit der Mächtigkeit der Vereinigungsmenge zweier Mengen? Der folgende Satz gibt auf diese Frage eine Antwort:

Satz 4:   Seien A und B endliche Mengen. Es gilt:

$$|A \cup B| = |A| + |B| - |A \cap B|$$

Beweis:

Falls die Mengen A und B disjunkt sind, so ist ihr Durchschnitt offensichtlich die leere Menge mit Mächtigkeit 0, so dass lediglich die Mächtigkeiten der beiden Einzelmengen zusammenzuzählen sind.

Sind die Mengen nicht disjunkt, so würde man diejenigen Elemente in der Summe $|A| + |B|$ doppelt zählen, die im Durchschnitt liegen. Daher muss dessen Mächtigkeit wieder abgezogen werden.

Die Sätze 2 und 3 fokussieren Vereinigung und Schnitt jeweils separat. Natürlich lassen sich auch für Verbindungen von Vereinigung und Schnitt „Rechenregeln" formulieren. Grundlegend sind die Distributivgesetze.

Satz 5:   Seien A, B und C Mengen. Es gelten die Distributivgesetze

(1) $A \cap (B \cup C) = (A \cap B) \cup (A \cap C)$ und

(2) $A \cup (B \cap C) = (A \cup B) \cap (A \cup C)$

Beweis:

Wir zeigen nochmals beide Ansätze auf, beschränken uns aber auf den Nachweis von (1), da der Nachweis von (2) analog zu führen ist (s. Übung 4). Vergegenwärtigen wir uns die Situation zunächst durch ein Venn-Diagramm:

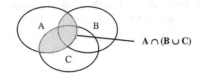

$A \cap (B \cup C)$

Anschaulich scheint es klar: Die Schnittmenge von A mit der Vereinigung von B und C bestimmt dieselbe Menge, als wenn man die Schnittmenge von A mit B und C separat bildet und diese Mengen vereinigt. Für die folgenden beiden Beweisansätze wählen wir wieder ein beliebiges Element a und analysieren seine Mengenzugehörigkeiten.

Als ersten Beweisansatz stellen wir eine Zugehörigkeitstabelle auf:

A	B	C	B ∪ C	A ∩ (B ∪ C)	A ∩ B	A ∩ C	(A ∩ B) ∪ (A ∩ C)
∈	∈	∈	∈	∈	∈	∈	∈
∉	∈	∈	∈	∉	∉	∉	∉
∈	∉	∈	∈	∈	∉	∈	∈
∈	∈	∉	∈	∈	∈	∉	∈
∉	∉	∈	∈	∉	∉	∉	∉
∈	∉	∉	∉	∉	∉	∉	∉
∉	∈	∉	∈	∉	∉	∉	∉
∉	∉	∉	∉	∉	∉	∉	∉

Die Spalten für A ∩ (B ∪ C) und (A ∪ B) ∩ (A ∪ C) stimmen überein. Also ist A ∩ (B ∪ C) = (A ∩ B) ∪ (A ∩ C), da a beliebig gewählt war.

Den zweiten Beweisansatz liefert das Prozedere mittels Rückgriff auf die zugrundeliegenden Junktoren sowie die Anwendung der Definitionen:

$$a \in [A \cap (B \cup C)]$$
$$\Leftrightarrow \quad a \in A \wedge a \in (B \cup C) \qquad\qquad\qquad\qquad\qquad \text{/Def. 6}$$
$$\Leftrightarrow \quad a \in A \wedge (a \in B \vee a \in C) \qquad\qquad\qquad\qquad \text{/Def. 6}$$
$$\Leftrightarrow \quad (a \in A \wedge a \in B) \vee (a \in A \wedge a \in C) \qquad\quad \text{/DG (1) für Junktoren}$$
$$\Leftrightarrow \quad a \in (A \cap B) \vee a \in (A \cap C) \qquad\qquad\qquad\quad \text{/Def. 5}$$
$$\Leftrightarrow \quad a \in [(A \cap B) \cup (A \cap C)] \qquad\qquad\qquad\qquad \text{/Def. 6}$$

Da a beliebig gewählt war, ist also A ∩ (B ∪ C) = (A ∩ B) ∪ (A ∩ C).

Nun können wir den folgenden Satz über die Mächtigkeit einer Vereinigung dreier Mengen beweisen:

Satz 6: Seien A, B und C endliche Mengen. Dann gilt:

$$|A \cup B \cup C| = |A| + |B| + |C| - |A \cap B| - |B \cap C| - |A \cap C| + |A \cap B \cap C|$$

Beweis: Den Nachweis führen wir durch direktes Nachrechnen unter Rückgriff auf die Assoziativität der Vereinigungsmengenbildung, auf das erste Distributivgesetz sowie auf die mehrmalige Anwendung von Satz 4.

$$
\begin{aligned}
&|A \cup B \cup C| \\
&= |A \cup (B \cup C)| &&\text{/Assoziativität der Vereinigung} \\
&= |A| + |B \cup C| - |A \cap (B \cup C)| &&\text{/Satz 4} \\
&= |A| + |B| + |C| - |B \cap C| - |A \cap (B \cup C)| &&\text{/Satz 4} \\
&= |A| + |B| + |C| - |B \cap C| - |(A \cap B) \cup (A \cap C)| &&\text{/DG 1} \\
&= |A| + |B| + |C| - |B \cap C| - (|A \cap B| + |A \cap C| - |(A \cap B) \cap (A \cap C)|) &&\text{/Satz 4} \\
&= |A| + |B| + |C| - |B \cap C| - |A \cap B| - |A \cap C| + |A \cap B \cap C| &&\text{/Satz 4} \\
&= |A| + |B| + |C| - |A \cap B| - |B \cap C| - |A \cap C| + |A \cap B \cap C| &&\text{/Ordnen}
\end{aligned}
$$

Mithilfe von Satz 6 lassen sich einige interessante Probleme lösen. Für ein Beispiel kommen wir zurück zu unserer Grundschule in Dawiewo. Die Klasse 3b wird ebenfalls von 23 Kindern besucht. Auch hier ist Flötespielen ein beliebtes Hobby: Fünf Kinder spielen Querflöte, neun Blockflöte, zehn aber überhaupt keine Flöte. Gibt es Kinder, die beide Flöten spielen? Die Antwort lautet ja! Die Menge der Kinder, die Querflöte spielen, nennen wir A. Die Menge der Kinder, die Blockflöte spielen, nennen wir B. Die Menge der Kinder, die keine Flöte spielen, nennen wir C. Überlegen Sie selbst eine Darstellung in einem geeigneten Venn-Diagramm.

Nun gilt: $|A \cup B \cup C| = 23$, $|A| = 5$, $|B| = 9$, $|C| = 10$.

Gesucht ist $|A \cap B|$.

Weil $|A \cap C| = |B \cap C| = |A \cap B \cap C| = 0$, folgt mit Satz 6:

$23 = 5 + 9 + 10 - |A \cap B| - 0 - 0 - 0$, also

$|A \cap B| = 1$.

Folglich gibt es in der Klasse 3b ein Kind, das sowohl Quer- als auch Blockflöte spielt.

Sie denken: Nanu, mit den Klassen 3a und 3b sind ja plötzlich zwei Klassen im Spiel. Absicht! Um weitere Begriffe zu klären nämlich: Nehmen wir an, es gäbe keine weitere Parallelklasse, dann bilden die Klassen 3a und 3b zusammen den dritten Jahrgang. Ist K wieder die Menge aller Kinder der Klasse 3a, L die Menge aller Kinder der Klasse 3b und J die Menge aller Kinder überhaupt in der Jahrgangsstufe, so ergibt J ohne L gerade wieder K. Diese Beschreibung wird *Differenzmenge* genannt.

Definition 7:   Differenzmenge

Seien A und B Mengen. Die Menge

$A \setminus B = \{x \in A \mid x \notin B\}$

heißt Differenzmenge von A und B.
Man setzt $A \setminus \emptyset = A$, $\emptyset \setminus A = \emptyset$ und $A \setminus A = \emptyset$.

Betrachten wir hierzu einige Beispiele:

–   Für die Klassen 3a und 3b ist mit obigen Bezeichnungen $J \setminus L = K$.

–   Für $A = \{1, 2, 3, 4, 5\}$ und $B = \{1, 2, 3\}$ ist $A \setminus B = \{4, 5\}$.

–   Für $A = \{n, i, l, p, f, e, r, d\}$ und $B = \{n, i, l\}$ ist $A \setminus B = \{p, f, e, r, d\}$.

–   Anknüpfend an ein oben bereits eingeführtes Beispiel für die Grundmenge $G = \{x \in \mathbb{N} \mid x < 20\}$ und
    $A = \{x \in G \mid x \text{ ist ein Vielfaches von } 3\}$ sowie
    $B = \{x \in G \mid x \text{ ist ein Vielfaches von } 4\}$ ist
    $A \setminus B = \{3, 6, 9, 15, 18\}$.

Die Klassen 3a und 3b ergänzen sich wechselweise („komplementär") zu der ganzen Jahrgangsstufe 3 der Grundschule Dawiewo: Die Mengen K und L sind in der Menge J sog. *Komplementärmengen*.

Definition 8:   Komplementärmenge

Sei A Teilmenge einer Menge M. Die Menge

$\bar{A} = M \setminus A = \{x \in M \mid x \notin A\}$

heißt Komplementärmenge von A in M.

Auch hierzu einige Beispiele:

– Für die Klassen 3a und 3b sind mit obigen Bezeichnungen $\overline{K} = J \setminus K = L$ und $\overline{L} = J \setminus L = K$.

– Betrachten wir in den natürlichen Zahlen alle geraden Zahlen, so stellen die ungeraden Zahlen die Komplementärmenge dar.

Einige Bedeutung hat die Komplementärmenge in der Wahrscheinlichkeitsrechnung. Hier ist es bisweilen günstig, nicht die Wahrscheinlichkeit eines sog. Ereignisses[24] selbst, sondern diejenige des entsprechenden „Gegenereignisses" zu studieren, da dies den Aufwand für Rechnungen oder Beweise reduzieren kann.

Übung: 1) John Venn studierte in Cambridge. Dort ist ihm das rechts abgebildete Fenster gewidmet.[25] Erläutern Sie die Darstellung anhand der Ausführungen dieses Abschnitts.

    2) Erstellen Sie Venn-Diagramme für die folgenden Mengen.

      a) $A = \{a, b, c, d\}$, $B = \{a, d, c, e\}$

      b) $A = \{1, 2\}$, $B = \{3, 4\}$

      c) $A = \{x \in \mathbb{N} \mid x$ ist Teiler von $15\}$,
        $B = \{x \in \mathbb{N} \mid x$ ist Teiler von $30\}$

      d) $A = \{7, 8, 9, 11\}$, $B = \{1, 9, 12\}$,
        $C = \{9, 11, 104, 299\}$

---

[24] Als eines Teils einer Menge von Ergebnissen eines Zufallsexperiments.
[25] Wikimedia Commons CC BY-SA 2.5, Foto: Schutz; https://commons.wiki media.org/wiki/File:Venn-stainedglass-gonville-caius.jpg?uselang=de

3) Zeigen Sie die Assoziativität der Vereinigung von Mengen mithilfe einer Zugehörigkeitstabelle.

4) Beweisen Sie für Mengen A, B und C das zweite Distributivgesetz aus Satz 5 auf zwei Weisen.

5) Die Klasse 3a einer Dorfgrundschule wird von 25 Kindern besucht. Zehn Kinder sind im Fußballclub des Dorfes, acht im Tennisverein und neun Kinder sind in keinem Sportverein.

   a) Stellen Sie die Situation in einem geeigneten Venn-Diagramm dar.

   b) Wie viele Kinder sind Mitglied beider Vereine?

   c) Erfinden Sie selbst eine ähnliche Aufgabe.

6) Sind die Gleichungen mit Mengen A, B und C wahr?

   a) $A \cup (B / C) = (A \cup B) \setminus C$ b) $(B \setminus A) \cup (A \cap B) = B$

7) Beweisen Sie für Mengen A, B und C.

   a) $A \cap (A \cup B) = A$ [erstes Absorptionsgesetz]

   b) $A \cup (A \cap B) = A$ [zweites Absorptionsgesetz]

   c) $\overline{A \cap B} = \overline{A} \cup \overline{B}$ [1. Regel De Morgans]

   d) $\overline{A \cup B} = \overline{A} \cap \overline{B}$ [2. Regel De Morgans]

2 Grundlegende Beweistechniken

2.1 Worum es in diesem Kapitel gehen wird

Wenn Sie sich mit den Fragestellungen dieses Buches auseinandersetzen, dann haben Sie in Ihrem bisherigen Studium vermutlich bereits

- direkte Beweise (zumindest im ersten Kapitel dieses Buchs!),
- indirekte Beweise,
- Beweise durch Kontraposition,
- Beweise durch vollständige Induktion

kennen gelernt bzw. selbständig geführt.

Wir können also an dieser Stelle „hoffnungsvoll inmitten" damit beginnen, die genannten Beweistechniken zu memorieren, ihre Struktur und ihre Besonderheiten herauszustellen und sie danach durch Beispiele zu konkretisieren. Natürlich ist auch eine streng systematische Fundierung dieser Techniken interessant, hierauf werden wir jedoch im Hinblick auf das Verständnis und die Anwendbarkeit der genannten Verfahren verzichten.

Aus lernpsychologischer Sicht ist das Beweisen – nicht das Wiederholen oder Reproduzieren eines bereits vorexerzierten Beweises – dem Problemlösen zuzurechnen. Wenn Sie also mit einer Fragestellung der Form

„Beweisen Sie: Für alle $n \in \mathbb{N}$ gilt: $A(n) \Rightarrow B(n)$. "

konfrontiert werden, so steht Ihnen zunächst kein Algorithmus, kein Lösungsweg zur Verfügung, um diese Fragestellung in eine befriedigende Lösung zu überführen. Sie befinden sich mithin in einer sehr ähnlichen Situation, in der sich Grundschüler beim Lösen einer komplexeren Sachsituation befinden oder der sich ein Schüler des Sekundarbereichs I gegenübersieht, wenn er ein Verfahren zur Bestimmung des Flächeninhalts etwa von Trapezen (selbständig) finden oder begründen soll.

Die nun möglicherweise entstehende Hoffnung, durch intensive Lektüre der folgenden Seiten einen Algorithmus zum Beweisen mathematischer Sätze zu erwerben, müssen wir enttäuschen: Das Problemlösen im Allgemeinen und das Beweisen im Besonderen sind nicht algorithmisierbar, d.h., es kann kein generell gültiges „Rezept" zum Beweisen benannt werden. Wohl aber können

© Springer Fachmedien Wiesbaden GmbH, ein Teil von Springer Nature 2018
R. Benölken, H.-J. Gorski, S. Müller-Philipp, *Leitfaden Arithmetik*,
https://doi.org/10.1007/978-3-658-22852-1_2

mit den Beweistechniken weitgehend inhaltsfreie Techniken oder Verfahren
ausfindig gemacht werden, die Lernpsychologen würden sie wohl als Strategien oder Metaregeln bezeichnen, deren Verfügbarkeit das Gelingen des
Beweisens wahrscheinlicher machen.

Genau solche Strategien, die *Ihnen* das Beweisen in Zukunft (hoffentlich)
erleichtern und die *wir* in den weiteren Kapiteln verwenden werden, wollen
wir jetzt betrachten.

2.2   Der direkte Beweis

Wie können wir eine Implikation $A \Rightarrow B$
(in Worten: „wenn A, dann B" oder auch „A impliziert B")
beweisen?

Mathematische Theoriebildung geht von als wahr gesetzten Aussagen (Axio-
men) und Definitionen aus und führt über einfache Sätze zu immer komplexeren Sätzen.

Beim direkten Beweis der Implikation $A \Rightarrow B$ geht man von der wahren
Aussage A aus und folgert aus ihr über eine Argumentationskette $A_1, ..., A_n$
die Gültigkeit von B. In dieser Argumentationskette können Axiome,
Definitionen und / oder bereits bewiesene Sätze verwendet werden.
Damit hat ein direkter Beweis die allgemeine Struktur:

$$
\begin{aligned}
A \quad &\Rightarrow A_1 \\
&\Rightarrow A_2 \\
&\Rightarrow A_3 \\
&... \\
&\Rightarrow B
\end{aligned}
$$

Wir konkretisieren das Verfahren durch ein Beispiel:

Beh.: Für alle $n \in \mathbb{N}$ gilt:

$$
\begin{array}{ccc}
A & \Rightarrow & B \\
n \text{ ist gerade} & \Rightarrow & n^2 \text{ ist gerade.}
\end{array}
$$

Bew.: Es gilt:

$$n \text{ ist gerade}$$
$$\Rightarrow \quad n = 2q \qquad\qquad \text{, wobei } q \in \mathbb{N}$$
$$\Rightarrow \quad n^2 = (2q)^2$$
$$\Rightarrow \quad n^2 = 4q^2$$
$$\Rightarrow \quad n^2 = 2 \cdot 2q^2 \qquad\qquad \text{, wobei } 2q^2 = q_1 \;\wedge\; q_1 \in \mathbb{N}$$
$$\Rightarrow \quad n^2 = 2q_1$$
$$\Rightarrow \quad n^2 \text{ ist gerade.}$$

Dieser formale „Ablaufplan" des direkten Beweises führt im Vergleich mit den weiteren Beweistechniken nur in wenigen Fällen zu vorzeitiger Faltenbildung im Stirnbereich. In den folgenden Kapiteln sind die meisten Beweise direkt geführt. Einige typische Beispiele finden sich gleich zu Beginn des Kapitels 4.

2.3 Der indirekte Beweis

Wir beginnen unsere Überlegungen zum indirekten Beweis, der häufig auch als *Widerspruchsbeweis* oder *Beweis durch Widerspruch* bezeichnet wird, mit einem Exkurs in die Aussagenlogik.

In der Aussagenlogik wird die Implikation $A \Rightarrow B$ über die *Disjunktion*[1] $B \vee \neg A$ (B oder nicht A) definiert.

A	B	$\neg A$	$B \vee \neg A$	$A \Rightarrow B$
w	w	f	w	w
w	f	f	f	f
f	w	w	w	w
f	f	w	w	w

Wahrheitstafel zur Implikation

Der ersten Zeile der Wahrheitstafel entnehmen wir: Die Implikation $A \Rightarrow B$ ist wahr, wenn Aussage A und Aussage B wahr sind.

---

[1] Die *Disjunktion* ist eine Verknüpfung von Aussagen durch den Junktor „oder".

Die Implikation ist falsch, wenn A wahr und B falsch ist (Zeile 2). Die beiden letzten Zeilen der Tafel dokumentieren, dass aus Falschem stets Beliebiges, also auch Falsches gefolgert werden kann.

Wahr ist die Implikation $A \Rightarrow B$ aber auch dann, wenn ihre Verneinung falsch ist. Bevor wir diesen Zusammenhang in einer Wahrheitstafel verifizieren werden, überlegen wir uns zum Aufbau der Tafel:

Die Implikation $A \Rightarrow B$ ist definiert als $B \vee \neg A$.
Unter der Verneinung der Implikation, also unter $\neg(A \Rightarrow B)$, verstehen wir dann $\neg(B \vee \neg A)$, also $\neg B \wedge A$.

A	B	$\neg A$	$\neg B$	$A \Rightarrow B$ $B \vee \neg A$	$\neg(A \Rightarrow B)$ $\neg B \wedge A$
w	w	f	f	w	f
w	f	f	w	f	w
f	w	w	f	w	f
f	f	w	w	w	f

Wahrheitstafel zur Verneinung einer Implikation

In den Spalten (5) und (6) erkennen wir:
$A \Rightarrow B$ ist tatsächlich wahr, wenn $\neg(A \Rightarrow B)$, also $\neg B \wedge A$ falsch ist.

Genau diese Tatsache nutzen wir bei der indirekten Beweisführung aus:

Die behauptete Implikation $A \Rightarrow B$ wird verneint.
Aus dieser Verneinung $\neg B \wedge A$ ziehen wir solange Schlussfolgerungen, bis wir zu einem offensichtlichen Widerspruch gelangen.
Damit ist die Verneinung der Implikation falsch, also ist die behauptete Implikation wahr – bewiesen.

Etwas rezeptologischer klingt das Vorgehen bei indirekten Beweisen etwa so:

1. Beim indirekten Beweis nehmen wir die Verneinung der Behauptung an und kennzeichnen sie als Annahme.

2. Die Annahme führen wir zu einem Widerspruch.

3. Beim Erreichen des Widerspruches wissen wir: Die Annahme war falsch.

4. Es gilt die Verneinung der Annahme, also die Behauptung.

Wir konkretisieren das Verfahren durch ein Beispiel:

Beh.: Für alle $n \in \mathbb{N}$ gilt:

$$A \qquad \Rightarrow \qquad B$$
$$\text{n ist ungerade} \quad \Rightarrow \quad n^2 \text{ ist ungerade.}$$

Bew.: *Beim indirekten Beweis formulieren wir zunächst die Verneinung der Behauptung als Annahme.*

Annahme: $\qquad \neg B \qquad \wedge \qquad A$
Angenommen n^2 sei gerade $\wedge$ n sei ungerade.

Dann gilt:

$\qquad\qquad n^2$ ist gerade $\wedge$ n ist ungerade
$\Rightarrow \qquad n^2$ ist gerade $\wedge$ n $= 2q + 1 \qquad\qquad$, wobei $q \in \mathbb{N}_0$
$\Rightarrow \qquad n^2$ ist gerade $\wedge$ $n^2 = (2q + 1)^2$
$\Rightarrow \qquad n^2$ ist gerade $\wedge$ $n^2 = 4q^2 + 4q + 1$
$\Rightarrow \qquad n^2$ ist gerade $\wedge$ $n^2 = 2(2q^2 + 2q) + 1 \quad$, wobei $2q^2 + 2q = q_1$
$\Rightarrow \qquad n^2$ ist gerade $\wedge$ $n^2 = 2q_1 + 1 \qquad\qquad \wedge q_1 \in \mathbb{N}_0$
$\Rightarrow \qquad n^2$ ist gerade $\wedge$ n^2 ist ungerade

Das ist ein Widerspruch.
Die Annahme ist also falsch.
Es gilt die Verneinung der Annahme, also die Behauptung.

2.4 Der Beweis durch Kontraposition

Der Beweis durch Kontraposition wird gern mit dem indirekten Beweis verwechselt. Um diesem typischen Fehler vorzubeugen und zu einem tieferen Verständnis des Kontrapositionsbeweises zu gelangen, beginnen wir ähnlich wie beim indirekten Beweis mit einem Exkurs in die Aussagenlogik.

Wir betrachten die Wahrheitswerte von Aussagen bzw. Aussagenverknüpfungen in einer Wahrheitstabelle:

A	B	$\neg A$	$\neg B$	$A \Rightarrow B$ $B \vee \neg A$	$\neg B \Rightarrow \neg A$ $\neg A \vee B$ [2]
w	w	f	f	w	w
w	f	f	w	f	f
f	w	w	f	w	w
f	f	w	w	w	w

Wahrheitstafel zur Kontraposition

Über die Spalten (1) bis (5) der Tabelle wird analog zu Abbildung 2 die Implikation $A \Rightarrow B$ aufgebaut, die ja über die Oder-Verknüpfung $B \vee \neg A$ festgelegt ist.

Die in Spalte (6) aufgenommene Implikation $\neg B \Rightarrow \neg A$ ist *nicht* die Verneinung $A \Rightarrow B$. Die Verneinung von $A \Rightarrow B$ ist $\neg B \wedge A$ [3]. Damit ist die beliebteste Fehlerquelle dieses Kontextes herausgestellt.

$\neg B \Rightarrow \neg A$ heißt die *Kontraposition* zu $A \Rightarrow B$ und ein Blick auf die Wahrheitswerte in den beiden letzten Spalten zeigt, dass eine Implikation immer dann wahr ist, wenn auch ihre Kontraposition wahr ist.

Eine „Wenn ... , dann ... " -Aussage ist also gleichwertig zu ihrer Kontraposition.

Diese logische Gleichwertigkeit wird beim Beweis durch Kontraposition ausgenutzt:

Gelingt es nicht, die Behauptung $A \Rightarrow B$ ausgehend von der Voraussetzung A in einem direkten Beweis über eine Implikationskette A_1, A_2, ..., B zu beweisen, so kann eine oftmals Erfolg versprechende Strategie darin bestehen, die Kontraposition zu $A \Rightarrow B$, also $\neg B \Rightarrow \neg A$, zu beweisen.

Der Beweis der Kontraposition kann dann wieder direkt geführt werden, d.h., wir gehen von der Voraussetzung $\neg B$ aus und folgern über endlich viele Argumentationsschritte schließlich die Gültigkeit von $\neg A$. Aufgrund der Gleichwertigkeit von $\neg B \Rightarrow \neg A$ und $A \Rightarrow B$ ist damit die Behauptung bewiesen.

---

[2] Eigentlich $\neg A \vee \neg(\neg B)$, was aber gleichwertig zu $\neg A \vee B$ ist.
[3] Vergleiche hierzu die Wahrheitstafel auf S. 30.

Wir demonstrieren das Verfahren wieder an einem Beispiel:

Beh.: Für alle $n \in \mathbb{N}$ gilt:

$$A \qquad \Rightarrow \qquad B$$
n^2 ist gerade. $\quad \Rightarrow \quad$ n ist gerade.

Bew.: (durch Kontraposition)

Wir stellen die Kontraposition zunächst deutlich heraus.

$$\neg B \qquad \Rightarrow \qquad \neg A$$
z.z.: n ist ungerade. $\quad \Rightarrow \quad$ n^2 ist ungerade.

Es gilt:
n ist ungerade

$\Rightarrow$ $n = 2q + 1$, wobei $q \in \mathbb{N}_0$

$\Rightarrow$ $n^2 = (2q + 1)^2$

$\Rightarrow$ $n^2 = 4q^2 + 4q + 1$

$\Rightarrow$ $n^2 = 2(2q^2 + 2q) + 1$, wobei $2q^2 + 2q = q_1 \wedge q_1 \in \mathbb{N}_0$

$\Rightarrow$ $n^2 = 2q_1 + 1$

$\Rightarrow$ n^2 ist ungerade.

Mit dem Beweis der Kontraposition ist die zu ihr äquivalente Behauptung bewiesen.

2.5 Der Beweis durch vollständige Induktion

Nicht selten beobachten wir einen Ausdruck des Leidens in den Gesichtern unserer Studierenden, wenn in Lehrveranstaltungen Beweise durch vollständige Induktion unumgänglich sind. Offensichtlich haben also selbst „junge Semester" bereits spezifische Erfahrungen mit dieser Methode des Beweisens gesammelt.

Bei unseren folgenden Bemühungen, die emotional negativen Konnotationen abzubauen, legen wir das folgende Therapieschema zugrunde:

1. Zunächst stellen wir die Grundlagen der Beweismethode heraus.

2. Danach formen wir aus diesen Grundlagen ein praktisch handwerkliches Schema für künftige Beweise.

3. Wir konkretisieren dieses Schema durch einige Beispielbeweise aus verschiedenen Bereichen.

4. Schließlich sollten Sie selbst einige Beispielbeweise führen.

Grundlagen der Beweismethode

Immer dann, wenn es gilt Aussagen, über natürliche Zahlen zu beweisen, kann das Beweisverfahren der vollständigen Induktion herangezogen werden. Es beruht auf dem Satz von der vollständigen Induktion:

Induktionssatz:

Sei $M \subseteq \mathbb{N}$ und es gelten die beiden folgenden Bedingungen:

I. $1 \in M$,

II. $\forall\, n \in \mathbb{N}$ gilt: $n \in M \;\Rightarrow\; (n+1) \in M$

Dann gilt: $M = \mathbb{N}$.

Mit Worten:

Wenn es eine gewisse Menge M von natürlichen Zahlen gibt, die die Zahl 1 enthält, und wenn zu jedem beliebigen Element n der Menge M auch sein Nachfolger (n+1) zur Menge M gehört, dann muss die Menge M mit der Menge $\mathbb{N}$ identisch sein.

„Liegt auf der Hand", werden Sie sagen, „aber was hat´s mit vollständiger Induktion zu tun?"

Nun – Wir haben die Menge M bislang rein formal betrachtet und ihr keine spezifische Bedeutung zugewiesen. Jetzt erinnern wir uns daran, dass wir die vollständige Induktion als Beweisverfahren für Aussagen verwenden wollen, die für (alle) natürlichen Zahlen n gelten.

In diesem Zusammenhang macht es Sinn, die Menge M als Lösungsmenge einer Aussageform A(n) zu betrachten[4]. Aus dieser neuen Sicht bedeutet dann im Induktionssatz die

Bedingung I: „ 1 ∈ M ":
                      1 gehört zur Lösungsmenge der Aussageform.
                      Oder auch: Die Aussage A(1) ist wahr.

Entsprechend bedeutet dann die

Bedingung II: „∀ n∈ ℕ gilt: n ∈ M ⇒ (n+1) ∈ M ":
                      Immer wenn eine Zahl n zur Lösungsmenge unserer
                      Aussageform gehört, dann auch die Zahl (n+1).

                      Oder auch: Immer wenn die Aussage A(n) wahr ist,
                      dann ist auch die Aussage A(n+1) wahr.

Nach diesen Überlegungen kann der Induktionssatz neu formuliert werden:

Induktionssatz':

        Sei A(n) eine Aussageform mit der Grundmenge ℕ.
        Wenn die beiden folgenden Bedingungen erfüllt sind, ...

        I. A(1) ist eine wahre Aussage [5] und

        II. A(n) ⇒ A(n+1); immer wenn die Aussage A(n) wahr ist, dann
        auch die Aussage A(n+1) [6]

        ... dann ist die Lösungsmenge M der Aussageform A(n) die Menge ℕ.[7]

Daran, dass wirklich beide Bedingungen erfüllt sein müssen, sollten Sie sich zu einem späteren Zeitpunkt nach Beispielen von „unvollständiger Induktion" (Übung 4 in 4.2 und Übung 3 in 6.2) erinnern.

---

[4] Grundmenge der Aussageform A(n) ist dann natürlich ℕ.

[5] m.a.W.: 1 gehört zur Lösungsmenge M der Aussageform.

[6] m.a.W.: Mit n gehört immer auch (n+1) zur Lösungsmenge M der Aussageform.

[7] m.a.W.: A(n) wird bei Einsetzung jedes beliebigen n ∈ ℕ wahr.

Ein Schema für vollständige Induktionen

In seiner Neuformulierung legt der Induktionssatz die Bestandteile eines Induktionsbeweises sehr schön offen:

Vollständige Induktionen bestehen grundsätzlich aus zwei Teilen:

I.   dem Induktionsanfang und
II.   dem Induktionsschritt

zu (I.) Induktionsanfang

Im Induktionsanfang ist A(1) zu zeigen. D.h.: An dieser Stelle ist etwa durch eine Gleichungs- bzw. Implikationskette oder auch verbal zu begründen, dass die Behauptung A(n) bei Einsetzung von n=1 wahr ist.

zu (II.) Induktionsschritt

Im Induktionsschritt gilt es zu beweisen, dass unter der Voraussetzung der Wahrheit von A(n) auch A(n+1) wahr ist, kurz A(n) $\Rightarrow$ A(n+1) .
Dabei bezeichnet man die Gültigkeit von A(n) als *Induktionsannahme* oder *Induktionsvoraussetzung*.

An dieser Stelle des Beweises wird zunächst stets die Induktionsvoraussetzung A(n) explizit herausgestellt (aufgeschrieben), denn sie muss im Beweis des Induktionsschrittes unbedingt in die Argumentation einfließen. Nach der Notation der Induktionsvoraussetzung stellen wir ebenso deutlich heraus, was wir im Induktionsschritt zu zeigen haben, nämlich A(n+1).

Erst wenn für die jeweils konkrete Behauptung das Ziel der Aktivitäten dieser Beweisphase vollkommen klar und schriftlich notiert ist, kann damit begonnen werden, den Beweis für A(n) $\Rightarrow$ A(n+1) zu führen, der in vielen Fällen die Struktur eines direkten Beweises haben wird.

Für diesen Teil der vollständigen Induktion können wir Ihnen kein verbindliches Schema, kein Rezept an die Hand geben, denn Sie wissen ja: Das Beweisen ist ein kreativer Akt, ein Problemlöseprozess und als solcher nicht algorithmisierbar.

Es sei schließlich noch darauf hingewiesen, dass der Induktionssatz dahingehend erweitert werden kann, dass die Induktion nicht notwendig bei n=1, sondern bei einem beliebigen m $\in$ $\mathbb{N}$ beginnen kann. Beim Beweis entsprechender Behauptungen („$\forall$ n $\in$ $\mathbb{N}$ mit n≥m gilt: ...") ist dann im Induktionsanfang A(m) zu zeigen.

Mit gewissen Einschränkungen lässt sich die vollständige Induktion mit dem Demonstrieren des Ersteigens einer Leiter vergleichen:

I. Zunächst bringt man einem Unwissenden bei, wie er auf die erste Sprosse der Leiter gelangt („Induktionsanfang")

II. Danach erklärt man dem Lernenden um Gottes willen *nicht*, wie er auf die zweite Sprosse kommt, denn in diesem Fall wäre eine weitere Erklärung für die dritte Sprosse fällig, für die vierte, die fünfte usw.

Der mathematisch Vorgebildete erklärt dem Unwissenden vielmehr, wie er von einer beliebigen Sprosse zur folgenden gelangt.

Beispiele

Wir geben im Folgenden zwei Beispiele zur vollständigen Induktion.

Beispiel 1:

Beh.: Die Summe der ersten n ungeraden Zahlen ist gleich n^2, also:

Für alle n $\in$ $\mathbb{N}$ gilt: $1 + 3 + ... + (2n - 1) = n^2$

Bew.: durch vollständige Induktion[8]

I. Induktionsanfang

Die Behauptung gilt für n = 1, denn:

$2 \cdot 1 - 1 = 1 = 1 \cdot 1 = 1^2$

---

[8] Natürlich würden wir eine solche Aussage lieber graphisch begründen, aber hier geht es uns um die Demonstration des Prinzips der vollständigen Induktion – in Kapitel 3.4 gehen wir auf die angedeutete Alternative ein.

II. Induktionsschritt

Induktionsvoraussetzung: $1 + 3 + \ldots + (2n - 1) = n^2$

z.z.:

$1+3+ \ldots + (2n-1) = n^2 \Rightarrow 1+3+ \ldots + (2n-1) + (2(n+1)-1) = (n+1)^2$

$\qquad A(n) \qquad\qquad \Rightarrow \qquad\qquad A(n+1)$

Es gilt:

$\qquad 1 + 3 + \ldots + (2n-1) + (2(n+1)-1)$

$= \qquad n^2 \qquad\quad + (2(n+1)-1) \qquad$ /n. Induktionsvoraussetzung

$= \qquad n^2 \qquad\quad + 2n + 2 - 1$

$= \qquad n^2 \qquad\quad + 2n + 1$

$= \qquad (n + 1)^2$

Beispiel 2:

Als zweites Beispiel greifen wir ein einfaches Färbungsproblem aus der Topologie heraus[9]. Die in die Beweisführung aufgenommenen Abbildungen dienen der Veranschaulichung, sie gehören nicht zum Beweis.

Hinführung:

Wir betrachten eine ebene Landkarte mit n paarweise zueinander verschiedenen Geraden. Die dabei entstehenden Gebiete sollen nun derart gefärbt werden, dass zwei benachbarte Gebiete, die jeweils mehr als nur einen Grenzpunkt gemeinsam haben, stets verschiedene Farben bekommen. Wie viele verschiedene Farben braucht man mindestens?

Beh.: Die von n Geraden erzeugte Landkarte lässt sich mit zwei Farben in der geforderten Art färben.

Bew.: durch vollständige Induktion

I. Induktionsanfang

Die Behauptung gilt für n = 1:
Eine Gerade erzeugt auf der Landkarte zwei Gebiete G_1 und G_2. Wir färben G_1 mit Farbe 1 und G_2 mit Farbe 2.

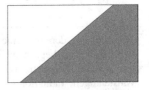

---

[9]   Vgl. hierzu: Müller-Philipp & Gorski (2014).

II. Induktionsschritt

Induktionsvoraussetzung:

Eine Landkarte mit n Geraden lässt sich mit zwei Farben derart färben, dass benachbarte Gebiete stets verschiedene Farben bekommen.

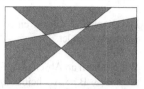

z.z.: Wenn sich eine Landkarte aus n Geraden mit zwei Farben färben lässt, dann lässt sich auch eine Landkarte aus (n+1) Geraden mit zwei Farben färben.

Es gilt:
Wir betrachten die Landkarte mit n Geraden, die nach Induktionsvoraussetzung mit zwei Farben färbbar ist. Nehmen wir jetzt eine (n+1)-te Gerade hinzu, ist die Färbung der Karte nicht mehr korrekt (s. rechts).

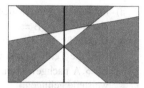

Vertauschen wir jedoch auf einer Seite der neuen Geraden alle Gebietsfärbungen, so erhalten wir wieder eine korrekt gefärbte Karte.

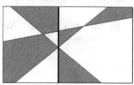

Also lässt sich auch eine aus (n+1) Geraden erzeugte Landkarte mit zwei Farben derart färben, dass benachbarte Gebiete stets unterschiedliche Färbung haben.

Suchen Sie in dem folgenden „Induktionsbeweis" den Argumentationsfehler:

Behauptung: In einen Koffer passen unendlich viele Paare Socken.

Beweis:
Induktionsanfang: n = 1
In einen leeren Koffer passt ein Paar Socken.

Induktionsschluss: n → n + 1
In einem Koffer sind n Paar Socken. Ein weiteres Paar Socken passt immer noch rein (Erfahrungstatsache). Also passen in den Koffer (n + 1) Paare Socken. Also ist die Zahl der Sockenpaare unendlich.

2.6   Zum Beweisen von Äquivalenzen

Das Kapitel 2 sei mit einem generellen Hinweis zum Beweisen von Äquivalenzen beendet.

Wir erinnern an Abschnitt 1.3: Eine zusammengesetzte Aussage
$A \Rightarrow B \ \wedge \ B \Rightarrow A$ heißt *Äquivalenz* $A \Leftrightarrow B$ (A genau dann, wenn B).

Ist eine Behauptung vom Typ „Äquivalenz $A \Leftrightarrow B$" zu beweisen, so geschieht dies ...

a) im Regelfall durch den Rückgang auf die Definition der Äquivalenz
    als $A \Rightarrow B \wedge B \Rightarrow A$.
    Das heißt: Der Beweis wird in zwei Schritten geführt. Im ersten Teil
    wird die Teilbehauptung $A \Rightarrow B$, im zweiten Teil die Teilbehauptung
    $B \Rightarrow A$ nachgewiesen. Die Äquivalenz ist bewiesen, wenn beide Beweisteile gelingen.

b) im „glücklichen" Ausnahmefall über eine Kette von Äquivalenzumformungen der Art:

$$A \ \Leftrightarrow \ ...$$
$$\Leftrightarrow \ ...$$
$$\Leftrightarrow \ ...$$
$$\Leftrightarrow \ B$$

Hierbei ist zu beachten, dass von Zeile zu Zeile *ausschließlich* bereits bewiesene Äquivalenzen verwendet werden.

Im bisherigen Verlauf dieses Kapitels haben wir die beiden folgenden Behauptungen für alle natürlichen Zahlen n bewiesen:

	n ist gerade	$\Rightarrow$	n^2 ist gerade
und	n^2 ist gerade	$\Rightarrow$	n ist gerade

Offensichtlich haben wir hier eine Äquivalenzaussage vorliegen:

Für alle $n \in \mathbb{N}_0$ gilt: n ist gerade $\Leftrightarrow$ n^2 ist gerade

Wir haben diese Äquivalenzaussage bereits bewiesen, indem wir die Teilimplikationen getrennt gezeigt haben.

Hätten wir diese Aussage nicht auch in Form von Äquivalenzumformungen beweisen können? Wie könnte das aussehen?

$\quad$ n ist gerade und $n \in \mathbb{N}_0$

$\Leftrightarrow \quad n = 2q \qquad\qquad$, wobei $q \in \mathbb{N}_0$

$\Leftrightarrow \quad n^2 = (2q)^2 \qquad$

$\Leftrightarrow \quad n^2 = 4q^2$

$\Leftrightarrow \quad n^2 = 2 \cdot 2q^2 \qquad$, wobei $2q^2 = q_1 \ \wedge \ q_1 \in \mathbb{N}_0$

$\Leftrightarrow \quad n^2 = 2q_1 \qquad\qquad$

$\Leftrightarrow \quad n^2$ ist gerade

Beim Gefahrenzeichen ist äußerste Vorsicht geboten, denn in der Richtung von unten nach oben wird die Wurzel gezogen, was im Normalfall keine Äquivalenz in der oben beschriebenen Weise darstellt, denn aus $n^2 = (2q)^2$ folgt $n = 2q$ oder $n = -2q$. Da 2, q und n aber aus $\mathbb{N}_0$ stammen, wäre hier das Äquivalenzzeichen zu vertreten. Noch problematischer ist die Folgerung von unten nach oben in der Zeile mit dem Stopp-Schild. Wir wissen nur, dass $q_1 \in \mathbb{N}_0$, nicht aber, dass q_1 eine gerade Zahl ist, in der sich noch eine Quadratzahl als Faktor verbirgt.

Wie gesagt, das Beweisen von Äquivalenzaussagen gelingt nur in seltenen Ausnahmefällen durch konsequente Äquivalenzumformungen.

Übung:$\quad$ Beweisen Sie durch vollständige Induktion über n.

$\quad$ a)$\quad$ Für alle $n \in \mathbb{N}$ gilt: $2^0 + 2^1 + 2^2 + \ldots + 2^{n-1} = 2^n - 1$.

$\quad$ b)$\quad$ Für alle $n \in \mathbb{N}$ gilt: $(a^m)^n = a^{m \cdot n}$
$\qquad$ *Tipp: Halten Sie m fest und führen Sie die Induktion nach n.*

$\quad$ c)$\quad$ Die Menge $M = \{1, 2, 3, \ldots, n\}$, $n \in \mathbb{N}$, hat genau 2^n Teilmengen.

$\quad$ d)$\quad$ Für alle $n \in \mathbb{N}$ gilt: $1^2 + 2^2 + 3^2 + \ldots + n^2 = \dfrac{1}{6} n\,(n+1)\,(2n+1)$

3 Operative Beweise

3.1 Worum es in diesem Kapitel geht

In den ersten beiden Kapiteln dieses Buchs haben Sie Grundlagen für mathematische Argumentationen und Beweise kennen gelernt. Vielleicht erschien Ihnen die eine oder andere Facette als recht abstrakt oder statisch oder vielleicht haben Sie sich sogar gefragt, wieso Sie als angehende Lehrkraft für jüngere Kinder fachwissenschaftliche Grundlagen studieren sollten. In diesem Abschnitt lernen Sie eine weitere Form des Beweisens und Begründens kennen, die auch jüngeren Kindern zugänglich ist und die auch viele eingefleischte Mathematikerinnen und Mathematiker (nach Dienstschluss bei Musik von Johann Sebastian Bach oder Coldplay und einem Glas roten Saint Emilion oder Saale-Unstrut) cool finden – allerdings ohne diese Begeisterung bei fehlendem Musik- oder Rotweineinfluss zu verbalisieren. Bei dieser Form des Beweisens stehen die Prozesse des Erkenntnisgewinns im Vordergrund, so dass aktuellen didaktischen Forderungen nach Kindorientierung, nach dem Aufbau eigener Erfahrungen und Erkenntnisse und damit nach individuell-konstruktivistischem Lernen Rechnung getragen werden kann.[1]

3.2 Zur Einordnung

Die Formen von Beweisen, die im zweiten Kapitel dieses Buchs erörtert wurden, entsprechen formal-abstrakten mathematischen Tätigkeiten, wie sie in der Fachwissenschaft Mathematik unterschieden werden – dabei steht nicht die Genese eigener Erfahrungen im Vordergrund, sondern ein produktorientierter Prozess, der sich wie folgt beschreiben lässt:

> „Unter einem mathematischen Beweis versteht man die deduktive Herleitung eines mathematischen Satzes aus Axiomen und zuvor bereits bewiesenen Sätzen nach spezifizierten Schlussregeln. Axiome sind unbewiesene Aussagen, die man an den Anfang einer Theorie stellt." (Jahnke & Ufer, 2015, S. 331)

---

[1] Eine umfassende und sehr lesenswerte Einführung findet sich bei Müller, Steinbring & Wittmann (2004).

© Springer Fachmedien Wiesbaden GmbH, ein Teil von Springer Nature 2018
R. Benölken, H.-J. Gorski, S. Müller-Philipp, *Leitfaden Arithmetik*,
https://doi.org/10.1007/978-3-658-22852-1_3

Zumindest für den Mathematikunterricht im jüngeren Schulalter scheint ein solch axiomatisch-deduktives Vorgehen ganz sicher wenig geeignet. Und doch gehört Beweisen und Begründen zu den bedeutenden Charakteristika des Mathematikunterrichts und kann eine große Faszination wecken. Aus didaktischer Perspektive greift man hierfür auf einen offenen, nicht axiomatisch-deduktiven, sondern auf einen Erfahrungen generierenden und konstruktiven Zugang zurück. Im Vordergrund steht der Prozess der Erkenntnisgewinnung, warum ein mathematisches Phänomen allgemein gültig ist.[2] Damit klingen zwei Sinngebungen des mathematischen Beweisens an, die auf den ersten Blick wenig vereinbar scheinen. Eine Brücke ergibt sich aus Funktionen des Beweisens: So unterscheidet de Villiers (1990) z.B. die Verifikation von Aussagen, die Erklärung sowie an diese ersten beiden Aspekte anknüpfend die Kommunikation über mathematische Sachverhalte, weiter die Entdeckung neuer Zusammenhänge und die Systematisierung in mathematische Kontexte. In den ersten beiden Funktionen erkennen wir insbesondere eher den fachlich-abstrakten Zugang, in den letzten beiden insbesondere den Erfahrungen generierenden Zugang – es handelt sich also vielmehr um eine Akzentuierung unterschiedlicher Funktionen als um sich ausschließende Charakterisierungen des mathematischen Beweisens.

Ein maßgebliches Beispiel für eine fachdidaktisch inspirierte Klassifikation von Beweisen bietet eine Unterscheidung von Beweistypen nach Wittmann und Müller (1988), welche die beiden oben skizzierten Sinngebungen zusammenbringt. An diese lehnen wir uns später auch in großen Teilen an, um unterschiedliche Vorgänge zum Finden und Begründen vorzustellen. Dabei werden wir als Beispiel den folgenden Satz heranziehen:

Satz 1: Die Summe von zwei geraden Zahlen ist eine gerade Zahl.

Bevor wir uns den angekündigten Beweisen und deren Einordnung als Typen widmen, einige Vorbemerkungen:

1) Zunächst klären wir formal: Eine Zahl $a \in \mathbb{Z}$ heißt gerade, wenn 2 ein Teiler[3] von a ist, d.h., wenn a von der Form $a = 2 \cdot x$ mit $x \in \mathbb{Z}$ ist. Ungerade heißt $a \in \mathbb{Z}$, wenn 2 kein Teiler von a ist, d.h., wenn $a = 2 \cdot x + 1$ mit $x \in \mathbb{Z}$ ist. Es handelt sich um grundschulrelevante Begriffe, die in der Regel in einschlägigen Lehrwerken thematisiert werden.

---

[2] Siehe z.B.: Wittmann & Müller (1988).
[3] Eine Einführung in die Teilbarkeitslehre gibt das vierte Kapitel.

2) Wie kann der Satz im Unterricht thematisiert werden? Oft wird eine Situation fokussiert, in der es um ein gerechtes Zuteilen von Objekten (z.B. Süßigkeiten) auf zwei Kinder geht. Wird eine gerade Anzahl der Objekte zugeteilt, erhalten beide gleich viele Objekte, wird eine ungerade Anzahl zugeteilt, bleibt jedoch ein Rest. Hieran anknüpfend oder auch ohne Einkleidung werden Punktmuster (gelegt aus Plättchen oder ähnlichem Material) betrachtet, um den Inhalt der oben präzisierten formalen Begriffsbeschreibung beispielgebunden ausgehend von enaktiver oder ikonischer Repräsentation zu entdecken und zu abstrahieren. Eine typische, in vielen Schulbüchern in ungefähr dieser oder in ähnlicher Form enthaltene Aufgabe, oft auch zunächst beschränkt auf den Zahlenraum bis 10, ist etwa: „Vergleiche die Punktefelder. Welche der dargestellten Zahlen lässt sich halbieren? Finde weitere Zahlen, die halbiert werden können. Begründe."

Das linke Punktefeld zu der Zahl 16 ist ein strukturiertes Punktmuster als eine „volle" Doppelreihe, d.h., im Gegensatz zu der rechten Doppelreihe zur Zahl 17 gibt es kein „überhängendes" Plättchen. Die Doppelreihe zur 16 ist achsensymmetrisch zu einer gedachten Mittelwaagerechten[4], die rechte nicht.[5] Es ergibt sich eine für natürliche Zahlen tragfähige Grundvorstellung zu den Begriffen „gerade bzw. „ungerade Zahl", mit der weitere Phänomene konsistent erschlossen werden können.

3) Punktmusterdarstellungen wie die oben abgebildeten und ähnliche geometrische Veranschaulichungen von Zahlen mit Plättchen o.Ä. gelten als wichtiges historisches Moment in der Entwicklung der Mathematik: Das durchaus spielerische Nachspüren von arithmetischen Zusammenhängen durch Legen und Umlegen, um Muster und Gesetzmäßigkeiten zu erkennen oder zu begründen, war ein bedeutender Schritt in der Entwicklung des mathematischen Beweisens – man spricht von einer „Arithmetik der Spielsteine".[6] Zahlen bzw. Klassen von Zahlen, die als regelmäßige Figuren aus Spielsteinen, Münzen, Plättchen u.Ä. gelegt werden können, heißen wegen ihrer engen Verbindungen zu geometrischen Figuren *figurierte Zahlen*. Ein günstiger Zusammenhang zu klassischen lerntheoretischen Ansätzen von z.B. Aebli oder Bruner hinsichtlich der ikonischen Repräsentation zur Verinnerlichung von Denkoperationen ist offenkundig.

---

[4] Die Reihen lassen sich also anschaulich aufeinander klappen oder falten.

[5] Eine vergleichbare Faltung funktioniert hier also nicht.

[6] Vgl. Wittmann & Ziegenbalg (2004).

Einige Beispiele:

| Dreieckszahl | Quadratzahl | Pyramidenzahl | (zentrierte) Sechseckszahl |

Nun kommen wir zu den Beweistypen. Wie angekündigt stellen wir hierfür unterschiedliche Vorgänge zum Finden und Begründen von Satz 1 vor.

– **„Systematisches Probieren"**

Um den Satz zu bestätigen oder zu widerlegen, suchen wir Beispiele für seine Verifikation oder Gegenbeispiele für seine Falsifikation (wir beschränken die folgende Illustration auf die formal-symbolische Ebene).

$2 + 4 = 6$ $\quad$ $6 + 14 = 20$ $\quad$ $12 + 4 = 16$ $\quad$ $32 + 34 = 66$ $\quad$ ...
$4 + 8 = 12$ $\quad$ $10 + 12 = 22$ $\quad$ $22 + 2 = 24$ $\quad$ $20 + 56 = 76$

Aus den Beispielen „schließt" man in bestem Glauben, dass die Summe zweier gerader Zahlen immer gerade ist, wobei zusätzlich die Frage thematisiert werden sollte, ob es ein Gegenbeispiel geben kann.

Zur Einordnung: Dieses beispielorientierte – induktive – Vorgehen erinnert an das Vorgehen in empirischen Wissenschaften, wie etwa der (empirischen) Physik: Hängt man in einem Versuch an eine Schraubenfeder eine Masse (ein Gewicht) von 10 g, dann verlängert sie sich um 2 cm. Hängt man an die gleiche Schraubenfeder eine Masse (ein Gewicht) von 20 g, dann verlängert sie sich um 4 cm. Hängt man an die gleiche Schraubenfeder nun eine Masse (ein Gewicht) von 30 g, dann verlängert sie sich um 6 cm. Diese drei Versuche könnten nun zu dem hoffnungsvollen „Schluss" führen: Verdoppelt, verdreifacht, ..., ver-n-facht man die auf eine Schraubenfeder wirkenden Kraft, dann Verdoppelt, verdreifacht, ..., ver-n-facht sich auch ihre Verlängerung. Aber Obacht, hier stockt der Vergleich: Hängen Sie nun aber eine Masse von $1000 \cdot 10$ g $= 10$ kg an die gleiche Feder, dann wird sie sich gewiss nicht um $1000 \cdot 2$ cm $= 20$ m verlängern, sondern vorher bereits reißen oder sich unelastisch zu einem starren Draht verformen.

Wie wir gesehen haben treten formale Aspekte bei diesem Typus völlig in den Hintergrund. Beispielorientiertes, experimentelles oder unvollständig induktives Vorgehen erscheint kaum geeignet, um zu allgemeingültigen Aussagen zu kommen, müsste man die Beispielsammlung doch unendlich erweitern. Daher haben wir in der Überschrift dieses Paragraphen auch von einem „systematischen Probieren" gesprochen.[7] Gerade des informellen Charakters wegen ist dieser Zugang für jüngere Kinder, für ältere Kinder, für manche Erwachsene und nicht selten auch für Mathematikerinnen und Mathematik ein durchaus probates Vorgehen, um mathematischen Zusammenhängen auf die Spur zu kommen, um sie zu entdecken.

– **„Operativer Beweis"**

Wir nutzen figurierte Zahlen und betrachten zwei beliebige Doppelreihen, hier als Beispiel der 8 und der 6. Es handelt sich um „volle" Doppelreihen, bei denen das Punktmuster symmetrisch zu einer gedachten Mittelwaagerechten ist. Im Gegensatz zu der Doppelreihe einer ungeraden Zahl gibt es kein „überhängendes" Plättchen. Im Zuge der Addition der Zahlen legen wir die Doppelreihen zu einer neuen Doppelreihe zusammen. Auch diese ist eine volle Doppelreihe, repräsentiert also eine gerade Zahl:

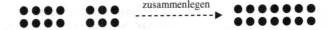

Auf der Basis dieses prototypischen Beispiels wird plausibel, dass sich die durchgeführte Operation des Zusammenlegens und ihre Konsequenz, dass zwei volle Doppelreihen wieder zu einer vollen Doppelreihe werden, auf alle weiteren geraden Zahlen überträgt, denn man kann bei beliebigen Zahlen stets analog vorgehen:

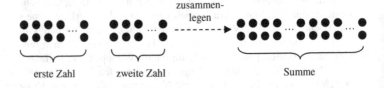

erste Zahl   zweite Zahl   Summe

---

[7] Wittmann und Müller (1988) bezeichnen das Prozedere als *experimentellen Beweis*.

Zur Einordnung: Diesen Typus bezeichnet man als *inhaltlich-anschaulichen* oder als *operativen Beweis*. Er geht über das Aufzeigen einzelner Beispiele hinaus, indem er eine Operation in den Mittelpunkt der Betrachtungen stellt, die intuitiv klarmacht, dass ein Beispiel prototypisch für eine ganze Klasse weiterer Beispiele steht. In der Arithmetik greift man in der Regel auf Punktmuster oder vergleichbare Figurierungen zurück, die Eigenschaften von Zahlen repräsentieren. Diese liefern ein Fundament für konsistente Begründungen, Verallgemeinerungen und Beweise, denn die Operation und ihre Konsequenzen sind unabhängig von einem konkreten Beispielmuster einer Klasse.[8] Mit Wittmann (2014, S. 226) lässt sich dieser Typus wie folgt charakterisieren:

„Operative Beweise ergeben sich aus der Erforschung eines mathematischen Problems, insbesondere im Rahmen eines Übungskontextes, und klären einen Sachverhalt, gründen auf Operationen mit ,quasi-realen' mathematischen Objekten, nutzen dazu die Darstellungsmittel, mit denen die Schüler auf der entsprechenden Stufe vertraut sind und lassen sich in einer schlichten, symbolarmen Sprache führen."

– **„Formal-deduktiver Beweis"**

Seien a und b gerade ganze Zahlen. Weil a und b gerade sind, gibt es jeweils eine Zahl $x \in \mathbb{Z}$ bzw. eine Zahl $y \in \mathbb{Z}$, so dass $a = 2 \cdot x$ und $b = 2 \cdot y$ ist. Durch Einsetzen erhalten wir $a + b = 2 \cdot x + 2 \cdot y = 2 \cdot (x + y)$. Damit ist eine Zahl $z \in \mathbb{Z}$, gefunden, so dass $a + b = 2 \cdot z$ gilt, nämlich $z = x + y$. Folglich ist a + b eine gerade Zahl.

Zur Einordnung: Hierbei handelt es sich um den Typus des *formaldeduktiven Beweises* und hier um den Sonderfall des „direkten Beweises", wie er in Kapitel 2.2 behandelt wird: Eine Aussage wird in einem formal-logischen Prozess aus anderen Aussagen abgeleitet. Anhand unseres Beispiels wird deutlich: Die hier formal durchgeführten Operationen entsprechen dem enaktiven bzw. ikonischen Prozedere des operativen Beweises. Denken wir an die Darstellung als Plättchendoppelreihen, so liegt in der oberen Reihe des ersten Summanden eine Zahl x an Plättchen und in der unteren aus Symmetriegründen ebenfalls: Der erste Summand besteht also aus $2 \cdot x$ Plättchen. Genauso erhält man für den zweiten Summanden weiterhin $2 \cdot y$ Plättchen. In der Summe sind in der oberen Reihe x + y und in der unteren ebenso, also zusammen $2 \cdot (x + y)$ Plättchen.

---

[8] Siehe auch: Wittmann & Ziegenbalg (2004).

Zwischen den vorgestellten Beweistypen nimmt der Grad an mathematischer Formalisierung zu, so dass über die Schulzeit hinweg eine Art Sozialisation zum mathematischen Denken oder anders ausgedrückt ein Hineinwachsen in die Kultur des mathematischem Beweisens im eigentlichen Sinne möglich wird.[9] Im Folgenden konzentrieren wir uns auf Grundlagen und Beispiele für operative Beweise. Den Schwerpunkt werden wir auf Beweise mit „Folgen" figurierter Zahlen legen, denn die wesentlichen Charakteristika operativen Beweisens lassen sich mit ihnen vor dem Hintergrund der Idee der Induktion besonders gut illustrieren. „Zahlenfolgen" bilden darüber hinaus einen Komplex, der ohnehin vielschichtig in Lehrwerken ab dem Grundschulalter thematisiert wird: Die Betrachtung von Folgen besitzt ein reichhaltiges Potenzial für mathematische Aktivitäten wie das Entwickeln eigener Folgen, die Suche nach weiteren Folgengliedern oder nach Bildungsgesetzen bzw. Berechnungsvorschriften. Der Umgang mit Folgen kann beispielsweise einen Beitrag zur Entwicklung eines Gefühls für Zahlen und Zahlbeziehungen sowie zur Entfaltung funktionalen Denkens leisten. Daher werden wir zunächst etwas ausführlicher die mathematischen Grundlagen für Folgen legen und darauf aufbauend Folgen figurierter Zahlen sowie operative Beweise an ihnen erörtern.

Übung: 1) Zeigen Sie experimentell, durch systematisches Probieren: Ist die Quersumme einer Zahl durch 3 teilbar, so ist auch die Zahl selbst durch drei teilbar.

           2) Zeigen Sie die Sätze experimentell sowie anhand je eines operativen und formal-deduktiven Beweises.

              a) Die Summe zweier ungerader Zahlen ist gerade.

              b) Die Summe einer geraden und einer ungeraden Zahl ist ungerade.

           3) Erläutern Sie Vorzüge und Grenzen des experimentellen Vorgehens sowie von operativen und formal-deduktiven Beweisen.

---

[9] Siehe auch: Jahnke & Ufer (2015).

3.3 Grundlagen zu Zahlenfolgen

Betrachten wir zunächst das folgende Beispiel:

$$0, 1, 4, 9, 16, 25, 36, 49, 64, 89, 100, 121, \ldots$$

Sie haben sicher direkt erkannt, dass es sich hierbei um eine fortlaufende und unendliche Aufzählung der Quadratzahlen handelt, also von Zahlen, die durch die Multiplikation einer ganzen Zahl mit sich selbst entstehen. Eine solche Aufzählung führt zu dem Begriff der „Folge" bzw. der „Zahlenfolge". Allgemeiner ausgedrückt ist eine Folge eine Aufzählung von Objekten[10], die fortlaufend nummeriert sind.[11] Die Objekte werden Glieder der Folge genannt. Üblicherweise bezeichnet man sie durch einen kleinen Buchstaben (meist a) mit einer natürlichen Zahl als fortlaufendem Index, der ihre jeweilige Position in der Folge anzeigt. Die Glieder der Folge der Quadratzahlen lassen sich beispielsweise so bezeichnen:

$$a_0 = 0, a_1 = 1, a_2 = 4, a_3 = 9, a_4 = 16, a_5 = 25, a_6 = 36, a_7 = 49, a_8 = 64, \ldots$$

Die Zahl – oder allgemeiner: das Objekt – mit dem Index i heißt i-tes Glied der Folge. Das fünfte Glied der Folge der Quadratzahlen ist beispielsweise $a_5 = 5 \cdot 5 = 25$, das zehnte $a_{10} = 10 \cdot 10 = 100$ usw.

Wir betrachten im Folgenden einige Möglichkeiten, um Bildungsgesetze von Folgen zu präzisieren: Eine erste Möglichkeit bietet eine (oft umgangssprachlich gehaltene) *allgemeine Beschreibung*, beispielsweise „Die Folge besteht aus allen Quadratzahlen!" oder „Ein Folgenglied wird gebildet, indem man seine Nummer mit sich selbst multipliziert."

Oft wird eine Folge in aufzählender Form durch die *Angabe von Anfangsgliedern* gekennzeichnet, die eingeklammert werden, um anzuzeigen, dass es sich um eine Folge handelt, also $(a_0, a_1, a_2, a_3, a_4, a_5, \ldots)$. Die Folge der Quadratzahlen lässt sich somit notieren als $(0, 1, 4, 9, 16, \ldots)$.

---

[10] Diese Objekte können, müssen aber nicht Zahlen sein.

[11] Mathematisch präzise wird eine Folge als „Funktion" definiert, d.h., als eine Zuordnung, die jeder natürlichen Zahl genau ein Objekt der Folge zuordnet. Wir verzichten hier auf eine Einführung des Funktionsbegriffs als weiterführendes Fundament und verweisen hierfür auf beispielsweise Wittmann (2008).

Einige weitere Beispiele:

– Folge der natürlichen Zahlen einschließlich 0: $(0, 1, 2, 3, 4, 5, 6, 7, \ldots)$

– Folge der geraden natürlichen Zahlen einschließlich 0: $(0, 2, 4, 6, 8, \ldots)$

– Folge der ungeraden natürlichen Zahlen: $(1, 3, 5, 7, 9, 11, 13, 15, 17, \ldots)$

– Folge der Zehnerpotenzen: $(10^0, 10^1, 10^2, 10^3, \ldots) = (1, 10, 100, 1000, \ldots)$

– Folge der Primzahlen: $(2, 3, 5, 7, 11, 13, 17, 19, 23, 29, 31, \ldots)$

Um eine weitere mögliche Notation der Bildungsgesetze von Folgen einzuführen, blicken wir nochmals genauer auf das Eingangsbeispiel der Folge der Quadratzahlen, deren Glieder wir oben bereits bezeichnet hatten:

$$a_0 = 0^2 = 0, \; a_1 = 1^2 = 1, \; a_2 = 2^2 = 4, \; a_3 = 3^2 = 9, \; a_4 = 4^2 = 16, \; a_5 = 5^2 = 25, \ldots$$

Wie es oben als allgemeine Beschreibung ausgeführt ist, gilt für einen beliebigen Index i offenbar $a_i = i^2$. Anstelle der aufzählenden Schreibweise lässt sich die Folge mithilfe dieser Beobachtung kürzer notieren durch *Angabe einer expliziten Bildungsregel* [12]: $(a_n)_{n\in\mathbb{N}_0}$ mit $a_n = n^2$

Wir betrachten einige Beispiele von Folgen, deren Darstellungen durch Angabe von Anfangsgliedern Ihnen bereits bekannt sind:

– Die Folge der natürlichen Zahlen einschließlich 0: $(a_n)_{n\in\mathbb{N}_0}$ mit $a_n = n$

– Die Folge der geraden natürlichen Zahlen einschließlich 0: $(a_n)_{n\in\mathbb{N}_0}$ mit $a_n = 2 \cdot n$

– Die Folge der ungeraden natürlichen Zahlen:[13] $(a_n)_{n\in\mathbb{N}_0}$ mit $a_n = 2 \cdot n + 1$

– Die Folge der Zehnerpotenzen: $(a_n)_{n\in\mathbb{N}_0}$ mit $a_n = 10^n$

Für die Folge der Primzahlen gibt es keine Darstellung mithilfe eines Bildungsgesetzes – im sechsten Kapitel dieses Buchs werden Sie sehen, dass das Finden von Primzahlen eine sehr knifflige Angelegenheit ist. Natürlich gibt es aber unendlich viele weitere Folgen, die sich durch die Angabe einer expliziten Bildungsregel darstellen lassen, beispielsweise:

---

[12] Bzw. der Funktionsvorschrift im Sinne der vorigen Anmerkung.
[13] Beachten Sie, dass hier im Gegensatz zu obigen Beispielen $a_0 = 1$ ist! Das Folgenglied an Position 0 muss also keinesfalls die 0 sein.

- $(a_n)_{n \in \mathbb{N}}$ mit $a_n = \frac{1}{n}$ [die „harmonische Folge"]

- $(a_n)_{n \in \mathbb{N}_0}$ mit $a_n = (-1)^n$ [eine „alternierende Folge"][14]

- $(a_n)_{n \in \mathbb{N}_0}$ mit $a_n = a$ [eine „konstante Folge"]

Eine weitere Möglichkeit, um Bildungsgesetze von Folgen anzugeben, bietet schließlich die *Rekursion*[15]: Dazu greifen wir auf bereits bekannte Folgenglieder zurück, um neue zu berechnen. Bei der Folge der Quadratzahlen lassen sich bekannte Glieder beispielsweise wie folgt in diesem Sinne nutzen:

$a_0 = 0$
$a_1 = a_{1-1} + (2 \cdot 1 - 1) = a_0 + 1 = 0 + 1 = 1$
$a_2 = a_{2-1} + (2 \cdot 2 - 1) = a_1 + 3 = 1 + 3 = 4$
$a_3 = a_{3-1} + (2 \cdot 3 - 1) = a_2 + 5 = 4 + 5 = 9$
$a_4 = a_{4-1} + (2 \cdot 4 - 1) = a_3 + 7 = 9 + 7 = 16$
$\ldots$
$a_n = a_{n-1} + (2 \cdot n - 1)$

Wir betrachten noch einige weitere Beispiele für Folgen, die sich mittels Rekursion beschreiben lassen:

- Die Folge der ungeraden natürlichen Zahlen kann mittels Rekursion beschrieben werden als $(a_n)_{n \in \mathbb{N}_0}$ mit $a_0 = 1$ und $a_n = a_{n-1} + 2$.

- Die harmonische Folge kann mittels Rekursion beschrieben werden als $(a_n)_{n \in \mathbb{N}}$ mit $a_1 = 1$ und $a_{n+1} = a_n : (a_n + 1)$.

- Die Folge $(1, \frac{1}{3}, \frac{1}{7}, \frac{1}{15}, \frac{1}{31}, \frac{1}{63}, \ldots)$ kann mittels einer Rekursion beschrieben werden als $(a_n)_{n \in \mathbb{N}}$ mit $a_1 = 1$ und $a_{n+1} = a_n : (a_n + 2)$.

- Das bekannteste Beispiel für eine Folge, die sich am einfachsten mittels Rekursion beschreiben lässt, liefert die folgende Aufgabe, die auf den italienischen Mathematiker Leonardo Fibonacci zurückgeht:

  „Ein Kaninchenpaar wirft vom zweiten Monat an in jedem Monat genau ein junges Kaninchenpaar. Dieses und alle Nachkommen verhalten sich ebenso. Wie viele Kaninchenpaare sind nach einem Jahr vorhanden, wenn kein Kaninchen stirbt oder aus dem Stall entflieht?"

  Die Lösung der Aufgabe bleibt Ihnen als Übung überlassen (siehe S. 54).

---

[14] Insbesondere erkennt man hier wie auch im folgenden Beispiel, dass dasselbe Objekt bzw. dieselbe Zahl in einer Folge mehrfach auftreten kann.

[15] Der Begriff „Rekursion" ist vom lateinischen Verb „recurrere" abgeleitet, zu Deutsch „zurücklaufen".

Nachdem wir nun einige Möglichkeiten eingeführt haben, um Bildungsgesetze von Folgen anzugeben, kommen wir zu einigen grundlegenden Charakterisierungen von Folgen. Als Hinführung werden wir die Struktur der Ihnen bekannten Folge (0, 2, 4, 6, 8, 10, 12, 14, ...) der geraden natürlichen Zahlen ein wenig näher analysieren:

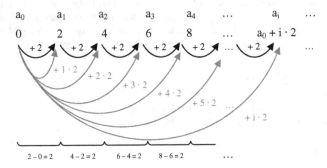

Das erste Folgenglied ist $a_0 = 0$ und man addiert fortlaufend 2 hinzu, um neue Folgenglieder zu generieren (schwarze Pfeile). Subtrahiert man von einem größeren Folgenglied das jeweils unmittelbar benachbarte kleinere, wie es bei den horizontalen Klammern unten angedeutet ist, so ergibt sich als Differenz stets 2: Diese Konstanz der Differenz ist das markante Kennzeichen *arithmetischer Folgen*. Anhand der grauen Pfeile erkennt man die schon bekannte explizite Bildungsregel für das i-te Folgenglied: $a_i = a_0 + i \cdot 2 = 2 \cdot i$.

Weitere Beispiele für arithmetische Folgen:

–   Bei der Folge der natürlichen Zahlen einschließlich 0 addiert man fortlaufend 1 hinzu, die konstante Differenz ist 1 und das i-te Folgenglied ist schließlich $a_i = a_0 + i = i$.

–   Bei der Folge der ungeraden natürlichen Zahlen addiert man fortlaufend 2 hinzu, die konstante Differenz ist 2 und das i-te Folgenglied berechnet sich durch $a_i = a_0 + 2 \cdot i = 1 + 2 \cdot i = 2 \cdot i + 1$.

–   (0, 3, 6, 9, 12, 15, 18, 21, ...) ist die Folge der Vielfachen von 3: Hier addiert man fortlaufend 3 hinzu, die konstante Differenz ist 3 und das i-te Folgenglied ist $a_i = a_0 + 3 \cdot i = 3 \cdot i$.

–   Unter der Annahme einer steten regelmäßigen Fortsetzung handelt es sich auch bei der Folge (7, 4, 1, –2, –5, –8, ...) um eine arithmetische Folge: Man subtrahiert fortlaufend 3, die konstante Differenz ist –3 und das i-te Folgenglied ist $a_i = a_0 + (-3) \cdot i = 7 + (-3) \cdot i$.

Wir halten unsere Beobachtungen nochmals fest:

Memo 1: Arithmetische Folgen haben die Eigenschaft, dass die Differenz zweier benachbarter Folgenglieder konstant ist. Wird diese mit $d \in \mathbb{Z}$ bezeichnet, so erhält man für $(a_n)_{n \in \mathbb{N}_0}$ als Bildungsregel $a_n = a_0 + d \cdot i$.

Wir betrachten nun die Ihnen ebenfalls schon bekannte Folge der Zehnerpotenzen $(10^0, 10^1, 10^2, \ldots) = (1, 10, 100, \ldots)$ und analysieren ihre Struktur:

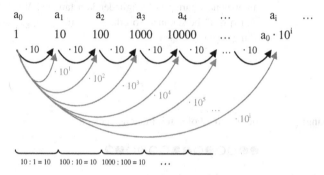

Hier ist das erste Folgenglied $a_0 = 1$ und man multipliziert fortlaufend mit 10, um neue Folgenglieder zu generieren (schwarze Pfeile), bildet also fortlaufend weitere Zehnerpotenzen $(10^0 = 1, 10^1 = 10, 10^2 = 100, 10^3 = 1000, \ldots)$. Dividiert man das i-te durch das (i-1)-te Folgenglied, wie es bei den horizontalen Klammern unten angedeutet ist, so ergibt sich als Quotient stets wieder 10. Diese Konstanz des Quotienten ist das markante Kennzeichen *geometrischer Folgen*. Anhand der grauen Pfeile kann man die schon bekannte explizite Bildungsregel für das i-te Folgenglied ableiten: $a_i = a_0 \cdot 10^i = 1 \cdot 10^i = 10^i$

Weitere Beispiele für geometrische Folgen:

– Bei der Folge $(1, 2, 4, 8, 16, 32, \ldots) = (2^0, 2^1, 2^2, 2^3, 2^4, 2^5, \ldots)$ der Zweierpotenzen multipliziert man fortlaufend mit 2, der konstante Quotient ist 2 und das i-t e Folgenglied $a_i = a_0 \cdot 2^i = 2^i$.

– Bei der Folge (10, 50, 250, 1250, ...) multipliziert man fortlaufend mit 5, der konstante Quotient ist 5 und das i-te Folgenglied $a_i = a_0 \cdot 5^i = 10 \cdot 5^i$.

– Bei der Folge $(1, -\frac{1}{2}, \frac{1}{4}, -\frac{1}{8}, \frac{1}{16}, ...)$ multipliziert man fortlaufend mit $-\frac{1}{2}$, der konstante Quotient ist $-\frac{1}{2}$ und das i-te Folgenglied berechnet sich durch $a_i = a_0 \cdot (-\frac{1}{2})^i = (-\frac{1}{2})^i$.

Und wieder fassen wir unsere Beobachtungen zusammen:

Memo 2:   Geometrische Folgen haben die Eigenschaft, dass der Quotient benachbarter Folgenglieder konstant ist. Wird dieser mit $q \in \mathbb{R}$ bezeichnet, so erhält man für $(a_n)_{n \in \mathbb{N}_0}$ als Bildungsregel $a_n = a_0 \cdot q^i$.

Übung: 1) Hier ist eine Folge mit Plättchen gelegt:

●●○○●○●●○○●○●● ...

a) Geben Sie eine Bildungsregel an.

b) Welche Farbe hat das 100. Plättchen?

2) Geben Sie eine explizite Bildungsregel an.

a) $(0, \frac{1}{2}, \frac{2}{3}, \frac{3}{4}, \frac{4}{5}, ...)$ b) $(0, \frac{1}{2}, \frac{1}{2}, \frac{3}{8}, \frac{1}{4}, \frac{5}{32}, ...)$

3) Lösen Sie die Aufgabe von Fibonacci.

4) Erfinden Sie selbst je ein Beispiel für eine arithmetische und eine geometrische Folge und begründen Sie jeweils, dass es sich um eine solche handelt.

3.4 Von Folgen figurierter Zahlen zu operativen Beweisen

Zur Erinnerung: Figurierte Zahlen entstehen durch das Legen von Spielsteinen, Münzen, Plättchen u.Ä. als regelmäßige geometrische Figuren. In dieser Charakterisierung klingt das Bilden von Folgen aus figurierten Zahlen bereits an. Als einleitendes Beispiel betrachten wir nochmals die Folge der geraden natürlichen Zahlen, deren Folgenglieder wir ja als Doppelreihen legen können, wie es bereits im Kapitel 3.2 für einzelne gerade Zahlen erfolgt ist:

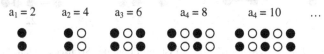

Dadurch, dass immer wieder zwei Plättchen an ein Folgenglied angelegt werden, um ein neues zu generieren, entsteht eine Folge.

Memo 3:   Folgen figurierter Zahlen entstehen durch die regelmäßige Ergänzung einer figurierten Zahl.

Weitere Beispiele für Folgen figurierter Zahlen:

– Die Ihnen allzu bekannte Folge der *Quadrat*zahlen hört sich schon verdächtig nach Figurierungen an. Und in der Tat können wir ihre Folgenglieder als Quadrate anschaulich darstellen. Die Folge entsteht durch ein regelmäßiges Anlegen von „Winkelhaken":

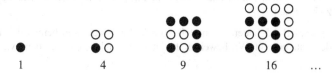

– (0, 1, 3, 6, 10, 15, 28, 36, ...) ist die Folge der Dreieckszahlen. Sie entsteht durch ein regelmäßiges Ergänzen der rechten Spalte:

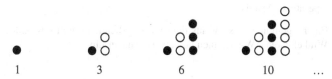

– (0, 1, 5, 12, 22, 35, 51, ...) ist die Folge der Fünfeckzahlen. Die Striche in
   der Darstellung verdeutlichen die Regelmäßigkeit der Fortsetzung:

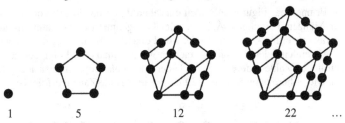

1   5   12   22   ...

– (0, 1, 6, 15, 28, 45, 66, 91, ...) ist die Folge der Sechseckzahlen. Wieder
   verdeutlichen die Striche in der Darstellung die Regelmäßigkeit der Fortsetzung:

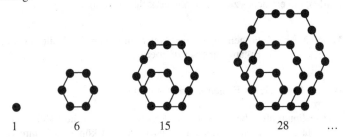

1   6   15   28   ...

Wozu nun der Aufwand mit Folgen, Zahlenfolgen und Folgen figurierter
Zahlen? Um arithmetische Phänomene mit Folgen figurierter Zahlen operativ
zu beweisen!

In Kapitel 2.5 hatten wir mittels vollständiger Induktion bereits den folgenden Satz gezeigt. Wir beweisen ihn jetzt nochmals und zwar operativ.

Satz 2:   Die Summe der ersten n ungeraden Zahlen ist gleich n^2.

Operativer Beweis:

Ein Folgenglied entsteht aus dem vorhergehenden durch das Anlegen eines
Winkelhakens. Wir schauen nun etwas genauer hin:

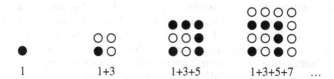

| 1 | 1+3 | 1+3+5 | 1+3+5+7 | … |

Sie sehen: Bilder oder Legehandlungen (Operationen) offenbaren einem Lernenden oftmals mehr als noch so viele Worte oder Formalismen. Immer wenn an ein Quadrat, das ein Folgenglied repräsentiert, ein Winkelhaken angelegt wird, entsteht ein neues Quadrat, ein neues Folgenglied: Legt man den Winkelhaken aus 3 Plättchen an das „1 · 1"-Quadrat, erhält man das „2 · 2"-Quadrat, legt man den Winkelhaken aus 5 Plättchen an das „2 · 2"-Quadrat, erhält man das „3 · 3"-Quadrat usw.

Bemerkenswert dabei ist: Die Folge der zu ergänzenden Winkelhakenzahlen entspricht der Folge der ungeraden natürlichen Zahlen, denn: An ein „n · n"-Quadrat werden oben und rechts jeweils n Plättchen und in der Ecke oben rechts noch ein Plättchen gelegt. Es entsteht jeweils das „(n+1) · (n+1)"-Quadrat. Dieses neue „(n+1) · (n+1)"-Quadrat, hat also n + n + 1 = 2 · n + 1 Plättchen mehr als das vorherige „n · n"-Quadrat.

Diese Regelmäßigkeit überträgt sich auf alle weiteren Folgenglieder und in einem nachfolgenden Folgenglied ist das vorhergehende ja stets bereits enthalten.[16]

Einerseits entsprechen die Winkelhakensummen bis zu einer Zahl n der Summe der n (ungeraden) natürlichen Zahlen. (1)

Andererseits bilden die Winkelhakenfiguren nach Konstruktion stets ein Quadrat, dessen Plättchenanzahl wir jeweils berechnen können, indem wir die Anzahl der Plättchen einer Seite mit sich selbst multiplizieren. Für ein Quadrat, dessen Seite aus n Plättchen besteht, handelt es sich folglich um n^2 Plättchen. (2)

Aus *„Einerseits"* (1) und *„Andererseits"* (2) folgt unsere Behauptung.

---

[16] Bitte machen Sie sich klar: Mit unserer Abbildung haben wir die Idee der vollständigen Induktion ikonisiert. Und wenn Sie – was wir Ihnen unbedingt anraten – die Strategie mit Gummibärchen (bitte jeden Winkelhaken in anderer Gummibärchenfarbe anlegen) oder Überraschungseiern (von Hühnern aus Freilandhaltung, Letzteres ist unabdingbar) nachlegen, dann haben Sie eine schöne Enaktivierung des Verfahrens der vollständigen Induktion erzeugt.

Als weiteres Beispiel betrachten wir die Gaußsche Summenformel[17]: Diese war bereits im Altertum bekannt, ist aber nach dem Mathematiker Carl Friedrich Gauß benannt. Der Legende nach griff er als Schüler auf diese Formel zurück, als die Klasse aufgefordert war, die Summe der Zahlen von 1 bis 100 zu berechnen. Der Mathematiklehrer wollte etwas Ruhe haben für die Lektüre der Tagespresse. Mithilfe der Formel gelang Gauß die Berechnung aber so zügig, indem er 50 Paare der Summe 101 bildete (100 + 1, 99 +2, ...,), dass nicht nur der Rest der Klasse, sondern vor allem der Lehrer, dem die ob des genialen Einfalls ausgefallene Zeitungslektüre wenig geschmeckt haben dürfte, sehr überrascht waren.

Satz 3:   Die Summe der ersten n aufeinanderfolgenden natürlichen Zahlen ist $\frac{n \cdot (n+1)}{2}$.

Operativer Beweis:

Wir benutzen die Dreieckszahlen. Ein Folgenglied entsteht aus dem vorhergehenden durch das Anlegen der rechten Spalte. Dies betrachten wir wiederum genauer:

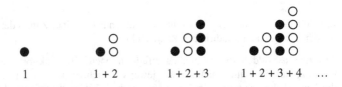

Immer wenn an ein Dreieck, das ein Folgenglied repräsentiert, eine Spalte angelegt wird, entsteht ein neues Dreieck. Legt man an das Einzelplättchen als einfachstes gedachtes Dreieck die Zweierspalte, entsteht ein Dreieck aus 3 Plättchen, legt man an das Dreieck aus 3 Plättchen die Dreierspalte, erhält man ein Dreieck aus 6 Plättchen usw.

Die Folge der zu ergänzenden Zahlen entspricht der Folge der natürlichen Zahlen. An jedes Dreieck aus n Plättchen wird nämlich eine Spalte aus n

---

[17] Auch „kleiner Gauß" genannt. Als Übung empfehlen wir Ihnen den Beweis per vollständiger Induktion.

Plättchen gelegt, um ein neues Dreieck zu erzeugen. Dieses Prinzip lässt sich auf alle weiteren Folgenglieder anwenden und in einem nachfolgenden Folgenglied ist das vorhergehende ja bereits stets enthalten (Idee der vollständigen Induktion!).

Einerseits entspricht die Plättchenanzahl eines Dreiecks aus n Plättchen somit der Summe der natürlichen Zahlen bis n. (1)

Wie können wir die Plättchenanzahl für ein beliebiges Folgenglied anders betrachten? Dazu greifen wir zu einem „Trick": Wir betrachten nun exemplarisch das vierte Folgenglied und verdoppeln es.

Es entsteht ein Rechteck und die Anzahl der enthaltenen Plättchen können wir leicht berechnen: Das Ursprungsdreieck ist 4 Plättchen breit und hoch. Diese Anzahl korrespondiert zugleich mit dem Platz des Ursprungsdreiecks in der Folge der Dreieckszahlen. Das Rechteck ist 4 Plättchen breit, die Breite bleibt im Vergleich zum Ursprungsdreieck also dieselbe. Aufgrund der vorgenommenen Verdoppelung ist das Rechteck aber 5 Plättchen hoch, also um 1 Plättchen höher als das Ursprungsdreieck. Für die Anzahl der Plättchen des Rechtecks erhält man folglich 4 · 5 = 20. Da das Rechteck nach Konstruktion aus der doppelten Anzahl an Plättchen besteht wie das Ursprungsdreieck, besteht dieses aus der halben Anzahl an Plättchen, also 10. Auch dieses Prinzip lässt sich auf alle weiteren Folgenglieder anwenden und, sie wissen es, in einem nachfolgenden Folgenglied ist das vorhergehende stets enthalten.

Andererseits kann man also so vorgehen, um die Anzahl enthaltener Plättchen für ein beliebiges Dreieck zu ermitteln: Man multipliziert die mit dem Platz des Dreiecks in der Folge korrespondierende Breite des Dreiecks mit der Höhe des durch Verdoppelung entstehenden Rechtecks, die stets um 1 größer ist als die Breite, und halbiert. (2)

Aus „*Einerseits*" (1) und „*Andererseits*" (2) folgt unsere Behauptung.

Übung: 1)   (0, 2, 6, 12, 20, 30, ...) ist die Folge der Rechteckzahlen, die
                 Sie hier erstmals kennen lernen.

                 a) Stellen Sie diese Folge als Folge figurierter Zahlen dar.
                     Ergänzen Sie das sechste Folgenglied und geben Sie an,
                     mit welcher Konstruktion das jeweils nächste Folgenglied
                     entsteht.

                 b) Ermitteln Sie eine Bildungsregel.

           2)   Hier ist eine Figurenfolge gelegt:

                 a) Zeichnen Sie die vierte Figur.

                 b) Beschreiben Sie die Folge durch ein explizites Bildungs-
                     gesetz.

           3)   Das Punktmuster rechts ist ein Beispiel
                 für eine zentrierte Quadratzahl.

                 a) Wie wird die Zahl gebildet?

                 b) Beweisen Sie operativ: Eine zentrierte
                     Quadratzahl besteht stets aus
                     $2 \cdot n^2 + 2 \cdot n + 1$ Plättchen.

           4)   a) Beweisen Sie operativ: Die Summe zweier benachbarter
                     Dreieckszahlen ist eine Quadratzahl.

                 b) Leiten Sie eine explizite Bildungsregel für das n-te Glied
                     der Folge der Quadratzahlen ab.

3.5 Weitere Beispiele für operative Beweise

Im vorigen Abschnitt haben wir uns auf operative Beweise mit Folgen figurierter Zahlen konzentriert. Operative Beweise reichen aber weit über den Kontext von Folgen (und über den Kontext Arithmetik) hinaus. Wir beschließen dieses Kapitel daher mit einigen Beweisideen, die operativ angelegt sind und dabei nützliche Operationen verwenden, die sich auf andere Situationen übertragen lassen.[18]

Satz 4: Die Addition natürlicher Zahlen ist kommutativ (d.h., Summanden können vertauscht werden, ohne dass sich ihre Summe verändert).

Idee für einen operativen Beweis:

Vorausgesetzt seien als grundlegende Erkenntnisse die Invarianz einer Menge (hier einer Menge von Plättchen): Die Anzahl der Plättchen in einer Menge von Plättchen ist unabhängig von ihrer Lage. Wir betrachten nun zwei beliebige Zahlen (hier als Beispiele die 5 und die 8), repräsentiert durch unstrukturierte Plättchenmengen:

Die Addition entspricht der Vereinigung dieser Mengen, also dem Zusammenlegen der Plättchenmengen zu einer neuen großen Plättchenmenge, die dann die Summe repräsentiert, in unserem Beispiel die 13:

Wie die Mengen zusammengelegt werden, ist aufgrund der Mengeninvarianz offenbar völlig irrelevant, man hätte die Vereinigung völlig willkürlich durchführen können und müsste auch die Lage der Plättchen nicht bewahren.

---

[18] Die eine oder der andere mag vielleicht auch von hilfreichen „Tricks" sprechen.

Hierzu einige Beispiele:

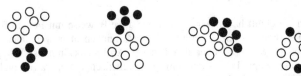

Insbesondere ließen sich die beiden Plättchenmengen in „umgekehrter Reihenfolge" zusammenlegen:

Die Operation ist hier also das „Herumschieben" der Plättchenmengen und insbesondere das „von rechts" und „von links" Zusammenlegen der Plättchenmengen, das sich auf beliebige Zahlen übertragen lässt.

Satz 5:   Die Multiplikation natürlicher Zahlen ist kommutativ (d.h., Faktoren können vertauscht werden, ohne dass sich ihr Produkt verändert).

Idee für einen operativen Beweis:

Wir betrachten zwei beliebige Zahlen (hier als Beispiele die 3 und die 4), repräsentiert durch eine strukturierte Plättchenmenge:

Einerseits sehen Sie drei Reihen aus jeweils vier Plättchen, also 3 · 4 Plättchen. Betrachten Sie *andererseits* die obige Abbildung von rechts, ändern Sie also die Blickrichtung, dann sehen Sie vier Reihen aus jeweils drei Plättchen, also 4 · 3 Plättchen. Durch die Veränderung der Betrachtungsperspektive hat sich die Gesamtzahl der Plättchen natürlich nicht geändert.

Die Operation ist hier das Verändern der Perspektive bzw. das Drehen der strukturierten Plättchenanordnung, das sich auf beliebige Zahlen übertragen lässt. Außerdem könnte diese Strategie beispielsweise auch bereits für einen Nachweis von Satz 4 verfolgt werden – im Prinzip hatten wir hier ja Ähnliches getan, nur das wir nicht die Betrachtungsperspektive, sondern Lagen des Materials selbst variiert hatten.

Neben dem Verschieben von Mengen und dem Wechseln der Perspektiven sind das geschickte Aufteilen von Mengen oder – wie Sie bereits wissen – ein Ermitteln derselben Anzahl auf verschiedenen Wegen bisweilen praktikable Vorgehensweisen, um operative Beweise zu führen.[19]

Bislang haben wir Zahlen durchgängig mit Hilfe von Punktmustern figuriert. Das muss aber nicht so sein! Schließlich gibt es in Schulen zur Unterstützung des Arithmetikunterrichts nicht nur Murmeln und Wendeplättchen. Auch Steckwürfel oder quadratische Plättchen sind verbreitete Anschauungsmittel. Wechseln wir also die Art der Verbildlichung der Zahlen, gewinnen wir ein weiteres Vorgehen zum Führen operativer Beweise hinzu. Lesen, staunen und verstehen Sie mit uns:

Satz 6: Die Summe von 3 aufeinander folgenden natürlichen Zahlen ist stets durch 3 teilbar.

Idee für einen operativen Beweis:

Wir wählen hier keine Punktmusterdarstellung, sondern eine Darstellung als „Zahlentreppe" aus quadratischen Kästchen. Ohne die Allgemeingültigkeit einschränken zu wollen, betrachten wir die Summe der natürlichen Zahlen 4, 5 und 6. In der folgenden Abbildung repräsentiert die linke Kästchenspalte die 4, die mittlere die 5, die rechte die 6.

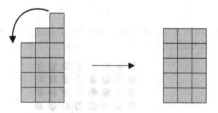

Eine solche Treppe lässt sich stets durch Umlegen eines Kästchens in ein flächengleiches Rechteck umformen, das aus drei gleich langen Kästchenspalten besteht. Die Summe der Kästchen verändert sich durch den Umlegeprozess nicht, wohl aber wird in der durch Umlegen entstandenen Anordnung die Teilbarkeit durch 3 offensichtlich. Cool, oder?

---

[19] Ein derartiges Vorgehen kann bei einigen der Übungsaufgaben am Kapitelende vielleicht hilfreich sein.

Die Operation ist also das geschickte Umlegen eines Kästchens, um die Treppe zu einem Rechteck zu machen – eine solche Darstellung ist bisweilen eingängiger als eine Punktmusterdarstellung. Da drei aufeinander folgende Zahlen fokussiert sind, funktioniert diese Operation immer.

Übung: 1) Zeigen Sie mit einem operativen Beweis, dass für natürliche Zahlen a, b und c das Assoziativgesetz gilt:

$$a \cdot (b \cdot c) = (a \cdot b) \cdot c$$

2) Zeigen Sie mit einem operativen Beweis, dass für natürliche Zahlen a, b und c das Distributivgesetz gilt:

$$a \cdot (b + c) = a \cdot b + a \cdot c$$

3) Beweisen Sie: Alle Vielfachen von 5, die größer oder gleich 15 sind, sind als Summe von 5 aufeinander folgenden natürlichen Zahlen darstellbar.

4) Sie kennen gewiss die „erste binomische Formel" (für reelle Zahlen a, b und c):

$$(a + b)^2 = a^2 + 2 \cdot a \cdot b + b^2$$

a) Nutzen Sie die folgende Darstellung für eine operative Beweisidee der ersten binomischen Formel.

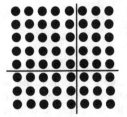

b) Ist die Punktmusterdarstellung hier günstig?

c) Entwickeln Sie einen ähnlichen Beweisansatz für die zweite $[(a - b)^2 = a^2 - 2 \cdot a \cdot b + b^2]$ und für die dritte binomische Formel $[(a - b) \cdot (a - b) = a^2 - b^2]$.

4   Die Teilbarkeitsrelation

4.1   Definition

Dividiert man eine ganze Zahl durch eine andere ganze Zahl, so geht diese
Rechnung oft nicht auf, d.h., es bleibt ein Rest. 15 lässt bei Division durch 4
den Rest 3, teilt man -12 durch 5, so bleibt ein Rest von -2 (denn es gilt
$-12 = -2 \cdot 5 - 2$) bzw. $+3$ ($-12 = -3 \cdot 5 + 3$). Anders ist es bei $18 : 6 = 3$ oder
$-35 : (-7) = 5$. 18 lässt sich durch 6 ohne Rest dividieren, denn $18 = 3 \cdot 6$,
-35 lässt sich durch -7 ohne Rest dividieren, denn $-35 = 5 \cdot (-7)$. In solchen
Fällen sagt man „6 teilt 18" oder „6 ist ein Teiler von 18" oder „18 ist teilbar
durch 6". Wir definieren deshalb allgemein:

Definition 1:   Teilbarkeitsrelation

Es seien a, b $\in \mathbb{Z}$. a heißt *Teiler* von b genau dann, wenn es
ein q $\in \mathbb{Z}$ gibt mit $b = q \cdot a$.

Sprechweise: a ist Teiler von b oder a teilt b
Schreibweise: $a \mid b$

Beispiele: $9 \mid 27$, denn $27 = 3 \cdot 9$ mit $3 \in \mathbb{Z}$
$-10 \mid (-50)$, denn $-50 = 5 \cdot (-10)$, $5 \in \mathbb{Z}$
$17 \mid (-102)$, denn $-102 = -6 \cdot 17$, ...
$8 \mid 0$, denn $0 = 0 \cdot 8$, ...
$1 \mid 123456789$, denn $123456789 = 123456789 \cdot 1$, ...

Gibt es keine ganze Zahl q mit $b = q \cdot a$, so sagt man „a ist kein Teiler von b"
oder kurz „a teilt nicht b", geschrieben $a \nmid b$. So gilt z.B. $4 \nmid 13$, $2 \nmid (-5)$ und
$0 \nmid 95$.

Als unmittelbare Folgerung aus Definition 1 ergibt sich, dass ± 1 und $\pm a$ Teiler von a sind. Man bezeichnet sie als *triviale* oder *unechte Teiler* von a, entsprechend bezeichnet man alle anderen Teiler von a als *echte Teiler*.

Hat man gezeigt, dass a ein Teiler von b ist, indem man die Existenz einer
Zahl q $\in \mathbb{Z}$ mit $b = q \cdot a$ nachgewiesen hat, so hat man in q gleich noch einen
weiteren Teiler von b gefunden: $q \mid b$, denn es gibt ein $a \in \mathbb{Z}$ mit $b = a \cdot q$.

© Springer Fachmedien Wiesbaden GmbH, ein Teil von Springer Nature 2018
R. Benölken, H.-J. Gorski, S. Müller-Philipp, *Leitfaden Arithmetik*,
https://doi.org/10.1007/978-3-658-22852-1_4

Schließlich gilt in der Menge der ganzen Zahlen bezüglich der Multiplikation das Kommutativgesetz: $a \cdot q = q \cdot a$. Man nennt q und a dann *Komplementärteiler*.

Übung: 1) Welche der folgenden Aussagen sind wahr, welche falsch?
             a) $-13 \nmid 65$ b) $2 \mid 0$ c) $11 \mid 1331$ d) $25 \mid 880$

             2) Geben Sie alle echten Teiler von 30 an. Welche sind zueinander komplementär?

             3) Zeigen Sie: $0 \mid a \Rightarrow a = 0$

4.2   Eigenschaften

Aus der Definition 1 der Teilbarkeitsrelation lassen sich nun einige wichtige Eigenschaften dieser Relation herleiten:

Satz 1:   Für alle $a, b, c \in \mathbb{Z}$ gilt:

             1) $a \mid b$ und $b \mid c \Rightarrow a \mid c$,
                die Teilbarkeitsrelation ist also *transitiv*.
             2) $a \mid a$, die Teilbarkeitsrelation ist also *reflexiv*.
             3) $a \mid b$ und $b \mid a \Rightarrow |a| = |b|$

Beweis:

Zu 1): $a \mid b$ und $b \mid c$
  $\Rightarrow$ $\exists\, q_1, q_2 \in \mathbb{Z}: b = q_1 \cdot a \,\wedge\, c = q_2 \cdot b$ /Def. „ $\mid$ "
  $\Rightarrow$ $q_2 \cdot (q_1 \cdot a) = c$ /b=… in c=… eingesetzt
  $\Rightarrow$ $(q_2 \cdot q_1) \cdot a = c$ /AG von $\cdot$ in $\mathbb{Z}$
  $\Rightarrow$ $q \cdot a = c$ /mit $q = q_2 \cdot q_1$ und $q \in \mathbb{Z}$ (Abgeschl. von $\cdot$ in $\mathbb{Z}$)
  $\Rightarrow$ $a \mid c$ [1]   /Def. „ $\mid$ "

---

[1] Wir haben in der Argumentation explizit gezeigt, wie in den Beweis Eigenschaften der ganzen Zahlen einfließen. In Zukunft werden wir i.d.R. zugunsten der Lesbarkeit auf diese deutlichen Herausstellungen verzichten.

zu 2): $\qquad a = 1 \cdot a \qquad\qquad\qquad$ /1 neutrales Element

$\Rightarrow \quad \exists\, q \in \mathbb{Z}\ (q = 1):\ a = q \cdot a$

$\Rightarrow \quad a \,|\, a \qquad\qquad\qquad\qquad\qquad$ / Def. "$\,|\,$"

zu 3): $\qquad a \,|\, b$ und $b \,|\, a$

$\Rightarrow \quad \exists\, q_1, q_2 \in \mathbb{Z}:\ b = q_1 \cdot a\ \wedge\ a = q_2 \cdot b \qquad$ /Def. „$\,|\,$"

$\Rightarrow \quad a = q_2 \cdot (q_1 \cdot a) \qquad\qquad$ /b=… in a=… eingesetzt

$\Rightarrow \quad a = (q_2 \cdot q_1) \cdot a \qquad\qquad$ /AG von $\cdot$ in $\mathbb{Z}$

Da $a \in \mathbb{Z}$ folgt: $\quad q_2 \cdot q_1 = 1 \qquad$ /1 neutrales Element

Da $q_1, q_2 \in \mathbb{Z}$ gilt: $q_1 = q_2 = 1$ oder $q_1 = q_2 = -1$

$\Rightarrow \quad$ entweder $a = b$ oder $a = -b \qquad$ /wegen $a = q_2 \cdot b$

m.a.W.: $\ |a| = |b|$.

Eine wichtige Eigenschaft der Teilbarkeitsrelation bezüglich der Multiplikation gibt der folgende Satz an:

Satz 2: $\qquad$ Produktregel

$\qquad\qquad$ Für alle $a, b, c, d \in \mathbb{Z}$ gilt: $a \,|\, b$ und $c \,|\, d \ \Rightarrow\ ac \,|\, bd$

Beweis:

$a \,|\, b \ \Rightarrow\ \exists\, q_1 \in \mathbb{Z}$ mit $b = q_1 \cdot a$

$c \,|\, d \ \Rightarrow\ \exists\, q_2 \in \mathbb{Z}$ mit $d = q_2 \cdot c$

Einsetzen für b und d ergibt: $bd = (q_1 \cdot a)(q_2 \cdot c) = (q_1 \cdot q_2) \cdot ac$.

Es gibt also ein $q \in \mathbb{Z}$, nämlich $q = q_1 \cdot q_2$, mit $bd = q \cdot ac$, also $ac \,|\, bd$.

Satz 2 ist nicht umkehrbar, wie das folgende Gegenbeispiel zeigt: Es gilt zwar $6 \cdot 10 \,|\, 8 \cdot 15$, aber weder gilt $6 \,|\, 8$ und $10 \,|\, 15$ noch gilt $6 \,|\, 15$ und $10 \,|\, 8$.

Da 1 und d stets Teiler von d sind, kann man in Satz 2 $c = 1$ und $c = d$ setzen und erhält die folgenden Spezialfälle:

Satz 2a: $\qquad$ Für alle $a, b, d \in \mathbb{Z}$ gilt:

$\qquad\qquad$ 1) $a \,|\, b \ \ (\wedge\, 1 \,|\, d)\ \Rightarrow\ a \,|\, bd$

$\qquad\qquad$ 2) $a \,|\, b \ \ (\wedge\, d \,|\, d)\ \Rightarrow\ ad \,|\, bd$

Die erste Aussage des Satzes 2a ist nicht umkehrbar. Es gilt z.B. $4 \mid 2 \cdot 6$, aber nicht $4 \mid 2$. Die zweite Aussage ist jedoch mit der einschränkenden Bedingung $d \neq 0$ umkehrbar. Der Beweis sei Ihnen zur Übung überlassen.

Es stellt sich nun die Frage, ob es bezüglich der Addition eine analoge Eigenschaft der Teilbarkeitsrelation gibt. Jedenfalls gilt nicht:

$a \mid b$ und $c \mid d \Rightarrow a + c \mid b + d$,

denn $1 \mid 3$ und $2 \mid 4$, aber $1 + 2 \nmid 3 + 4$.

Stattdessen gilt:

Satz 3:   Summenregel

Für alle $a, b, c, r, s \in \mathbb{Z}$ gilt: $a \mid b$ und $a \mid c \Rightarrow a \mid rb + sc$

Beweis:

	$a \mid b \Rightarrow a \mid rb$	/Satz 2a
$\wedge$	$a \mid c \Rightarrow a \mid sc$	/Satz 2a
$\Rightarrow$	$\exists\, q_1, q_2 \in \mathbb{Z}$ mit $rb = q_1 \cdot a$ und $sc = q_2 \cdot a$	/Def. „$\mid$"

Addition beider Gleichungen liefert:

$\Rightarrow$	$rb + sc = q_1 \cdot a + q_2 \cdot a$	
$\Rightarrow$	$rb + sc = (q_1 + q_2) \cdot a$	/DG $\cdot, +$ in $\mathbb{Z}$
$\Rightarrow$	$a \mid rb + sc$, da $(q_1 + q_2) \in \mathbb{Z}$	/Def. „$\mid$"

Auch bei diesem Satz fragen wir uns wieder, ob auch die Umkehrung gilt. Aber wieder belehrt uns ein Gegenbeispiel schnell eines Besseren. Es gilt $2 \mid 3 \cdot 3 + 5 \cdot 5$, es gilt aber nicht $2 \mid 3$ und $2 \mid 5$.

Setzen wir in Satz 3 $r = s = 1$ bzw. $r = 1$ und $s = -1$, so erhalten wir die folgenden Spezialaussagen:

Satz 3a: Für alle a, b, c ∈ ℤ gilt:

  a | b und a | c ⇒ a | b + c und a | b − c

Veranschaulichungen zu Satz 3a

2 | 6 (denn 6=3·2)
2 | 4 (denn 4=2·2)
2 | 6+4
2 | 6−4

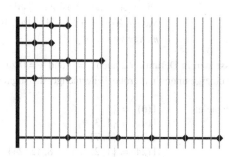

eine Veranschaulichung
zu Satz 3
2 | 2 · 6 + 3 · 4

Bisher haben wir die Teilbarkeitsrelation auf der Menge der ganzen Zahlen untersucht. Wenn wir uns bei den weiteren Teilbarkeitsüberlegungen nur noch auf die Menge der natürlichen Zahlen konzentrieren, ist der Grund hierfür im folgenden Satz 4 zu sehen, dessen Beweis Ihnen zur Übung überlassen sei:

Satz 4:   Für alle a, b ∈ ℤ gilt:

  a | b ⇔ |a| | |b|

Übung: 1) Beweisen Sie Satz 4.

      2) Beweisen Sie:
         Für alle a, b, c ∈ ℤ gilt: a | b und a | b + c ⇒ a | c

      3) Zeigen oder widerlegen Sie: d | ab ⇒ d | a oder d | b

      4) Behauptung: Für alle n ∈ ℕ gilt: 6 | (3n² + 3n + 3)

         Zeigen Sie, dass man den Induktionsschluss n → n + 1 durchführen kann (Hinweis: Summenregel).

         Zeigen Sie, dass diese Behauptung dennoch unsinnig ist, da der Induktionsanfang nicht durchführbar ist.

4.3 Teilermengen

Definition 2:   Teilermenge

Die Menge aller positiven Teiler einer Zahl $a \in \mathbb{N}$, also die Menge $T(a) = \{x \in \mathbb{N} \mid x \mid a\}$, bezeichnet man als *Teilermenge* von a.

Lässt man in Definition 2 auch $a = 0$ und $x = 0$ zu, so gilt $T(0) = \mathbb{N}_0$. Dies ist die einzige unendlich große Teilermenge, die sogar die 0 enthält.

Beispiele: $T(6) = \{1, 2, 3, 6\}$
               $T(9) = \{1, 3, 9\}$
               $T(7) = \{1, 7\}$
               $T(24) = \{1, 2, 3, 4, 6, 8, 12, 24\}$
               $T(0) = \{0, 1, 2, 3, 4, ...\}$

Zweckmäßigerweise wird man bei der Suche nach den Teilern einer Zahl a systematisch vorgehen. Man beginnt mit dem kleinsten Teiler (trivialer Teiler 1) und notiert jeweils sofort den Komplementärteiler (trivialer Teiler a), sucht den nächst größeren Teiler und notiert den Komplementärteiler usw. Die Suche ist spätestens bei $\sqrt{a}$ beendet. Beispiele:

30			48			64	
1	30		1	48		1	64
2	15		2	24		2	32
3	10		3	16		4	16
5	6		4	12		8	8
			6	8			

Wie wir wissen, hat jede natürliche Zahl $a > 1$ mindestens zwei Teiler und zwar 1 und a. Nur 1 besitzt lediglich sich selbst als Teiler. Bei zwei Zahlen aus den Beispielen (7 und 23) bestand die Teilermenge auch nur aus diesen beiden unechten Teilern. Diese Zahlen wollen wir besonders kennzeichnen.

Definition 3:   Primzahl

Eine Zahl $a \in \mathbb{N}\backslash\{1\}$ heißt *Primzahl* oder *prim*, wenn sie keine echten Teiler besitzt, also wenn $T(a) = \{1, a\}$, sonst *zusammengesetzt*.

Das Wort prim bedeutet dasselbe wie primitiv, im Sinne von ursprünglich, nicht weiter zurückführbar. Mit 12 Plättchen kann man verschiedene Rechtecke legen, z.B.

Mit einer primen Anzahl von Plättchen lässt sich nur die letzte, langweilige Art von Rechteck legen.

Ein anderes Modell ist das des Messens von Strecken. Jede Strecke der Länge a Meter kann mit a Stäben der Länge 1 m (Einheit) ausgemessen werden (oder mit einem Stab der Länge a Meter). Primzahlen kann man nur mit der Einheit ausmessen (bzw. mit sich selbst), bei *zusammengesetzten Zahlen* sind dagegen noch andere Maße möglich:

$6 = 1 \cdot 6$
$ = 2 \cdot 3$
$ = 3 \cdot 2$
$ = 6 \cdot 1$

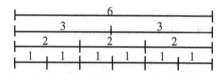

Oben wurden die Teilermengen von 6, 24 und 48 angegeben. Es fällt auf, dass T(6) in T(24) enthalten ist und T(24) wiederum eine Teilmenge von T(48) ist. Es ist nahe liegend zu vermuten, dass dies wegen 6│24 und 24│48 so ist. Tatsächlich gilt allgemein:

Satz 5:   Es seien a, b ∈ ℕ und T(a) und T(b) die Teilermengen von a und b. Dann gilt: $a \mid b \iff T(a) \subseteq T(b)$. [2]

---

[2]   Satz 5 stellt den Zusammenhang zwischen Zahlentheorie und Mengenalgebra her. Betrachten wir einerseits die natürlichen Zahlen mit der Teilbarkeitsrelation und andererseits die Menge der Teilermengen T mit der Inklusion, so haben wir eine bijektive und strukturerhaltende, also isomorphe Abbildung φ von ℕ nach T mit φ (a) = T(a) vorliegen.

Beweis:

„⇒" Sei c ein beliebiges Element aus T(a), also c│a. Da a│b, gilt wegen Satz
   1, (1) auch c│b. Also gilt c ∈ T(b) für alle c ∈ T(a), also T(a) ⊆ T(b).

„⇐" Da a ∈ T(a) und T(a) ⊆ T(b) gilt auch a ∈ T(b), also a│b.

Übung: 1) Bestimmen Sie
               a) T(32)   b) T(60)   c) T(210)

            2) Beweisen oder widerlegen Sie:
               a) $a^2 | b^2 \Leftrightarrow T(a^2) \subseteq T(b^2)$
               b) $a | b \quad \Leftrightarrow T(a^2) \subseteq T(b^2)$

            3) Eine natürliche Zahl a heißt vollkommen, wenn die Summe
               aller Elemente von T(a) gleich 2a ist. Finden Sie zwei voll-
               kommene Zahlen.

4.4 Hasse-Diagramme

Zur Veranschaulichung von Relationen wie der Teilbarkeitsrelation eignen
sich Pfeildiagramme. Jedem Element wird ein Punkt zugeordnet. Ein Pfeil
drückt aus, ob zwei Elemente in Relation zueinander stehen, in diesem Fall,
ob eine Zahl a eine Zahl b teilt.

Für die Teilermenge von 6 sieht das
Pfeildiagramm folgendermaßen aus:

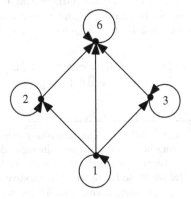

In Satz 1 hatten wir festgestellt, dass für alle a ∈ ℤ a │ a gilt, die Teilbarkeits-relation also reflexiv ist. Das führt in dem Pfeildiagramm dazu, dass jedes Element einen „Ringpfeil" besitzt, also einen Pfeil, der das Element wieder mit sich selbst verbindet. Ohne Informationsverlust können wir damit alle Ringpfeile fortlassen.

Satz 1 besagte weiterhin, dass die Teilbarkeitsrelation transitiv ist. Zu zwei Pfeilen von a nach b und b nach c in unserem Diagramm gibt es also immer einen „Überbrückungspfeil", der direkt von a nach c führt. Wir können also auch alle Überbrückungspfeile fortlassen.

Vereinbart man schließlich noch, dass die Pfeile stets von unten nach oben zeigen sollen, so können wir auch noch auf die Pfeilspitzen verzichten.

Wir erhalten so ein vereinfachtes Pfeildiagramm, ein *Hasse-Diagramm*.

Beispiele von Hasse-Diagrammen:

M = {1, 3, 5, 7, 9}   T(8) = {1, 2, 4, 8}   T(10) = {1, 2, 5, 10}

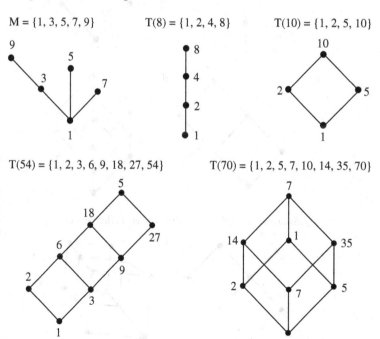

T(54) = {1, 2, 3, 6, 9, 18, 27, 54}   T(70) = {1, 2, 5, 7, 10, 14, 35, 70}

Eine systematische Charakterisierung der Hasse-Diagramme von Teilermengen benötigt den Hauptsatz der elementaren Zahlentheorie, der Gegenstand des folgenden Kapitels ist. Wir werden auf die Hasse-Diagramme deshalb später noch einmal vertiefend zurückkommen.

Übung: 1) Zeichnen Sie die Hasse-Diagramme zu
             a) M = {1, 2, 3, 4, 5, 6}   b) T(27)   c) T(36)

          2) Finden Sie eine Teilermenge T(a), deren Hasse-Diagramm
             die folgende Form hat:

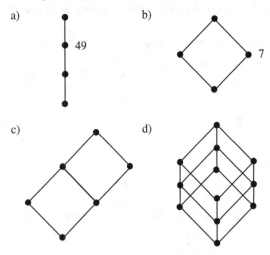

          3) Sind auch dies Hasse-Diagramme zu Teilermengen?

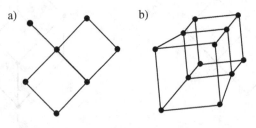

5 Der Hauptsatz der elementaren Zahlentheorie

5.1 Vorüberlegungen

Erfahrungsgemäß können wir die natürlichen Zahlen durch fortgesetztes Addieren allesamt aus der 1 erzeugen. Es gibt auch eine Möglichkeit, die natürlichen Zahlen multiplikativ aufzubauen. Der Schlüssel für dieses Vorgehen liegt in den Primzahlen. Sie wissen, dass man jede natürliche Zahl größer 1 so lange zerlegen kann, bis sie als Produkt von lauter (nicht notwendigerweise verschiedenen) Primzahlen dargestellt ist. Die 1 wird dabei nur zum Aufbau der 1 selbst gebraucht, weswegen man sie auch nicht zu den Primzahlen rechnet.

Definition 1:   Primfaktorzerlegung

Wenn eine natürliche Zahl a > 1 gleich dem Produkt von k Primfaktoren ist, also $a = p_1 \cdot p_2 \cdot p_3 \cdot \ldots \cdot p_k$, dann heißt dieses Produkt *Primfaktorzerlegung* (PFZ) von a. Ist a eine Primzahl, dann heißt a Primfaktorzerlegung von a.

Einen ersten Beleg dafür, dass eine solche Primfaktorzerlegung existiert, liefert das folgende Verfahren zu ihrer Ermittlung:

Schritt Nr.	Division durch die kleinstmögliche Zahl $\neq$ 1, bei der kein Rest bleibt	Notieren dieser Zahl als Faktor	Stopp bei Ergebnis 1
1	6600 : 2 = 3300	2	weiter
2	3300 : 2 = 1650	·2	weiter
3	1650 : 2 = 825	·2	weiter
4	825 : 3 = 275	·3	weiter
5	275 : 5 = 55	·5	weiter
6	55 : 5 = 11	·5	weiter
7	11 : 11 = 1	·11	Stopp

6600 hat also die PFZ $6600 = 2 \cdot 2 \cdot 2 \cdot 3 \cdot 5 \cdot 5 \cdot 11 = 2^3 \cdot 3 \cdot 5^2 \cdot 11$. Natürlich könnte man in dieser Darstellung die Primfaktoren in einer anderen Reihenfolge aufschreiben, z.B. $6600 = 2 \cdot 3 \cdot 5 \cdot 11 \cdot 2 \cdot 5 \cdot 2$. Wir wollen dann aber nicht von verschiedenen PFZ sprechen.

© Springer Fachmedien Wiesbaden GmbH, ein Teil von Springer Nature 2018
R. Benölken, H.-J. Gorski, S. Müller-Philipp, *Leitfaden Arithmetik*,
https://doi.org/10.1007/978-3-658-22852-1_5

Was aber gibt uns die Sicherheit, dass es für jede Zahl nur eine einzige mögliche Primfaktorzerlegung (bis auf die Reihenfolge) gibt? So selbstverständlich, wie die Eindeutigkeit der PFZ erscheinen mag, ist sie nicht. Betrachten wir die Menge $G \subset \mathbb{N}$, $G = \{2n, n \in \mathbb{N}\} \cup \{1\} = \{1, 2, 4, 6, 8, 10, 12, ...\}$ zusammen mit der üblichen Multiplikation. Analog zu Kapitel 1 definieren wir auf G die Teilbarkeitsrelation, den Begriff der Primzahl etc.

Die kleinste Primzahl in G ist 2. 4 ist in G eine zusammengesetzte Zahl, denn $4 = 2 \cdot 2$, $2 \in G$. 6 ist in G eine Primzahl, denn 6 hat in G keine echten Teiler (für den einzigen Kandidaten 2 gibt es kein $g \in G$ mit $6 = 2 \cdot g$). 8 ist eine zusammengesetzte Zahl, denn es gilt z.B. $8 = 2 \cdot 4$ mit $2, 4 \in G$. 10 ist in G wieder eine Primzahl. Offenbar sind in G alle Zahlen prim, die nicht durch 4 teilbar sind.

Betrachten wir nun die Zahl 60 und ihre Primfaktorzerlegung in G. 2 und 30 sind in G Primzahlen und es gilt $60 = 2 \cdot 30$. 6 und 10 sind in G ebenfalls Primzahlen und es gilt $60 = 6 \cdot 10$. In unserer Menge G ist die Primzahlzerlegung keinesfalls eindeutig.

Übung: 1) Bestimmen Sie nach dem oben dargestellten Verfahren eine Primfaktorzerlegung für   a) 198   b) 10725

          2) Die Menge $F \subset \mathbb{N}$ bestehe aus 1 und allen Vielfachen von 5: $F = \{1, 5, 10, 15, 20, ...\}$. Auf ihr sei die übliche Multiplikation definiert.

          a) Bestimmen Sie die ersten fünf Primzahlen in F.

          b) Geben Sie eine Zahl aus F an, die mehr als eine PFZ in F besitzt.

5.2   Der Hauptsatz

Wir werden den Hauptsatz in Teilschritten aufbauen und beweisen. Zunächst werden wir zeigen, dass jede natürliche Zahl $a > 1$ durch mindestens eine Primzahl teilbar ist, insbesondere der kleinste echte Teiler von a eine Primzahl ist. Sodann beweisen wir, dass jedes $a > 1$ mindestens eine Primfaktorzerlegung besitzt (Existenz) und schließlich, dass es nur eine solche PFZ gibt (Eindeutigkeit bis auf Reihenfolge).

Satz 1:   Satz vom kleinsten Teiler

Jede natürliche Zahl a > 1 hat mindestens eine Primzahl als Teiler. Insbesondere ist der kleinste Teiler d von a, d > 1, eine Primzahl.

Beweis: (indirekt)

Die Menge T(a)\{1} ist nicht leer, da sie a enthält.
Sei d das kleinste Element in T(a)\{1}[1].
Ist d eine Primzahl, so sind wir fertig.

Angenommen, das kleinste Element d aus T(a)\{1} sei eine zusammengesetzte Zahl; dann hat d wenigstens einen echten Teiler p mit 1 < p < d.

Aus $p \mid d$ und $d \mid a \Rightarrow p \mid a$ /Transitivität von „$\mid$" (Satz 1, Teil 1, Kap. 4)

Damit liegt p in T(a)\{1}, und das steht im Widerspruch zu der Annahme, d sei das kleinste Element in dieser Menge. Also muss d eine Primzahl sein.

Satz 2:   Existenz der Primfaktorzerlegung

Jede natürliche Zahl a > 1 besitzt mindestens eine Primfaktorzerlegung.

Beweis: Wir führen den Beweis über vollständige Induktion.

Induktionsanfang: n = 2 besitzt die PFZ 2 = 2.

Induktionsvoraussetzung: Alle natürlichen Zahlen ≥ 2 und ≤ n besitzen mindestens eine PFZ.

Z.z. ist, dass dann n+1 ebenfalls mindestens eine PFZ besitzt.

Induktionsschluss n → n+1

Ist n+1 eine Primzahl, so sind wir fertig. Ist n+1 keine Primzahl, so gibt es zwei Zahlen a, b ∈ ℕ mit n+1 = a · b und 1 < a ≤ n und 1 < b ≤ n. Nach Induktionsvoraussetzung sind a und b damit als Produkte von Primzahlen darstellbar. Damit ist auch n+1 = a · b ein Produkt aus Primzahlen.

Sie sind noch kein Freund von Induktionsbeweisen? Nun gut, wir bieten Ihnen einen alternativen Beweis an, der zwar schreibaufwendiger ist, aber sehr

---

[1] Wir benutzen hier den Satz von der Wohlordnung der natürlichen Zahlen, nach dem jede nichtleere Teilmenge von ℕ genau ein kleinstes Element besitzt, eine Folgerung aus dem Induktionsaxiom.

ähnlich dem Vorgehen, wenn Sie eine konkrete natürliche Zahl in Primfaktoren zerlegen. Wie würden Sie das machen, z.B. bei der Zahl 60?

Sie suchen den kleinsten echten Teiler d_1 von 60, der nach Satz 1 eine Primzahl ist, und dividieren 60 durch diesen Teiler:

$$60 = 2 \cdot 30$$

Anschließend untersuchen Sie den Komplementärteiler $q_1 = 30$ zu $d_1 = 2$ darauf, ob er eine Primzahl ist. Wenn das der Fall ist, sind Sie fertig, sie haben die PFZ gefunden. Ist q_1 keine Primzahl wie in diesem Beispiel, so wissen Sie aber nach Satz 1, dass q_1 einen kleinsten echten Teiler d_2 hat, der eine Primzahl ist. Im Beispiel ist das wieder die 2. Sie dividieren also q_1 durch d_2:

$$60 = 2 \cdot 2 \cdot 15$$

Sie untersuchen nun $q_2 = 15$ darauf, ob Sie eine Primzahl vor sich haben. Falls dies so wäre, hätten Sie die PFZ gefunden. Da 15 aber nicht prim ist, können wir 15 durch den kleinsten echten Teiler $d_3 = 3$ dividieren und erhalten für das Ergebnis der Division $q_3 = 5$. Also:

$$60 = 2 \cdot 2 \cdot 3 \cdot 5$$

Jetzt ist q_3 eine Primzahl, wir haben die PFZ von 60 gefunden.

Wir haben durch die Art der Notation schon den allgemeinen Argumentationsweg vorbereitet und formulieren jetzt den

alternativen Beweis zu Satz 2:

Sei a eine natürliche Zahl > 1.

Nach Satz 1 hat a einen kleinsten Teiler > 1, der eine Primzahl ist. Das kann a selbst sein. Dann sind wir fertig und a = a ist die gesuchte PFZ.

Ist a nicht prim, so ist der kleinste Teiler > 1, den wir d_1 nennen, eine Primzahl und es gilt:

$$a = d_1 \cdot q_1 \qquad \text{mit } d_1 \in \mathbb{P}^{\,2}, q_1 < a$$

Nach Satz 1 hat q_1 einen kleinsten Teiler > 1, der eine Primzahl ist. Das kann q_1 selbst sein. Dann sind wir fertig und a = $d_1 \cdot q_1$ ist die gesuchte PFZ.

Ist q_1 nicht prim, so ist der kleinste echte Teiler von q_1, den wir d_2 nennen, eine Primzahl und es gilt:

$$a = d_1 \cdot d_2 \cdot q_2 \qquad \text{mit } d_1, d_2 \in \mathbb{P}, q_2 < q_1 < a$$

---

[2] Mit $\mathbb{P}$ bezeichnet man die Menge der Primzahlen.

Wieder kann es sein, dass q_2 eine Primzahl ist. Dann ist die PFZ gefunden. Anderenfalls besitzt q_2 einen kleinsten echten Teiler d_3, der eine Primzahl ist, und es gilt:

$$a = d_1 \cdot d_2 \cdot d_3 \cdot q_3 \qquad \text{mit } d_1, d_2, d_3 \in \mathbb{P}, q_3 < q_2 < q_1 < a$$

Dieses Verfahren wird nach endlich vielen Schritten zu einem glücklichen Ende, sprich zu einem Produkt von lauter Primzahlen, führen, denn die Werte für q_i bilden eine streng monoton fallende Folge natürlicher Zahlen, die irgendwann abbricht.

Nachdem nun die Existenz einer Primfaktorzerlegung für jede natürliche Zahl ausgiebig bewiesen wurde, formulieren wir den Hauptsatz der elementaren Zahlentheorie, der zusätzlich die Eindeutigkeit dieser Primfaktorzerlegung feststellt. Nur diese Eindeutigkeit ist dann noch zu beweisen.

Satz 3: Hauptsatz der elementaren Zahlentheorie

Jede natürliche Zahl $a > 1$ besitzt eine (bis auf die Reihenfolge der Faktoren) eindeutige Primfaktorzerlegung.

Beweis: Wir nehmen an, es gäbe eine nichtleere Menge M natürlicher Zahlen mit wesentlich verschiedenen Primfaktorzerlegungen. Sei n das kleinste Element dieser Menge M [3]. Dann besitzt n zwei Darstellungen als Faktoren von Primzahlen: $n = p_1 \cdot p_2 \cdot \ldots \cdot p_r$ und $n = q_1 \cdot q_2 \cdot \ldots \cdot q_s$

Zunächst überlegen wir, dass jeder Faktor p_i von jedem Faktor q_j verschieden sein muss. Wäre dies nämlich nicht der Fall, so könnte man n in beiden Darstellungen durch diesen identischen Primfaktor dividieren und erhielte eine natürliche Zahl kleiner als n, die zwei wesentlich verschiedene Primfaktorzerlegungen hätte. Das steht aber im Widerspruch zu der Annahme, dass n die kleinste Zahl mit dieser Eigenschaft ist. Also gilt:

$n = p_1 \cdot p_2 \cdot \ldots \cdot p_r = q_1 \cdot q_2 \cdot \ldots \cdot q_s$ mit $p_i \neq q_j$ für alle i und j, p_i, q_j prim

Ohne Beschränkung der Allgemeinheit können wir annehmen, dass $p_1 < q_1$. Wir betrachten nun die drei folgenden natürlichen Zahlen

$a = n : p_1 = p_2 \cdot \ldots \cdot p_r$

$b = n : q_1 = q_2 \cdot \ldots \cdot q_s$

$c = n - p_1 \cdot b$ (da $p_1 < q_1$ ist $p_1 \cdot b < n$ und damit $c > 0$)

---

[3] Auch hier benutzen wir wieder den Satz von der Wohlordnung von $\mathbb{N}$.

Alle drei Zahlen sind kleiner als n, besitzen damit also eine eindeutige PFZ. Aufgrund unserer Wahl von a und b gilt $n = p_1 \cdot a$ und $n = q_1 \cdot b$. Wir setzen dies für n in $c = n - p_1 \cdot b$ ein und erhalten:

$c = n - p_1 \cdot b = p_1 \cdot a - p_1 \cdot b = p_1 \cdot (a - b)$ sowie

$c = n - p_1 \cdot b = q_1 \cdot b - p_1 \cdot b = (q_1 - p_1) \cdot b.$

Aufgrund der ersten Gleichung kommt p_1 in der PFZ von c vor. Da diese eindeutig ist, muss p_1 auch in der PFZ von $(q_1 - p_1)$ oder in der von b vorkommen (zweite Gleichung). Da p_1 aber b nicht teilt gilt $p_1 | (q_1 - p_1)$. Zusätzlich gilt $p_1 | p_1$, wir können also Satz 3a aus Kapitel 4 anwenden:

$p_1 | p_1$ und $p_1 | (q_1 - p_1) \Rightarrow p_1 | (p_1 + (q_1 - p_1)) \Rightarrow p_1 | q_1.$

Da $p_1 \neq q_1$, bedeutet dies aber, dass q_1 keine Primzahl ist. Also sind wir durch unsere Annahme, n besäße eine zweite Primzahlzerlegung, zu einem Widerspruch gelangt. Die Primfaktorzerlegung muss also eindeutig sein.

Eine kleine Schwachstelle hat dieser Beweis allerdings noch. Wir haben bisher nur für Zahlen ≥ 2 von Primfaktorzerlegungen gesprochen. Es könnte sein, dass die im Beweis definierten Zahlen a, b oder c gleich 1 sind. Dann könnte der Satz „Alle drei Zahlen sind kleiner als n, besitzen damit also eine eindeutige PFZ" so nicht stehen bleiben. Man könnte jetzt vereinbaren, auch bei 1 von einer PFZ zu reden (was oft auch gemacht wird, 1 = 1 wird dann die PFZ von 1 genannt), oder überlegen, dass a, b und c im obigen Beweis nicht 1 sein können. Wir bevorzugen den letzten Weg.

Angenommen a = 1. Nach unserer Wahl von a folgt dann $n = p_1 \cdot a = p_1$. n ist also eine Primzahl und hat als solche eine eindeutige PFZ, was im Widerspruch zur Annahme steht, dass n die kleinste Zahl mit mehr als einer PFZ ist. a kann also nicht 1 sein. Analog bringt man die Annahme b = 1 zum Widerspruch. Angenommen, c = 1. Dann folgt

$c = n - p_1 \cdot b = p_1 \cdot a - p_1 \cdot b = p_1 \cdot (a - b) = 1$

und damit $p_1 = 1$ und $(a - b) = 1$, ein Widerspruch zur Voraussetzung, dass p_1 eine Primzahl ist.

Die PFZ ist wie gesagt nur eindeutig bis auf die Reihenfolge der Faktoren. Zudem treten Primfaktoren oft mehrfach auf. Aus Gründen der Übersichtlichkeit werden wir die Primfaktoren nach der Größe der Basen sortieren und gleiche Faktoren zu Potenzen zusammenfassen. Eine solche Darstellungsform nennt man *kanonische Primfaktorzerlegung*.

Beispiele: $12 = 2^2 \cdot 3$
$27 = 3^3$
$150 = 2 \cdot 3 \cdot 5^2$
$5929 = 7^2 \cdot 11^2$
$8575 = 5^2 \cdot 7^3$

Für die Formulierung verschiedener Sätze und Beweise ist es vorteilhaft, statt der ausführlichen Schreibweise $n = p_1^{n_1} \cdot p_2^{n_2} \cdot \ldots \cdot p_r^{n_r}$ die verkürzte Darstellung $n = \prod_{i=1}^{r} p_i^{n_i}$ oder noch allgemeiner $n = \prod_{p \in \mathbb{P}} p^{n_p}$ zu wählen, wobei in der letztgenannten Darstellung p die Menge der Primzahlen $\mathbb{P}$ durchläuft und $n_p = 0$, wenn p in der PFZ von n nicht vorkommt.

Beispiel: $1617 = \prod_{p \in \mathbb{P}} p^{n_p} = 2^0 \cdot 3^1 \cdot 5^0 \cdot 7^2 \cdot 11^1 \cdot 13^0 \cdot 17^0 \cdot \ldots$

Übung: 1) Bestimmen Sie die kanonische PFZ von
a) 420   b) 8450   c) 9261   d) 19125

2) Beweisen Sie das folgende Quadratzahlkriterium:
$a \in \mathbb{N}\backslash\{1\}$ ist eine Quadratzahl $\Leftrightarrow$ alle Exponenten der Primfaktorzerlegung von a sind gerade

5.3 Folgerungen aus dem Hauptsatz

Der Hauptsatz erlaubt es uns nun, weitere Aussagen über die Teilbarkeit natürlicher Zahlen und die Mächtigkeit von Teilermengen zu folgern, die Struktur von Hasse-Diagrammen von Teilermengen systematisch zu untersuchen sowie einen wichtigen Satz über ein Charakteristikum von Primzahlen aufzustellen. Als erste Folgerung formulieren wir

Satz 4:   Teilbarkeitskriterium

Es seien $a, b \in \mathbb{N}\backslash\{1\}$ mit $a = \prod_{p \in \mathbb{P}} p^{n_p}$ und $b = \prod_{p \in \mathbb{P}} p^{m_p}$.

Dann gilt: $a \mid b \Leftrightarrow n_p \leq m_p$ für alle p.

Beweis:

„$\Rightarrow$" Wenn $a \mid b$ dann gibt es ein $c \in \mathbb{N}$ mit $b = a \cdot c$. c besitze die PFZ

$$c = \prod_{p \in \mathbb{P}} p^{k_p} \text{ . Dann gilt: } \prod_{p \in \mathbb{P}} p^{m_p} = \prod_{p \in \mathbb{P}} p^{n_p} \cdot \prod_{p \in \mathbb{P}} p^{k_p} = \prod_{p \in \mathbb{P}} p^{n_p + k_p}$$

Da die Primfaktorzerlegung nach dem Hauptsatz eindeutig ist, muss für alle p gelten: $m_p = n_p + k_p$. Da $k_p \geq 0$ für alle p folgt $n_p \leq m_p$ für alle p.

„$\Leftarrow$" Gilt $n_p \leq m_p$ für alle p, so kann man für jedes p ein $k_p \in \mathbb{N}_0$ finden mit

$m_p = n_p + k_p$. Mit Hilfe dieser k_p bilden wir $c = \prod_{p \in \mathbb{P}} p^{k_p}$, für das gilt:

$b = c \cdot a$. Also gilt $a \mid b$.

Aus Satz 4 lässt sich direkt Satz 5 folgern, der etwas über die Elemente einer Teilermenge T(a) aussagt.

Satz 5:   Die Teilermenge T(a) einer natürlichen Zahl $a \geq 2$ mit $a = p_1^{n_1} \cdot p_2^{n_2} \cdot ... \cdot p_r^{n_r}$ besteht aus den Zahlen der Form $b = p_1^{x_1} \cdot p_2^{x_2} \cdot ... \cdot p_r^{x_r}$, wobei $0 \leq x_i \leq n_i$.

Wir verdeutlichen uns diesen Sachverhalt am Beispiel $60 = 2^2 \cdot 3^1 \cdot 5^1$. Wir suchen alle Teiler von 60, indem wir systematisch alle Kombinationen der Exponenten der Primfaktoren bilden:

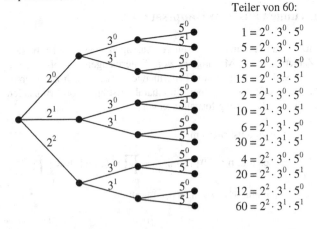

Teiler von 60:

$1 = 2^0 \cdot 3^0 \cdot 5^0$

$5 = 2^0 \cdot 3^0 \cdot 5^1$

$3 = 2^0 \cdot 3^1 \cdot 5^0$

$15 = 2^0 \cdot 3^1 \cdot 5^1$

$2 = 2^1 \cdot 3^0 \cdot 5^0$

$10 = 2^1 \cdot 3^0 \cdot 5^1$

$6 = 2^1 \cdot 3^1 \cdot 5^0$

$30 = 2^1 \cdot 3^1 \cdot 5^1$

$4 = 2^2 \cdot 3^0 \cdot 5^0$

$20 = 2^2 \cdot 3^0 \cdot 5^1$

$12 = 2^2 \cdot 3^1 \cdot 5^0$

$60 = 2^2 \cdot 3^1 \cdot 5^1$

$T(60) = \{\ 1, 2, 3, 4, 5, 6, 10, 12, 15, 20, 30, 60\ \}$

Wir haben auf diese Weise $3 \cdot 2 \cdot 2 = 12$ Teiler der Zahl 60 erhalten. Dies entspricht jeweils den Exponenten in der PFZ von 60 erhöht um 1. Der Primfaktor 2 taucht in der PFZ von 60 mit der Potenz 2 auf, die erste Verzweigung im Baumdiagramm führt also zu $(2 + 1)$ Ästen, denn in den PFZ der Teiler von 60 kann 2 nach Satz 5 mit dem Exponenten 0, 1 oder 2 auftreten. Da 3 in der PFZ von 60 einmal auftritt, können in den PFZ der Teiler von 60 die Faktoren 3^0 oder 3^1 auftreten. Von jedem der 3 Äste gehen also wieder 2 Äste ab. Entsprechend teilt sich jeder dieser Äste wiederum in 2 Äste, da 5 in der PFZ von 60 mit dem Exponenten 1 auftritt.

Diese Überlegung können wir verallgemeinern. Habe die Zahl a die PFZ

$$a = p_1^{n_1} \cdot p_2^{n_2} \cdot \ldots \cdot p_r^{n_r}\ .$$

Dann kann p_1 in der PFZ der Teiler von a in n_1+1 Weisen auftreten:

$$p_1^0,\ p_1^1,\ p_1^2,\ \ldots p_1^{n_1}\ .$$

Jede dieser n_1+1 Möglichkeiten kann mit n_2+1 Möglichkeiten für den Primfaktor p_2 kombiniert werden usw. Es gilt der folgende Satz:

Satz 6: Die Teilermenge $T(a)$ einer natürlichen Zahl $a \geq 2$ mit der Primfaktorzerlegung $a = p_1^{n_1} \cdot p_2^{n_2} \cdot \ldots \cdot p_r^{n_r}$ besteht aus $(n_1+1) \cdot (n_2+1) \cdot \ldots \cdot (n_r+1)$ Elementen.

Der Beweis, den man über vollständige Induktion nach der Anzahl der Primfaktoren von a führt und der sinngemäß unseren Vorüberlegungen zu Satz 6 entspricht, sei Ihnen zur Übung überlassen.

Wir kommen jetzt auf die bereits erwähnten Hasse-Diagramme zurück und untersuchen nun die möglichen Typen von Hasse-Diagrammen von Teilermengen mit Hilfe von Satz 5.

Der einfachste Fall ist der, dass a nur einen einzigen Primfaktor p besitzt, dass a also eine Primzahlpotenz ist: $a = p^n$. Nach Satz 5 sind die Teiler von a nun genau die Zahlen p^0, p^1, p^2 bis p^n, wobei gilt: $p^0 \mid p^1 \mid p^2 \mid \dots \mid p^{n-1} \mid p^n$ wegen des Teilbarkeitskriteriums (Satz 4). Das Hasse-Diagramm hat dann die Form einer Teilerkette von n+1 Zahlen, die vertikal der Größe nach übereinander geschrieben werden:

Hasse-Diagramm von T(a) für $a = p^n$, wobei $n \in \mathbb{N}$ und $p \in \mathbb{P}$

Der zweite Typ von Hasse-Diagramm ergibt sich, wenn a zwei verschiedene Primteiler hat, also von der Form $a = p^n \cdot q^m$ ist. Man kann das Hasse-Diagramm dann aus n · m Quadraten zusammensetzen:

Hasse-Diagramm von T(a) für $a = p^n$, wobei $n \in \mathbb{N}$ und $p \in \mathbb{P}$

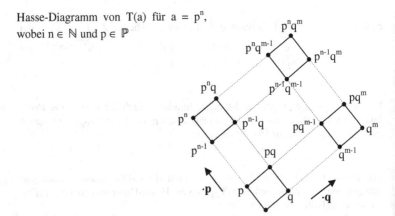

Als dritten Fall betrachten wir Zahlen der Form $a = p^n \cdot q^m \cdot r^k$ mit paarweise verschiedenen $p, q, r \in \mathbb{P}$.

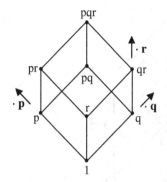

Wir erweitern das Hasse-Diagramm für $a = p^n \cdot q^m$ von oben in die dritte Dimension, indem wir in der Vertikalen die Potenzen von r antragen. Das Hasse-Diagramm besteht dann aus Würfeln, von denen wir wegen der Übersichtlichkeit in der Abbildung links nur den ersten angeben.

Für Zahlen mit mehr als drei verschiedenen Primfaktoren eignet sich die Darstellungsform der Hasse-Diagramme nicht mehr. Die kleinste gerade Zahl, deren Teilermenge also nicht mehr als Hasse-Diagramm darstellbar ist, ist $2 \cdot 3 \cdot 5 \cdot 7 = 210$, die kleinste ungerade Zahl ist $3 \cdot 5 \cdot 7 \cdot 11 = 1155$.

Beachten Sie, dass die echten Teiler bei den nun folgenden Beispielen in ihrer Primfaktorzerlegung notiert sind, anders als es in Kapitel 4 der Fall war.

Hasse-Diagramm für T(441)　　　　　Hasse-Diagramm für T(625)

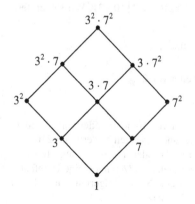

Hasse-Diagramm für T(150)

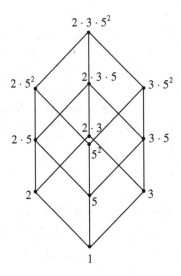

Eine weitere Folgerung aus dem Hauptsatz erlaubt eine Aussage darüber, wann eine natürliche Zahl eine Primzahl ist. Wir beginnen mit einem hinführenden Beispiel und betrachten die Zahl $210 = 2 \cdot 3 \cdot 5 \cdot 7 = 10 \cdot 21$.

Die Primzahl 2 ist ein Teiler von 210: $2\,|\,210 \Leftrightarrow 2\,|\,10 \cdot 21$. Wir stellen fest, dass 2 auch ein Teiler von 10 ist.

Weiter gilt: $3\,|\,10 \cdot 21$ und 3 ist ein Teiler von 21.
Weiter gilt: $5\,|\,10 \cdot 21$ und 5 ist ein Teiler von 10.
Weiter gilt: $7\,|\,10 \cdot 21$ und 7 ist ein Teiler von 21.

Anders verhält es sich mit der Zahl 6.

Zwar gilt $6\,|\,10 \cdot 21$, aber 6 ist weder Teiler von 10 noch Teiler von 21. Ebenso verhält es sich mit den anderen zusammengesetzten Teilern von 210. Anscheinend hängt der Schluss $a\,|\,b \cdot c \Rightarrow a\,|\,b$ oder $a\,|\,c$ davon ab, ob a eine Primzahl ist oder nicht. Ist a zusammengesetzt, so *könnten* einige Primfaktoren von a in b stecken, andere in c, und eine Schlussfolgerung wie oben ist nicht möglich. Wir vermuten allgemein den Satz:

Satz 7:   Primzahlkriterium

Die Zahl $a \in \mathbb{N}\setminus\{1\}$ ist genau dann eine Primzahl, wenn für alle $b, c \in \mathbb{N}$ gilt: $a \mid b \cdot c \Rightarrow a \mid b$ oder $a \mid c$.

Beweis:

„$\Rightarrow$" Sei $a \in \mathbb{N}$ eine Primzahl und es gelte $a \mid b \cdot c$.

Dann muss a in der eindeutigen PFZ von $b \cdot c$ vorkommen, die aus den eindeutigen PFZen von b und c zusammengesetzt ist.

Da die PFZ von $b \cdot c$ eindeutig ist, muss a auch in der PFZ von b oder in der PFZ von c (oder in beiden) vorkommen,

also $a \mid b$ oder $a \mid c$.

„$\Leftarrow$" Es gelte $a \mid b \cdot c \Rightarrow a \mid b$ oder $a \mid c$ für alle $b, c \in \mathbb{N}$.

(indirekt) *Angenommen*, a sei keine Primzahl, sondern zusammengesetzt.

Dann gibt es $n, m \in \mathbb{N}$ mit $1 < n < a$ und $1 < m < a$ und $a = n \cdot m$.

Wenden wir unsere Voraussetzung auf a, m und n an, was wir können, da $a \mid a = m \cdot n$, so müsste gelten $a \mid n \cdot m \Rightarrow a \mid n$ oder $a \mid m$.

Dies ist aber ein Widerspruch, da sowohl n als auch m kleiner sind als a.

Also muss a Primzahl sein.

Kommen wir noch einmal auf die am Anfang dieses Kapitels definierte Menge $G = \{1, 2, 4, 6, 8, 10, ...\}$ zurück und überlegen, ob in ihr der soeben bewiesene Satz 7 gilt. Da Satz 7 eine Folgerung des Hauptsatzes ist, der für die Menge G nicht zutrifft, machen wir uns in der Gewissheit, dass auch Satz 7 nicht gelten kann, auf die Suche nach Gegenbeispielen.

Die kleinste Primzahl in G ist 2. Wir untersuchen der Reihe nach alle zusammengesetzten Zahlen in G auf Widersprüche zu Satz 7. Dazu notieren wir die PFZ[4] dieser Zahlen in G:

$4 = 2 \cdot 2$	$8 = 2 \cdot 2 \cdot 2$	$12 = 2 \cdot 6$	$16 = 2 \cdot 2 \cdot 2 \cdot 2$
$20 = 2 \cdot 10$	$24 = 2 \cdot 2 \cdot 6$	$28 = 2 \cdot 14$	$32 = 2 \cdot 2 \cdot 2 \cdot 2 \cdot 2$

---

[4] Zur Erinnerung: In G sind all diejenigen Zahlen prim, die nicht durch 4 teilbar sind.

Noch sind die PFZ auch in G eindeutig. 36 ist die erste Zahl in G mit zwei verschiedenen PFZen:

$$36 = 2 \cdot 18 \qquad \text{und} \qquad 36 = 6 \cdot 6.$$

Unser erster Kandidat für einen Widerspruch ist 36. Und tatsächlich gilt: Die Primzahl 2 ist in G ein Teiler von 36, denn $36 = 2 \cdot 18$.

Da $36 = 6 \cdot 6$ gilt also auch in G: $2 \mid 6 \cdot 6$, aber es gilt in G *nicht* $2 \mid 6$. 2 ist prim, 2 teilt ein Produkt, aber 2 teilt keinen der Faktoren. Satz 7 hat also in G keine Gültigkeit.

Diese Überlegungen sollten noch einmal verdeutlicht haben, wie die Gültigkeit bestimmter Sätze (hier Satz 7) von der Gültigkeit anderer Sätze (hier Hauptsatz) unmittelbar abhängig ist.

Übung: 1) Bestimmen Sie die kanonische Primfaktorzerlegung für

            a) 450   b) 600   c) 1000   d) 1617

       2) Zeichnen Sie das Hasse-Diagramm zu T(a) für

            a) a = 243   b) a = 126   c) a = 8575

       3) Bestimmen Sie die Anzahl der Elemente von T(6600).

       4) Finden Sie ein weiteres Gegenbeispiel für die Gültigkeit von Satz 7 in der Menge G = {1, 2, 4, 6, 8, 10, 12, ...}.

       5) Wir knüpfen an die Übungsaufgabe 2 von S. 76 an. Zeigen oder widerlegen Sie: In der Menge F = {1, 5, 10, 15, 20, ...} mit der üblichen Multiplikation gilt Satz 7.

6 Primzahlen

Am Abend des 9. Septembers 2008 konnte sich der deutsche Ingenieur Hans-Michael Elvenich für einen kurzen Moment als Entdecker der größten bislang gefundenen Primzahl fühlen. Über 10 Millionen Stellen hatte das Objekt und war damit des von der Electronic Frontier Foundation ausgelobten Preisgeldes von 100 000 US$ würdig. Leider hatte zwei Wochen vorher ein Computer der University of California in Los Angelos (UCLA) eine noch größere Primzahl aufgespürt. Verantwortlich für die Rechner des Fachbereichs Mathematik der UCLA ist Edson Smith.

Kann man die Suche nach weiteren Primzahlen irgendwann einmal aufgeben, wird man irgendwann die größte aller Primzahlen gefunden haben? Wie stellt man eigentlich fest, ob eine bestimmte Zahl eine Primzahl ist? Selbst dem mathematischen Laien wird einleuchten, dass das Ausprobieren aller möglichen Teiler einer Zahl mit z.B. 1 000 000 Stellen auch im Zeitalter von Hochleistungsrechnern kein praktikables Verfahren ist. Gehorcht die Verteilung der Primzahlen irgendwelchen Gesetzen? Sie sieht sehr unregelmäßig aus: Oft folgen Primzahlen dicht aufeinander (17 und 19, 41 und 43, 809 und 811), oft gibt es aber auch große Lücken (keine Primzahlen zwischen 113 und 127, zwischen 317 und 331, zwischen 887 und 907).[1]

Diesen und anderen spannenden Fragen werden wir in diesem Kapitel nachgehen.

Primzahlen spielen beim multiplikativen Aufbau der natürlichen Zahlen eine große Rolle: Nach dem Hauptsatz der elementaren Zahlentheorie ist jedes $n \in \mathbb{N}\backslash\{1\}$ entweder selbst eine Primzahl oder aber als Produkt von Primzahlen eindeutig darstellbar.

6.1 Die Unendlichkeit der Menge $\mathbb{P}$

Schon die alten Griechen bewiesen etwa 300 v. Chr., dass die Folge der Primzahlen nicht abbricht und dass es beliebig große Lücken zwischen zwei aufeinander folgenden Primzahlen („Primzahllöcher") gibt.

---

[1] Vgl. die Primzahltabelle im Anhang.

© Springer Fachmedien Wiesbaden GmbH, ein Teil von Springer Nature 2018
R. Benölken, H.-J. Gorski, S. Müller-Philipp, *Leitfaden Arithmetik*,
https://doi.org/10.1007/978-3-658-22852-1_6

Satz 1:   Satz von Euklid

                      Es gibt unendlich viele Primzahlen.

Beweis:

Idee: Wir zeigen, dass wir zu jeder beliebigen Menge von endlich vielen Primzahlen p_1, p_2, ..., p_n, $n > 0$, eine weitere Primzahl p konstruieren können.

Dazu betrachten wir die Zahl $a = p_1 \cdot p_2 \cdot ... \cdot p_n + 1$.
Da $a > 1$ gibt es nach dem Satz vom kleinsten Teiler eine Primzahl p mit $p \mid a$.
Dieses p ist von p_1, p_2, ..., p_n verschieden, denn sonst würde folgen
$p \mid p_1 \cdot p_2 \cdot ... \cdot p_n$ und $p \mid p_1 \cdot p_2 \cdot ... \cdot p_n + 1$ und damit $p \mid 1$. [2]

Also haben wir eine neue Primzahl p gefunden.

Zum tieferen Verständnis dieses Beweises sollten Sie mit uns das folgende Gedankenexperiment machen:

Wir stellen uns mal ganz dumm und nehmen an, dass es nur die beiden Primzahlen 2 und 3 gibt. Die oben im Beweis konstruierte Zahl a ist dann $2 \cdot 3 + 1$ = 7 und überzeugt uns sofort, dass 2 und 3 nicht die einzigen Primzahlen sind.

Nun gut, aber 2, 3 und 7 sind nun wirklich alle Primzahlen. Wir betrachten a $= 2 \cdot 3 \cdot 7 + 1 = 43$. Schon wieder ist eine neue Primzahl aufgetaucht.

Aber 2, 3, 7 und 43 sind nun definitiv alle Primzahlen der Welt. Oder? Die Zahl $2 \cdot 3 \cdot 7 \cdot 43 + 1 = 1807$ ist, wie uns ein Blick in die Primzahltabelle im Anhang zeigt, keine Primzahl. Prima! Aber nach dem Satz vom kleinsten Teiler muss sie einen Primteiler haben, und dieser kann nicht 2, nicht 3, nicht 7 und auch nicht 43 sein, denn diese Zahlen teilen $2 \cdot 3 \cdot 7 \cdot 43$, folglich nicht $2 \cdot 3 \cdot 7 \cdot 43 + 1 = 1807$. Der kleinste Teiler > 1 von 1807 ist 13 und muss nach diesem Satz eine Primzahl sein. Mist, schon wieder ist eine neue Primzahl aufgetaucht, genau genommen sogar zwei, denn $1807 = 13 \cdot 139$, und 139 ist auch prim.

Sie können dieses Spiel gerne noch fortsetzen. Wir sind allerdings jetzt vollständig davon überzeugt, dass sich zu jeder endlichen Menge von Primzahlen stets eine neue Primzahl finden lässt, die Menge $\mathbb{P}$ also nicht endlich sein kann.

---

[2] Vgl. Übung 2, Kapitel 4.2 ($a \mid b \ \wedge \ a \mid b + c \ \Rightarrow \ a \mid c$).

Satz 2: Primzahllöcher

Zu jeder Zahl $n \in \mathbb{N}$ gibt es n aufeinander folgende natürliche Zahlen, die keine Primzahlen sind.

Beweis:

Wir können n solcher Zahlen direkt angeben: Die Zahlen $(n+1)!+2$, $(n+1)!+3$, $(n+1)!+4 \ldots (n+1)!+(n+1)$ sind keine Primzahlen.

Nach Definition ist $(n+1)! = 1 \cdot 2 \cdot 3 \cdot \ldots \cdot (n+1)$ teilbar durch alle Zahlen von 2 bis $(n+1)$.

Deshalb ist $(n+1)!+2$ durch 2 teilbar, $(n+1)!+3$ durch 3, $(n+1)!+4$ durch 4, ..., $(n+1)!+(n+1)$ durch $(n+1)$.

Also sind die n Zahlen $(n+1)!+2$, $(n+1)!+3$, ... ,$(n+1)!+(n+1)$ aufeinander folgende Zahlen, die keine Primzahlen sind.

Sie werden sich jetzt vielleicht fragen, warum wir nicht die Zahlen $n!+2$, $n!+3$, $n!+4$, ..., $n!+n$ betrachtet haben. Die sind schließlich auch alle zusammengesetzt. Der Grund liegt einfach darin, dass dies nur $n-1$ aufeinander folgende nicht prime Zahlen sind und nicht n Stück, wie der Satz es behauptet.

Mit Hilfe von Satz 2 können wir sofort fünf aufeinander folgende zusammengesetzte Zahlen angeben:

$6!+2$, $6!+3$, ... , $6!+6$, also 722, 723, 724, 725, 726.

Man sieht natürlich unmittelbar den geringen praktischen Nutzen dieses Satzes, denn auch schon 24, 25, 26, 27, 28 sind fünf aufeinander folgende Zahlen, die keine Primzahlen sind, ebenso wie 32 bis 36, 48 bis 52 usw.

Wir wissen nun, dass es beliebig große Lücken zwischen Primzahlen gibt. Man findet aber auch immer wieder Primzahlen, die dicht beieinander liegen. 2 und 3 sind die beiden einzigen direkt benachbarten Primzahlen. Von zwei aufeinander folgenden Zahlen ist stets eine gerade und eine ungerade. 2 ist die einzige gerade Primzahl, alle anderen geraden Zahlen haben 2 als echten Teiler und sind folglich zusammengesetzte Zahlen. Wir finden aber häufig so genannte *Primzahlzwillinge*, d.h. Primzahlen, deren Differenz 2 ist. Beispiele sind 3 und 5, 5 und 7, 11 und 13, 521 und 523, 857 und 859, 9929 und 9931. Der größte uns heute[3] bekannte Primzahlzwilling besteht aus den Zahlen

---

[3] Stand März 2018.

$2\,996\,863\,034\,895 \cdot 2^{1\,290.000} - 1$ und $2\,996\,863\,034\,895 \cdot 2^{1\,290\,000} + 1$, die jeweils $388\,342$ Stellen haben und im Jahr 2016 entdeckt wurden. Man vermutet, dass es unendlich viele Primzahlzwillinge gibt. Bisher ist es aber noch nicht gelungen, diese Behauptung zu beweisen. Der chinesische Mathematiker Yitang Zhang bewies 2013 immerhin schon, dass es unendlich viele Primzahlpaare mit einer Differenz gibt, die kleiner als 70 Millionen ist, was (tatsächlich!) als grandioser Fortschritt gilt.

Übung:　　Wir definieren analog zu Primzahlzwillingen die Primzahldrillige als drei Primzahlen der Form p, p+2 und p+4. Beweisen oder widerlegen Sie:

　　　　　　3, 5 und 7 sind die einzigen Primzahldrillinge.

6.2　Verfahren zur Bestimmung von Primzahlen

Ein einfaches, leicht zu begründendes Verfahren zum Aufspüren aller Primzahlen bis zu einer Schranke N, das zumindest für „kleine" N ($1\,000\,000$ ist in diesem Zusammenhang durchaus noch eine kleine Zahl) praktikabel und effektiv ist, ist das *Sieb des Eratosthenes*[4].

Wir schreiben zunächst alle natürlichen Zahlen bis N (z.B. N = 100) auf, die 1 lassen wir von vornherein weg. Dann streichen wir systematisch alle Zahlen, von denen wir wissen, dass sie *keine* Primzahlen sind.

2 ist eine Primzahl, aber alle anderen geraden Zahlen sind zusammengesetzt. Also streichen wir im ersten Durchgang alle Vielfachen von 2 außer 2, die 2 markieren wir. In der folgenden Tabelle ist die erste Streichung durch senkrechte Striche dargestellt, das Markieren durch Fettdruck.

Die nächste noch nicht gestrichene Zahl, also die 3, ist eine Primzahl. Wir markieren sie und streichen im zweiten Durchgang alle Vielfachen von 3. Einige Vielfache von 3 sind natürlich schon im ersten Durchgang gestrichen worden, z.B. die 6. Die zweite Streichung wird in der folgenden Tabelle durch waagerechte Striche dargestellt.

---

[4]　Eratosthenes von Cyrene, griechischer Mathematiker, 276–194 v.Chr.

2	**3**	4	**5**	6	**7**	8	~~9~~	10
11	~~12~~	13	14	~~15~~	16	17	~~18~~	19	20
~~21~~	22	23	24	25	26	~~27~~	28	29	~~30~~
31	32	~~33~~	34	35	~~36~~	37	38	~~39~~	40
41	~~42~~	43	44	~~45~~	46	47	~~48~~	49	50
~~51~~	52	53	54	55	56	~~57~~	58	59	~~60~~
61	62	~~63~~	64	65	~~66~~	67	68	~~69~~	70
71	~~72~~	73	74	~~75~~	76	77	~~78~~	79	80
~~81~~	82	83	84	85	86	~~87~~	88	89	~~90~~
91	92	~~93~~	94	95	~~96~~	97	98	~~99~~	100

Die nächste noch nicht gestrichene Zahl muss eine Primzahl sein, sonst wäre sie schon als Vielfaches einer kleineren Primzahl gestrichen worden. Wir markieren also die 5 und streichen alle Vielfachen von 5 (Schrägstrich von unten links nach oben rechts in der folgenden Tabelle).

Die nächste nicht gestrichene Zahl ist die Primzahl 7. Auch sie wird markiert, ihre Vielfachen gestrichen (Schrägstrich von oben links nach unten rechts).

2	**3**	4	**5**	6	**7**	8	~~9~~	~~10~~
11	~~12~~	13	~~14~~	~~15~~	16	17	~~18~~	19	~~20~~
~~21~~	22	23	24	~~25~~	26	~~27~~	~~28~~	29	~~30~~
31	32	~~33~~	34	~~35~~	~~36~~	37	38	~~39~~	~~40~~
41	~~42~~	43	44	~~45~~	46	47	48	~~49~~	~~50~~
~~51~~	52	53	54	~~55~~	~~56~~	~~57~~	58	59	~~60~~
61	62	~~63~~	64	~~65~~	~~66~~	67	68	~~69~~	~~70~~
71	~~72~~	73	74	~~75~~	76	~~77~~	~~78~~	79	~~80~~
~~81~~	82	83	~~84~~	~~85~~	86	~~87~~	88	89	~~90~~
~~91~~	92	~~93~~	94	~~95~~	~~96~~	97	~~98~~	99	~~100~~

Wir sind fertig. Wir haben alle Primzahlen bis 100 gefunden. Um die Vielfachen der nächsten nicht gestrichenen Zahl 11 brauchen wir uns nicht mehr zu kümmern. Wäre eine der verbliebenen Zahlen noch eine zusammengesetzte Zahl, so müsste ihr kleinster echter Teiler eine Primzahl sein, die kleiner als 11 ist ($11 \cdot 11$ ist schließlich schon 121). Damit wäre diese Zahl aber schon einer der vorangegangenen Streichungen zum Opfer gefallen. Allgemein kann man das Verfahren also bei der (größten) Primzahl p mit $p \leq \sqrt{N}$ beenden.

So einfach und effektiv das Sieb des Eratosthenes auch ist, es ist kein geeignetes Mittel, „rekordverdächtige" Primzahlen zu finden. Um bei der Suche nach Primzahlen schneller in größere Zahlbereiche vorzudringen, überlegen wir, wie „Kandidaten" für Primzahlen überhaupt aussehen können.

Zunächst stellen wir fest, dass eine Zahl n > 5 keine Primzahl sein kann, wenn ihre Zahldarstellung im Zehnersystem auf 2, 4, 6, 8 oder 0 endet, da sie sonst durch 2 teilbar wäre.
Ebenso kann die letzte Ziffer keine 5 sein, da die Zahl sonst durch 5 teilbar wäre.[5]
Eine Zahl n > 5 ist also höchstens dann eine Primzahl, wenn n von der Form n = 10k + a ist mit $k \in \mathbb{N}_0$ und $a \in \{1, 3, 7, 9\}$.
Das bedeutet umgekehrt natürlich nicht, dass eine Zahl dieser Form (unbedingt) eine Primzahl ist, wie man etwa am Beispiel k = 4, a = 9 sieht.

Wir können diese Bedingung noch verschärfen:

Dazu betrachten wir Zahlen der Form n = 30k + a, $k \in \mathbb{N}_0$.
Solche Zahlen können nur dann Primzahlen sein, wenn 30 und a außer 1 keine gemeinsamen Teiler haben, denn sonst wären diese Teiler auch Teiler der Summe 30k + a.

Zusätzlich zu den geraden Zahlen als Endziffern und den Vielfachen von 5 können wir jetzt auch noch die Endstellen 3, 9, 21 und 27 ausschließen, da sie 3 als gemeinsamen Teiler mit 30 haben.

Also: n = 30k + a, $k \in \mathbb{N}_0$, kann demnach höchstens dann eine Primzahl sein, wenn $a \in \{1, 7, 11, 13, 17, 19, 23, 29\}$.

Wir schreiben die potenziellen Primzahlen (bis N = 299) jetzt tabellarisch auf und streichen diejenigen Zahlen, die sich bei genauerer Prüfung doch als zusammengesetzt herausstellen. Dazu brauchen wir nur die Produkte aus den ersten in der Tabelle aufgelisteten Primzahlen zu streichen:

$7 \cdot 7, 7 \cdot 11, 7 \cdot 13, 7 \cdot 17, \ldots, 7 \cdot 41$ $(7 \cdot 43 > 300)$,
$11 \cdot 11, 11 \cdot 13, \ldots, 11 \cdot 23$ $(11 \cdot 29 > 300)$,
$13 \cdot 13, 13 \cdot 17, 13 \cdot 19, 13 \cdot 23$ $(13 \cdot 29 > 300)$ sowie
$17 \cdot 17$ $(17 \cdot 19 > 300)$.

---

[5] Auf die Teilbarkeitsregeln wird in Kapitel 8 noch näher eingegangen.

	7	11	13	17	19	23	29
31	37	41	43	47	~~49~~	53	59
61	67	71	73	~~77~~	79	83	89
~~91~~	97	101	103	107	109	113	~~119~~
~~121~~	127	131	~~133~~	137	139	~~143~~	149
151	157	~~161~~	163	167	~~169~~	173	179
181	~~187~~	191	193	197	199	~~203~~	~~209~~
211	~~217~~	~~221~~	223	227	229	233	239
241	~~247~~	251	~~253~~	257	~~259~~	263	269
271	277	281	283	~~287~~	~~289~~	293	~~299~~

Mit relativ wenig Aufwand haben wir nun alle Primzahlen zwischen 7 und 300 ermittelt.

Den Zugang zu extrem großen Primzahlen erlaubt der folgende Satz.

Satz 3:   Die Zahl $2^n - 1$ ist höchstens dann eine Primzahl, wenn n eine Primzahl ist.
Zahlen der Form $M_p = 2^p - 1$, $p \in \mathbb{P}$, heißen *Mersennesche*[6] *Zahlen*. Ist M_p eine Primzahl, so heißt sie *Mersennesche Primzahl*.

Der Beweis dieses Satzes fällt leichter, wenn wir zuvor den folgenden Hilfssatz beweisen.

Hilfssatz: Für alle $x \in \mathbb{N}\setminus\{1\}$, $m \in \mathbb{N}$ gilt: $(x - 1) \mid (x^m - 1)$.

Beweis des Hilfssatzes:

Idee: Für die behauptete Teilbarkeitsbeziehung wird ein „q" in allgemeiner Form direkt angegeben und dann gezeigt, dass $(x - 1) \cdot q = (x^m - 1)$.

Es gilt: $(x - 1) \cdot (1 + x + x^2 + \ldots + x^{m-2} + x^{m-1})$
$\qquad = x + x^2 + x^3 + \ldots + x^{m-1} + x^m - 1 - x - x^2 - x^3 - \ldots - x^{m-2} - x^{m-1}$
$\qquad = x^m - 1$ /nach Zusammenfassen
Da $(1 + x + x^2 + \ldots + x^{m-2} + x^{m-1}) \in \mathbb{N}$ für alle $x \in \mathbb{N}$,
folgt $(x - 1) \mid (x^m - 1)$.

---

[6]   Marin Mersenne, französischer Mathematiker, 1588–1648.

Beweis von Satz 3:

Wir betrachten den Fall, dass n zusammengesetzt ist und zeigen, dass $2^n - 1$ dann nicht prim sein kann.

Sei also n eine zusammengesetzte Zahl.

Dann gibt es a, b $\in \mathbb{N}$, $1 < a < n$, $1 < b < n$, mit $n = a \cdot b$.

Damit gilt: $2^n - 1 = 2^{a \cdot b} - 1 = (2^a)^b - 1$.

Setzen wir $2^a = x$ und $b = m$ und wenden dann den Hilfssatz an,

so folgt: $(2^a - 1) \mid ((2^a)^b - 1) = (2^n - 1)$.

Da $a > 1$, ist auch $2^a - 1 > 1$,

da $a < n$, ist auch $2^a - 1 < 2^n - 1$,

also hat $2^n - 1$ einen echten Teiler, ist also keine Primzahl.

Beispiele für Mersennesche (Prim)Zahlen:

$$M_2 = 2^2 - 1 = 3,$$
$$M_3 = 2^3 - 1 = 7,$$
$$M_5 = 2^5 - 1 = 31,$$
$$M_7 = 2^7 - 1 = 127 \qquad \text{sind Mersennesche Primzahlen,}$$

aber: $M_{11} = 2^{11} - 1 = 2047$ ist zusammengesetzt $(2047 = 23 \cdot 89)$.

Die ersten vier Mersenneschen Zahlen sind also (Mersennesche) Primzahlen, M_{11} ist keine Primzahl, denn $2047 = 23 \cdot 89$.

Mersennesche Zahlen sind der einfachste Typ von Zahlen, die man mit Computerhilfe auf Primzahleigenschaft untersuchen kann, und meist sind sie dann auch die größten bekannten Primzahlen. Die sieben größten heute bekannten Primzahlen sind allesamt Mersennesche Primzahlen. 2016 wurde erstmals seit Längerem eine Primzahl entdeckt, die nicht Mersennesche Primzahl ist. Es ist die achtgrößte, nämlich $10223 \cdot 2^{31\,172\,165} + 1$. Die größten sechs bekannten Primzahlen sehen Sie in der folgenden Tabelle. [7]

---

[7]   Stand März 2018. Nicht klar ist derzeit aber, ob es noch Mersennesche Primzahlen gibt, die kleiner als $2^{77232.917} - 1$ sind. Informationen über den aktuellen Stand der Primzahlsuche findet man im Internet unter dieser Adresse: http://primes.utm.edu/largest.html

Primzahl	Stellenzahl	entdeckt von	im Jahr
$2^{77232917} - 1$	23249425	Jonathan Pace	2017
$2^{74207281} - 1$	22338618	Curtis Cooper	2016
$2^{57885161} - 1$	17425170	Curtis Cooper	2013
$2^{43112609} - 1$	12978189	Edson Smith	2008
$2^{42643801} - 1$	12837064	Odd. M. Strindmo	2009
$2^{37156667} - 1$	11185272	Hans.-M. Elvenich	2008

Übung: 1) Bestimmen Sie mit dem Sieb des Eratosthenes die Primzahlen bis 100. Schreiben Sie dazu je sechs Zahlen in eine Reihe.

2) Zeigen Sie, dass $2^{256} - 1$ durch 3, 5 und 17 teilbar ist.

Hinweis: Benutzen Sie den Hilfssatz aus diesem Abschnitt. Setzen Sie $x = 2^8$.

3) Seit Urzeiten suchen die Menschen nach Mustern in der Verteilung der Primzahlen über die natürlichen Zahlen. Nun behauptet eine gewitzte Studentin, sie habe eine Formel entdeckt, die Primzahlen erzeugt. Die Formel lautet $n^2 + n + 41$, wobei n eine natürliche Zahl ist.

a)   Sie sind skeptisch und überprüfen die Behauptung für n = 1, 2, 3, ... Wie fleißig sind Sie?

b)   Bei welchem n können Sie ohne Berechnung, aber unter Einsatz der Summenregel (Satz 3, Kap. 4) die Behauptung widerlegen? Ist dies das kleinste n, für das die Behauptung nicht zutrifft?

c)   Überzeugen Sie eine Person Ihrer Wahl, die Beweise (insb. Induktionsbeweise) nicht mag und lieber einige Zahlenbeispiele zu betrachten pflegt, dass man auf diesem Wege nicht zu gesicherten Erkenntnissen kommt.

6.3   Bemerkenswertes über Primzahlen

Sie haben im ersten Abschnitt dieses Kapitels schon eine bis heute noch nicht bewiesene Vermutung kennen gelernt, und zwar die, dass es unendlich viele Primzahlzwillinge gibt.

Vielleicht macht es gerade den Reiz der Zahlentheorie aus, dass einfache, auch dem mathematischen Laien verständliche, z.T. schon vor sehr, sehr langer Zeit formulierte Aussagen für die Mathematiker noch heute unlösbare Probleme darstellen.[8] Im Folgenden werden wir Ihnen einige weitere Vermutungen, die noch auf einen Beweis warten, vorstellen.

Wir knüpfen an die Mersenneschen Zahlen an und formulieren folgenden zu Satz 3 ähnlichen Satz:

Satz 4:   Die Zahl $2^n + 1$ ist höchstens dann eine Primzahl, wenn n eine Potenz von 2 ist.

Die Zahlen $F_n = 2^{2^n} + 1$ nennt man *Fermatsche*[9] *Zahlen.* Ist F_n eine Primzahl, so heißt sie *Fermatsche Primzahl.*

Wir verzichten an dieser Stelle auf einen Beweis, betonen aber ausdrücklich, dass er mit elementaren Mitteln zu führen ist. Satz 4 ist also kein Beispiel für eine unbewiesene Vermutung.

Beispiele für Fermatsche Zahlen:

$$F_0 = 2^{2^0} + 1 = 3$$

$$F_1 = 2^{2^1} + 1 = 5$$

$$F_2 = 2^{2^2} + 1 = 17$$

$$F_3 = 2^{2^3} + 1 = 257$$

$$F_4 = 2^{2^4} + 1 = 65537 \text{ sind Fermatsche Primzahlen}$$

aber: $$F_5 = 2^{2^5} + 1 = 4294967297 = 641 \cdot 6700417 \text{ ist nicht prim.}$$

Nun kommen wir zu der angekündigten Vermutung: Bis heute hat man keine weiteren Fermatschen Primzahlen gefunden außer den genannten ersten fünf. Man vermutet, dass es auch keine weiteren gibt. Bewiesen ist das allerdings nicht.

---

[8]   Denken Sie hier auch an die erst in jüngerer Vergangenheit bewiesene Fermatsche Vermutung, dass die Gleichung $x^n + y^n = z^n$ für $n \geq 3$ außer den trivialen Lösungen (1, 0, 1) und (0, 1, 1) keine Lösung mit natürlichen Zahlen besitzt.

[9]   Pierre de Fermat, französischer Mathematiker, 1601–1665.

*„- Oh, es kommt noch viel besser, sagte der Alte und räkelte sich. Er war
nicht mehr zu bremsen.*

*- Nimm irgendeine gerade Zahl, ganz egal welche, sie muss nur größer als
zwei sein, und ich werde dir zeigen, dass sie die Summe aus zwei prima
Zahlen ist.*

- 48, rief Robert.

- Einunddreißig plus siebzehn, sagte der Alte, ohne sich lange zu besinnen.

- 34, schrie Robert.

*- Neunundzwanzig plus fünf, erwiderte der Alte. Er nahm nicht einmal die
Pfeife aus dem Mund.*

*- Und das klappt immer? wunderte sich Robert. Wieso denn? Warum ist das
so?*

*- Ja, sagte der Alte − er legte die Stirn in Falten und sah den Rauchkringeln
nach, die er in die Luft blies −, das wüsste ich selber gern. Fast alle
Zahlenteufel, die ich kenne, haben versucht, es herauszukriegen. Die
Rechnung geht ausnahmslos immer auf, aber keiner weiß, warum. Niemand
konnte beweisen, dass es so ist.*

Das ist ja ein starkes Stück! dachte Robert und musste lachen.

- Finde ich wirklich prima, sagte er.

*Es gefiel ihm eben doch, dass der Zahlenteufel solche Sachen erzählte. Der
hatte, wie immer, wenn er nicht weiter wusste, ein ziemlich verbiestertes
Gesicht gemacht, aber jetzt zog er wieder an seinem Pfeifchen und lachte mit.*

*- Du bist gar nicht so dumm, wie du aussiehst, mein lieber Robert. Schade,
ich muss jetzt gehen. Ich besuche heute Nacht noch ein paar Mathematiker.
Es macht mir Spaß, die Kerle ein bisschen zu quälen. "*

(Enzensberger, 1997, S. 62f.))

Was der Zahlenteufel dem (nicht intellektuell sondern lehrerbedingt)
mathephobischen Jungen Robert mitteilt, ist die so genannte *Goldbachsche*[11]
Vermutung:

Jede gerade Zahl größer 2 ist darstellbar als Summe von zwei Primzahlen.

Darüber, womit der Zahlenteufel die Mathematiker nächtens noch quälen
wird, können wir selbst nur Vermutungen anstellen. Vielleicht probiert er es
mit der folgenden Behauptung: „Jede ungerade Zahl größer als 5 kann man
als Summe von drei Primzahlen schreiben."

---

[11] Christian Goldbach, deutscher Mathematiker, 1690–1764.

Übung: 1) Enzensberger (1997, S. 64):

„Und du? Wenn du noch nicht eingenickt bist, verrate ich dir einen letzten Trick. Es geht nicht nur mit den geraden, sondern auch mit den ungeraden Zahlen. Such dir irgendeine aus. Sie muss nur größer als fünf sein. Sagen wir mal: 55. Oder 27.

Auch die kannst du aus prima Zahlen zusammenbasteln, nur brauchst du dafür nicht zwei, sondern drei. Nehmen wir zum Beispiel 55:

$$55 = 5 + 19 + 31$$

Probiers mal mit 27. Du wirst sehen, es geht IMMER, auch wenn ich dir nicht sagen kann, warum."

2) Überprüfen Sie die Goldbachsche Vermutung an 10 Zahlen Ihrer Wahl.

Was für eine große Primzahl!

(Foto: Matthew Harvey; http://primes.utm.edu/largest.html)

7 ggT und kgV

7.1 Zur Problemstellung

A) Aus zwei Holzbrettern der Längen 270 cm und 360 cm sollen Regalbretter gleicher Länge geschnitten werden. Es soll dabei kein Holz übrig bleiben. Gib die größtmögliche Länge der Regalbretter an.

B) Anna geht regelmäßig alle 3 Tage zum Schwimmen, Jan trainiert alle 5 Tage und Kati schwimmt jeden 2. Tag. Heute sind alle drei gleichzeitig im Hallenbad. Wann treffen sie sich das nächste Mal?

Solche und ähnliche Aufgaben findet man in Schulbüchern. Sie führen auf die Frage nach gemeinsamen Teilern und gemeinsamen Vielfachen von zwei oder mehr natürlichen Zahlen.

Bei Aufgabe A sind verschiedene Regalbrettlängen möglich, die ohne Verschnitt realisierbar sind, z.B. 30 cm, 45 cm, 90 cm, denn dies sind gemeinsame Teiler von 270 cm und 360 cm. Die Frage nach der größtmöglichen Länge ist die nach dem größten Element in der Menge der gemeinsamen Teiler, dem *größten gemeinsamen Teiler* (im Folgenden ggT abgekürzt).

Bei Aufgabe B geht es um die gemeinsamen Vielfachen der Zahlen 2, 3 und 5, die Frage nach dem „nächsten" Treffen zielt auf das kleinste Element in dieser Menge, das *kleinste gemeinsame Vielfache* (im Folgenden kgV abgekürzt).

Beide Aufgaben können wir auf Grundschulniveau durch anschauliche Bilder bzw. eine übersichtliche Tabelle lösen.

Aufgabe A)

Aufgabe B)

Kind	geht nach ... Tagen wieder ins Hallenbad
Kati	2 4 6 8 10 12 14 16 18 20 22 24 26 28 30
Anna	3 6 9 12 15 18 21 24 27 30
Jan	5 10 15 20 25 30

Wir werden in diesem Kapitel Verfahren erarbeiten, wie man ggT und kgV möglichst ökonomisch bestimmt.

Aber nicht nur für den Bereich des Sachrechnens sind ggT und kgV von Bedeutung, sondern auch in der Bruchrechnung. Die Suche nach dem Hauptnenner (kleinster gemeinsamer Nenner) bei der Addition oder Subtraktion ungleichnamiger Brüche ist die Suche nach dem kgV der Nenner. Beim Kürzen von Brüchen teilen wir Zähler und Nenner durch gemeinsame Teiler, am besten gleich durch den ggT von Zähler und Nenner.

Schließlich brauchen wir den ggT noch dazu, um etwas über die Lösbarkeit von Aufgaben wie der folgenden zu sagen:

C) Ein Bauer kaufte auf dem Markt Hühner und Enten und zahlte dabei für ein Huhn 4 Euro und für eine Ente 5 Euro. Kann es sein, dass er 62 Euro ausgegeben hat? Wenn ja, wie viele Hühner und wie viele Enten könnte er gekauft haben?

Übung: 1) Es sei Ihnen verraten, dass die erste Frage in Aufgabe C zu bejahen ist. Ermitteln Sie die möglichen Anzahlen der Hühner und Enten.

          2) Ein Huhn kostet 4 Euro, eine Ente 6 Euro. Kann es sein, dass der Bauer 55 Euro ausgegeben hat?

7.2   **Definitionen**

Definition 1:   Vielfachenmenge

Die Menge aller positiven Vielfachen einer Zahl $a \in \mathbb{N}$, also die Menge $V(a) = \{x \in \mathbb{N} \,|\, a \,|\, x\}$, bezeichnet man als *Vielfachenmenge* von a.

Beispiele: $V(3) = \{3, 6, 9, 12, 15, 18, ... \}$
$V(4) = \{4, 8, 12, 16, 20, 24, ... \}$
$V(7) = \{7, 14, 21, 28, 35, ... \}$
$V(n) = \{n, 2n, 3n, 4n, ... \}$
$V(1) = \mathbb{N}$

Definition 2:   gemeinsamer Teiler und gemeinsames Vielfaches

Es seien $a, b \in \mathbb{N}$.

Jedes Element von $T(a) \cap T(b) = \{x \in \mathbb{N} \,|\, x \,|\, a \text{ und } x \,|\, b\}$ heißt *gemeinsamer Teiler* von a und b.

Jedes Element von $V(a) \cap V(b) = \{x \in \mathbb{N} \,|\, a \,|\, x \text{ und } b \,|\, x\}$ heißt *gemeinsames Vielfaches* von a und b.

Beispiele:

- Gesucht sind die gemeinsamen Teiler von 24 und 30.

  $T(24) = \{1, 2, 3, 4, 6, 8, 12, 24\}$ und $T(30) = \{1, 2, 3, 5, 6, 10, 15, 30\}$.
  Die gemeinsamen Teiler von 24 und 30 sind also $\{1, 2, 3, 6\}$.

- Gesucht sind die gemeinsamen Teiler von 8 und 55.

  $T(8) = \{1, 2, 4, 8\}$, $T(55) = \{1, 5, 11, 55\}$. $T(8) \cap T(55) = \{1\}$.
  8 und 55 haben also nur den trivialen Teiler 1 als gemeinsamen Teiler.

- Gesucht sind die gemeinsamen Vielfachen von 2 und 5.

  $V(2) = \{2, 4, 6, 8, 10, ...\}$, $V(5) = \{5, 10, 15, 20, 25, ...\}$.
  Die gemeinsamen Vielfachen von 2 und 5 sind also $\{10, 20, 30, 40, ...\}$.

Den im zweiten Beispiel aufgetretenen Fall, dass zwei Zahlen nur 1 als gemeinsamen Teiler haben, wollen wir besonders hervorheben:

Definition 3:   teilerfremd

Zwei Zahlen a, b ∈ ℕ heißen *teilerfremd* oder *prim* zueinander, wenn $T(a) \cap T(b) = \{1\}$.

So sind beispielsweise alle Primzahlen zueinander teilerfremd. Andere Beispiele teilerfremder Zahlenpaare sind 6 und 35, 100 und 189, 2090 und 4641. Insbesondere ist 1 zu jeder natürlichen Zahl a teilerfremd.

Bei der Untersuchung von Mengen spielt oft die Bestimmung des kleinsten bzw. größten Elementes eine wichtige Rolle. Mengen gemeinsamer Teiler sind wie alle Teilermengen endlich und, da sie stets die 1 enthalten, nicht leer mit 1 als kleinstem Element. Es ist also noch die Frage nach dem größten Element zu untersuchen. Vielfachenmengen dagegen sind unendliche Teilmengen der natürlichen Zahlen. Hier interessiert uns die Frage nach dem kleinsten Element in Mengen gemeinsamer Vielfacher.

Definition 4:   ggT und kgV

Es seien a, b ∈ ℕ.

Das größte Element aus
$T(a) \cap T(b) = \{x \in \mathbb{N} \mid x \mid a \text{ und } x \mid b\}$ heißt *größter gemeinsamer Teiler* von a und b (kurz ggT(a,b)).

Das kleinste Element aus
$V(a) \cap V(b) = \{x \in \mathbb{N} \mid a \mid x \text{ und } b \mid x\}$ heißt *kleinstes gemeinsames Vielfaches* von a und b (kurz kgV(a,b)).

Beispiele: ggT(20,30) = 10,   kgV(20,30) = 60
                ggT(11,17) = 1,   kgV(11,17) = 187
                ggT(12,36) = 12,   kgV(12,36) = 36

Die Definitionen 2 und 4 können leicht auf mehr als zwei natürliche Zahlen ausgeweitet werden. Wenn $a_1, a_2, \dots, a_r \in \mathbb{N}$, dann gilt:

- Der ggT($a_1, a_2, \dots, a_r$) ist das größte Element in $T(a_1) \cap T(a_2) \cap \dots \cap T(a_r)$.
- Das kgV($a_1, a_2, \dots, a_r$) ist das kleinste Element in $V(a_1) \cap V(a_2) \cap \dots \cap V(a_r)$.

Beispiel: ggT(16,24,40) = 8, kgV(16,24,40) = 240

Eine unmittelbare Folgerung aus der Definition des ggT ist der folgende Satz:

Satz 1:   Für alle a, b ∈ ℕ gilt:

  1) $ggT(1,a) = 1$

  2) $a \mid b \Rightarrow ggT(a,b) = a$

Übung: 1) Beweisen Sie Satz 1.

  2) Bestimmen Sie ggT und kgV von:
      a) 30 und 75   b) 48 und 64   c) 12, 30 und 50

7.3   ggT, kgV und Primfaktorzerlegung

Das Ermitteln von ggT und kgV über das Bestimmen von Teiler- bzw. Vielfachenmengen kann sehr mühsam werden. Wir können ggT und kgV jedoch auch ermitteln, ohne vorher explizit alle Teiler auszurechnen oder lange Vielfachentabellen zu notieren. Unser Hilfsmittel ist dabei die Primfaktorzerlegung.

Hinführendes Beispiel zu Satz 2:

Betrachten wir einmal die Zahlen 600 und 980 und ihre kanonischen PFZ $600 = 2^3 \cdot 3 \cdot 5^2$ und $980 = 2^2 \cdot 5 \cdot 7^2$. Wegen des Teilbarkeitskriteriums (Satz 4, Kapitel 2) dürfen in den PFZ der gemeinsamen Teiler von 600 und 980 nur die Primfaktoren 2 und 5 auftreten – und zwar 2 höchstens in zweiter Potenz, 5 höchstens in erster Potenz. Der ggT von 600 und 980 hat dann genau die PFZ $2^2 \cdot 5$, also: $ggT(600,980) = 2^2 \cdot 5 = 20$

Bei den gemeinsamen Vielfachen von 600 und 980 müssen alle Primfaktoren aus den einzelnen PFZ auftreten, und zwar mindestens in der höchsten Potenz, in der sie in den einzelnen PFZ vorkommen, also:
$kgV(600,980) = 2^3 \cdot 3 \cdot 5^2 \cdot 7^2 = 29400$

Wir formulieren den ersten Teil dieser Überlegungen allgemein als Satz:

Satz 2:   Es seien a, b $\in \mathbb{N}\backslash\{1\}$ mit a = $\displaystyle\prod_{p\in\mathbb{P}} p^{n_p}$ und b = $\displaystyle\prod_{p\in\mathbb{P}} p^{m_p}$,

$n_p, m_p \in \mathbb{N}_0$.

Dann gilt: ggT(a,b) = $\displaystyle\prod_{p\in\mathbb{P}} p^{Min(n_p,m_p)}$, wobei $Min(n_p,m_p)$

die kleinere der beiden Zahlen n_p und m_p bedeutet.

Beweis:

z.z.:   (1) d = $\displaystyle\prod_{p\in\mathbb{P}} p^{Min(n_p,m_p)}$ ist gemeinsamer Teiler von a und b.

z.z.:   (2) d = $\displaystyle\prod_{p\in\mathbb{P}} p^{Min(n_p,m_p)}$ ist größter gemeinsamer Teiler von a, b.

zu (1):   d = $\displaystyle\prod_{p\in\mathbb{P}} p^{Min(n_p,m_p)}$ ist sowohl ein Teiler von a als auch von b, denn

es gilt: $Min(n_p,m_p) \le n_p$ und $Min(n_p,m_p) \le m_p$ für alle p
und wir können das Teilbarkeitskriterium anwenden:
$d\,|\,a$ und $d\,|\,b$.

zu (2):   Wir betrachten ein beliebiges $t \in T(a) \cap T(b)$. Nach dem Teilbarkeitskriterium haben alle $t \in T(a) \cap T(b)$ die Form

$t = \displaystyle\prod_{p\in\mathbb{P}} p^{k_p}$ mit $k_p \le n_p$ (da $t\,|\,a$) <u>und</u> gleichzeitig $k_p \le m_p$ (da $t\,|\,b$).

Mit o.g. Def. von $Min(n_p,m_p)$ folgt: $k_p \le Min(n_p,m_p)$
und wegen des Teilbarkeitskriteriums gilt für alle t: $t\,|\,d$,   (*)
woraus schließlich folgt: $t \le d$.   / da $t\cdot q = d$ mit $q \in \mathbb{N}$

In der vorletzten Zeile (*) haben wir gleichzeitig die Behauptung mit bewiesen:

Satz 2a: Jeder gemeinsame Teiler von a und b ist auch ein Teiler des
ggT(a,b).
Also: $\forall$ a,b, t $\in \mathbb{N}$ gilt: $t\,|\,a$ und $t\,|\,b \Rightarrow t\,|\,ggT(a,b)$

Satz 3:   ggT-Kriterium

d ist genau dann der ggT(a,b), wenn die beiden folgenden Bedingungen erfüllt sind:

1) $d \mid a$ und $d \mid b$
2) Für alle $t \in \mathbb{N}$ gilt: $t \mid a$ und $t \mid b \Rightarrow t \mid d$.

Beweis:

„$\Rightarrow$" Bedingung 1 gilt laut Definition des ggT, Bedingung 2 haben wir im Beweis zu Satz 2 mit bewiesen.

„$\Leftarrow$" Sei d also ein gemeinsamer Teiler von a und b (Bedingung 1), der von allen gemeinsamen Teilern t von a und b geteilt wird (Bedingung 2).

Verwendung von Bedingung (1):

Wenn $a = \prod_{p \in \mathbb{P}} p^{n_p}$ und $b = \prod_{p \in \mathbb{P}} p^{m_p}$,

dann ist d nach dem Teilbarkeitskriterium von der Form

$d = \prod_{p \in \mathbb{P}} p^{k_p}$ mit $k_p \le n_p$ (da $d \mid a$) <u>und</u> (gleichzeitig) $k_p \le m_p$ (da $d \mid b$),

$\Rightarrow k_p \le \text{Min}(n_p, m_p)$ (*)   /Def. „Min (a,b)"

Verwendung von Bedingung (2):

Wir betrachten einen besonderen Teiler t von a und b.

Sei $t = \prod_{p \in \mathbb{P}} p^{\text{Min}(n_p, m_p)}$.

Wegen Bedingung (2) gilt: $t \mid d$
Mit dem Teilbarkeitskriterium folgt: $\text{Min}(n_p, m_p) \le k_p$ (**)
(*) und (**) liefern: $k_p \le \text{Min}(n_p, m_p) \wedge k_p \ge \text{Min}(n_p, m_p)$
$\Rightarrow k_p = \text{Min}(n_p, m_p)$
$\Rightarrow d = \text{ggT}(a,b)$ /Satz 2

Im Stil der vorangegangenen Beweise könnte man jetzt noch zeigen, dass jeder Teiler des ggT(a,b) ein gemeinsamer Teiler von a und b ist. Das sei Ihnen zur Übung überlassen.

Wir formulieren Satz 4 in Anlehnung an die Vorüberlegungen zu Satz 2.

Satz 4:   Es seien a, b ∈ ℕ\{1} mit $a = \prod_{p \in \mathbb{P}} p^{n_p}$ und $b = \prod_{p \in \mathbb{P}} p^{m_p}$,

$n_p, m_p \in \mathbb{N}_0$.

Dann gilt: $kgV(a,b) = \prod_{p \in \mathbb{P}} p^{Max(n_p, m_p)}$, wobei $Max(n_p, m_p)$

die größere der beiden Zahlen n_p und m_p bedeutet.

Beweis:

z.z. (1): $v = \prod_{p \in \mathbb{P}} p^{Max(n_p, m_p)}$ ist gemeinsames Vielfaches von a und b.

z.z. (2): $v = \prod_{p \in \mathbb{P}} p^{Max(n_p, m_p)}$ ist kleinstes gemeinsames Vielfaches von a, b.

zu (1): Wir setzen $v = \prod_{p \in \mathbb{P}} p^{Max(n_p, m_p)}$. Mit dem Teilbarkeitskriterium

folgt: $n_p \leq Max(n_p, m_p)$ für alle p $\Rightarrow$ a | v <u>und</u>
$m_p \leq Max(n_p, m_p)$ für alle p $\Rightarrow$ b | v
Also gilt $v \in V(a) \cap V(b)$.

zu (2): Wir betrachten ein beliebiges $w \in V(a) \cap V(b)$ mit $w = \prod_{p \in \mathbb{P}} p^{k_p}$.

Dann gilt nach dem Teilbarkeitskriterium
$k_p \geq n_p$ (da a | w) <u>und</u> (gleichzeitig) $k_p \geq m_p$ (da b | w),
also $k_p \geq Max(n_p, m_p)$ für alle p.
Wegen des Teilbarkeitskriteriums folgt für alle w: v | w,   (*)
woraus schließlich folgt: $v \leq w$.   /da v·q = w mit q ∈ ℕ
v ist also das kgV(a,b).

In Zeile (*) haben wir gleichzeitig die Behauptung mit bewiesen:

Satz 4a: Jedes gemeinsame Vielfache von a und b wird vom
kgV(a,b) geteilt.
Also: $\forall$ a,b, w ∈ ℕ gilt: a | w ∧ b | w $\Rightarrow$ v | w

Analog zu den Überlegungen beim ggT können wir jetzt auch ein kgV-Kriterium ableiten:

Satz 5:   kgV-Kriterium

v ist genau dann das kgV(a,b), wenn die beiden folgenden Bedingungen erfüllt sind:

1) $a \mid v$ und $b \mid v$

2) Für alle $w \in \mathbb{N}$ gilt: $a \mid w$ und $b \mid w \Rightarrow v \mid w$.

Beweis: (analog zu Satz 3)

„$\Rightarrow$" Bedingung 1 gilt laut Definition des kgV: kgV(a,b) ist kleinstes Element aus $V(a) \cap V(b) = \{x \in \mathbb{N} \mid a \mid x$ und $b \mid x\}$, Bedingung 2 haben wir im Beweis zu Satz 4 mit bewiesen.

„$\Leftarrow$" Sei v also ein gemeinsames Vielfaches von a und b (Bedingung 1), das alle gemeinsamen Vielfachen w von a und b teilt (Bedingung 2).

Verwendung von Bedingung (1):

Wenn $a = \prod_{p \in \mathbb{P}} p^{n_p}$ und $b = \prod_{p \in \mathbb{P}} p^{m_p}$,

dann ist v nach dem Teilbarkeitskriterium von der Form

$v = \prod_{p \in \mathbb{P}} p^{k_p}$ mit $k_p \geq n_p$ (da $a \mid v$) <u>und</u> (gleichzeitig) $k_p \geq m_p$ (da $b \mid v$),

also $k_p \geq \text{Max}(n_p, m_p)$.   (*)   /Def. „Max (a,b)"

Verwendung von Bedingung (2):

Wir betrachten ein besonderes Vielfaches w von a und b.

Sei $w = \prod_{p \in \mathbb{P}} p^{\text{Max}(n_p, m_p)}$.

Wegen Bedingung (2) gilt: $v \mid w$

Mit dem Teilbarkeitskriterium folgt: $k_p \leq \text{Max}(n_p, m_p)$ (**)

(*) und (**) liefern: $k_p \geq \text{Max}(n_p, m_p) \wedge k_p \leq \text{Max}(n_p, m_p)$

$\Rightarrow$ $k_p = \text{Max}(n_p, m_p)$

$\Rightarrow$ $v = \text{kgV}(a,b)$ /Satz 4

Wir verzichten auf den Beweis des Satzes, dass jedes Vielfache des kgV(a,b) ein gemeinsames Vielfaches von a und b ist. Im Folgenden werden einige Aussagen aufgelistet, die gerade im Unterricht von praktischer Relevanz sind:

Die ggT- und kgV-Bestimmung kann oftmals auf kleinere Zahlen „verschoben" werden.

Satz 6:   Für alle a, b, n ∈ ℕ gilt:

1) $ggT(n·a, n·b) = n·ggT(a,b)$
2) $kgV(n·a, n·b) = n·kgV(a,b)$
3) $ggT(a,b) = d \Rightarrow ggT(a:d, b:d) = 1$
4) a und b teilerfremd $\Rightarrow kgV(a,b) = a · b$

Beispiele:

1) $ggT(84,132) = ggT(12·7, 12·11) = 12 · ggT(7,11) = 12$
2) $kgV(150,200) = kgV(50·3, 50·4) = 50 · kgV(3,4) = 50 · 12 = 600$
3) $ggT(35,49) = 7 \Rightarrow ggT(5,7) = 1$
4) $kgV(11,13) = 11 · 13 = 143$

Beweis zu 6.1:   Seien $a = \prod_{p\in\mathbb{P}} p^{n_p}$ und $b = \prod_{p\in\mathbb{P}} p^{m_p}$ und $n = \prod_{p\in\mathbb{P}} p^{v_p}$

Dann gilt:

$$n \cdot ggT(a,b) = n \cdot \prod_{p\in\mathbb{P}} p^{Min(n_p, m_p)} \qquad \text{/n. Satz (2)}$$

$$= \prod_{p\in\mathbb{P}} p^{v_p} \cdot \prod_{p\in\mathbb{P}} p^{Min(n_p, m_p)} \qquad \text{/n. Voraussetzung}$$

$$= \prod_{p\in\mathbb{P}} p^{v_p + Min(n_p, m_p)} \qquad \text{/nach } a^n \cdot a^m = a^{n+m}$$

$$= \prod_{p\in\mathbb{P}} p^{Min(v_p + n_p, v_p + m_p)} \qquad \text{/c + min(a;b) = min(c+a;c+b)}$$

$$= ggT(n·a, n·b) \qquad \text{/n. Satz (2)}$$

Beweis zu 6.2:   verläuft analog zu 6.1

Wir verzichten an dieser Stelle auf den Beweis von Satz 6.3 und 6.4. Den Beweis von (3) sollten Sie zur Übung selbst durchführen. Die Aussage (4) ist ein Spezialfall des folgenden Satzes 7 (ggT(a,b)=1) .

Satz 7:   Für alle $a, b \in \mathbb{N}$ gilt: $\text{ggT}(a,b) \cdot \text{kgV}(a,b) = a \cdot b$.

Beweis: Es sei $a = \prod_{p \in \mathbb{P}} p^{n_p}$ und $b = \prod_{p \in \mathbb{P}} p^{m_p}$.

Dann gilt: $\text{ggT}(a,b) \cdot \text{kgV}(a,b)$

$$= \prod_{p \in \mathbb{P}} p^{\text{Min}(n_p, m_p)} \cdot \prod_{p \in \mathbb{P}} p^{\text{Max}(n_p, m_p)} \qquad /\text{Satz 2, Satz 4}$$

$$= \prod_{p \in \mathbb{P}} p^{\text{Min}(n_p, m_p) + \text{Max}(n_p, m_p)} \qquad /a^b \cdot a^c = a^{b+c}$$

$$= \prod_{p \in \mathbb{P}} p^{n_p + m_p} \qquad /\text{Min}(a,b) + \text{Max}(a,b) = a+b$$

$$= \prod_{p \in \mathbb{P}} p^{n_p} \cdot \prod_{p \in \mathbb{P}} p^{m_p} \qquad /a^b \cdot a^c = a^{b+c}$$

$$= a \cdot b$$

Dieser Satz ist von großer praktischer Bedeutung, denn er erlaubt bei Kenntnis des ggT zweier Zahlen sehr schnell das kgV zu ermitteln und umgekehrt.

Wissen wir also, dass der ggT von 60 und 105 gleich 15 ist, so muss nach Satz 7 das kgV(60,105) gleich $60 \cdot 105 : 15$, also gleich 420 sein.

Wissen wir beispielsweise kgV(58,93) = 5394 = $58 \cdot 93$, so folgt nach Satz 7 ggT(58,93) = 1, 58 und 93 sind also teilerfremd.

Übung: 1) Beweisen Sie Aussage 3 von Satz 6.

2) Bestimmen Sie möglichst ökonomisch unter Anwendung der Sätze 6 und 7 jeweils ggT und kgV von
   a)   520 und 910   b)   600 und 650   c)   657 und 707

7.4 ggT, kgV und Hasse-Diagramme

Die uns bereits bekannten Hasse-Diagramme erlauben es, den ggT und das
kgV zweier natürlichen Zahlen a und b zu bestimmen und zu veranschaulichen, sofern a und b nicht mehr als drei verschiedene Primfaktoren besitzen.
Wir erläutern das Verfahren am Beispiel des ggT und des kgV der Zahlen 12
und 54. Die Hasse-Diagramme zu T(12) und T(54) sind unten zunächst
separat dargestellt. Zur Ermittlung des ggT und kgV werden diese so übereinander geschoben, dass die identischen Teile zusammenfallen.

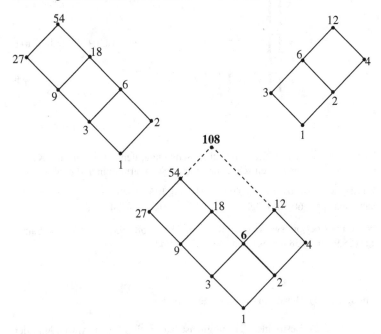

Die Zahlen, die beiden Hasse-Diagrammen angehören, sind die gemeinsamen
Teiler von 12 und 54, die am weitesten oben stehende dieser Zahlen ist der
ggT, also ggT(12,54) = 6. Um das kgV zu bestimmen erweitert man die aus
der Überlagerung der Hasse-Diagramme entstandene Figur zu einem Rechteck, indem man von a und b parallel zu den vorgegebenen Richtungen jeweils
möglichst wenig nach oben geht. Die so konstruierte Ecke des Rechtecks gibt
das kgV an, im Beispiel also kgV(12,54) = 108.

Besitzt mindestens eine der beiden Zahlen drei Primfaktoren, so hat mindestens eines der Hasse-Diagramme die Form eines Quaders. Wieder werden die Hasse-Diagramme so übereinander gezeichnet, dass gleiche Diagrammteile aufeinander fallen. Erneut findet man den ggT an der am weitesten oben liegenden Ecke, die zu beiden Diagrammen gehört. Um das kgV zu bestimmen, erweitert man die durch die Überlagerung der Diagramme entstandene Figur so, dass der kleinstmögliche Quader entsteht, der beide Diagramme enthält. An der am weitesten oben liegenden Ecke dieses Quaders findet man das kgV. Das Verfahren ist unten am Beispiel der Zahlen 30 und 250 demonstriert. Wir lesen ab: ggT(30,250) = 10 und kgV(30,250) = 750.

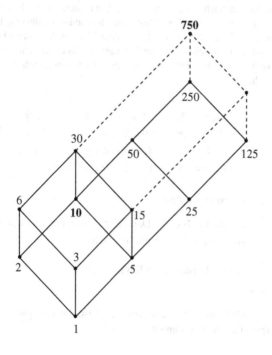

Übung: Bestimmen Sie mittels Überlagerung der entsprechenden Hasse-Diagramme jeweils ggT und kgV von

a) 12 und 27   b) 100 und 1250   c) 126 und 294

7.5 Der euklidische[1] Algorithmus

In diesem Abschnitt werden Sie ein systematisches Rechenverfahren zur
Bestimmung des ggT zweier Zahlen kennen lernen, das ohne das teilweise
mühsame Zerlegen der Zahlen in Primfaktoren auskommt. Dieses Verfahren
beruht auf der *Division mit Rest*.

Wir machen uns die Division mit Rest zunächst anschaulich klar: Stellen Sie
sich vor, Sie lassen Ihre Klasse zum Erarbeiten des Bündelns und der Stellenwertschreibweise Kastanien in Eierkartons verpacken. Sukzessive füllen die
Kinder einen Karton nach dem nächsten mit b Kastanien (z.B. b = 6). Zum
Schluss sind q Kartons voll und ein Rest von r Kastanien ist übrig geblieben.
Wenn Sie für jeden Schülertisch die gleiche Anzahl a von Kastanien bereitge-
stellt haben und auch dieselbe Art von Eierkartons, dann werden schließlich
auf jedem Tisch gleich viele volle Kartons stehen und ein gleich großer Rest
von Kastanien liegen.

Beispiele: $a = 34, b = 6$: $34 = 5 \cdot 6 + 4$ $q = 5, r = 4$

             $a = 9, b = 10$: $9 = 0 \cdot 10 + 9$ $q = 0, r = 9$

             $a = 48, b = 8$: $48 = 6 \cdot 8 + 0$ $q = 6, r = 0$

             $a = 13, b = 10$: $13 = 1 \cdot 10 + 3$ $q = 1, r = 3$

(Hilfs-) Satz: Division mit Rest

           Es seien $a, b \in \mathbb{N}$. Dann gibt es genau ein Paar $q, r \in \mathbb{N}_0$,
           so dass $a = q \cdot b + r$ mit $0 \leq r < b$.

Beweis: zz.: (1) Existenz, (2) Eindeutigkeit

zu (1): Existenz

Wir können von $a \geq b$ ausgehen, denn wenn $a < b$ ist, dann ist $q = 0$ und $r = a$
ein Zahlenpaar mit $a = 0 \cdot b + a$ und $0 \leq r = a < b$.

Sei also $a \geq b$.

Wir betrachten die Menge $M = \{a - n \cdot b \mid n \in \mathbb{N} \text{ und } a - n \cdot b \geq 0\}$.

M ist nicht leer, denn wegen $a \geq b$ gilt mindestens: $a - 1 \cdot b \in M$.

---

[1] Euklid (Eukleides von Alexandria), griechischer Mathematiker, um 300 v.
Chr., Verfasser des klassischen Lehrbuchs „Elemente".

Wegen der Wohlordnung von $\mathbb{N}$ besitzt M als nichtleere Teilmenge von $\mathbb{N}$ ein kleinstes Element.

Sei r dieses kleinste Element, das für n = q angenommen werde.

Also: $\qquad r = a - q \cdot b \geq 0 \qquad$ (*) $\qquad$ /r ist kleinstes Element in M

Weil das betrachtete r das kleinste Element in M ist, muss folgende Differenz < 0 sein: $\qquad \mathbf{r - b} = a - q \cdot b - b = a - (q + 1) \cdot b \ \mathbf{< 0}$

Also: $\qquad r - b < 0 \ \Rightarrow \ r < b \qquad$ (**)

Mit (*) und (**) folgt: $r - b < 0 \wedge r < b \ \Rightarrow \ 0 \leq r < b$

Es gibt also mindestens ein Paar q, r $\in \mathbb{N}_0$ der gewünschten Art.

zu (2): Eindeutigkeit

Seien q, r und q', r' zwei Zahlenpaare

mit $\qquad a = q \cdot b + r = q' \cdot b + r'$ und $0 \leq r, r' < b$.

Ohne Beschränkung der Allgemeinheit nehmen wir q' $\geq$ q an.

Dann gilt: $\qquad$ q' $\cdot$ b $\geq$ q $\cdot$ b, woraus r' $\leq$ r folgt.

Wir können also subtrahieren:

$$
\begin{aligned}
& q' \cdot b + r' = q \cdot b + r && \\
\Rightarrow\ & q' \cdot b - q \cdot b + r' = r && / - (q \cdot b) \\
\Rightarrow\ & q' \cdot b - q \cdot b = r - r' && / - r' \\
\Rightarrow\ & (q' - q) \cdot b = r - r' < b && / \text{ da r und r'} < b, \\
\Rightarrow\ & (q' - q) \cdot b \ < b && / \text{ da r} - r' < b \\
\Rightarrow\ & q' - q = 0 \ \Rightarrow \ q' = q && / + q \\
\Rightarrow\ & r - r' = 0 \ \Rightarrow \ r' = r && / \text{ wegen } (q' - q) \cdot b = r - r'
\end{aligned}
$$

Also gibt es genau ein Paar (q,r) derart, dass a = q·b + r und $0 \leq r < b$.

Wir kommen nun zu dem versprochenen Algorithmus zur Bestimmung des ggT zweier Zahlen. Er beruht auf der mehrfachen Anwendung des Satzes von der Division mit Rest.

Es soll der ggT der Zahlen a = 16940 und b = 3822 bestimmt werden. Wir beginnen mit der Division a : b und bestimmen den Rest. Im zweiten Schritt nehmen wir den Divisor b als Dividenden und den Rest als Divisor und führen erneut die Division mit Rest durch. Im nächsten Schritt wird der erste Rest zum Dividenden, der zweite Rest zum Divisor. Wir fahren so lange fort, bis irgendwann der Rest 0 auftritt.

Dividend	=	Quotient	·	Divisor	+	Rest
a	=	q	·	b	+	r
16940	=	4	·	3822	+	1652
3822	=	2	·	1652	+	518
1652	=	3	·	518	+	98
518	=	5	·	98	+	28
98	=	3	·	28	+	14
28	=	2	·	14	+	0

Der letzte von 0 verschiedene Rest ist der ggT, also ggT(16940,3822) = 14.

Dies bedarf natürlich einer Begründung. Betrachten wir zunächst die erste Gleichung $16940 = 4 \cdot 3822 + 1652 \Leftrightarrow 1652 = 16940 - 4 \cdot 3822$. Jeder gemeinsame Teiler von 16940 und 3822 ist nach Satz 3, Kapitel 4, auch ein Teiler von 1652, also auch ein gemeinsamer Teiler von 1652 und 3822. Es gilt also $T(16940) \cap T(3822) \subseteq T(3822) \cap T(1652)$.

Umgekehrt gilt für jeden gemeinsamen Teiler von 3822 und 1652, dass er auch ein Teiler von $4 \cdot 3822 + 1652 = 16940$ ist (Satz 3, Kapitel 4), also auch gemeinsamer Teiler von 16940 und 3822: $T(3822) \cap T(1652) \subseteq T(16940) \cap T(3822)$. Insgesamt gilt also $T(16940) \cap T(3822) = T(3822) \cap T(1652)$.

Wenden wir uns nun der zweiten Gleichung zu: $3822 = 2 \cdot 1652 + 518 \Leftrightarrow 518 = 3822 - 2 \cdot 1652$. Alle gemeinsamen Teiler von 3822 und 1652 sind wieder wegen Satz 3, Kapitel 4, Teiler von 518 und damit gemeinsame Teiler von 1652 und 518. Diese sind wiederum Teiler von 3822, also gemeinsame Teiler von 3822 und 1652.

Also gilt $T(3822) \cap T(1652) = T(1652) \cap T(518)$.

Man erhält aus der dritten Gleichung $T(1652) \cap T(518) = T(518) \cap T(98)$, aus der vierten Gleichung $T(518) \cap T(98) = T(98) \cap T(28)$, aus der fünften Gleichung $T(98) \cap T(28) = T(28) \cap T(14) = T(14)$, da 14 (s. letzte Gleichung) ein Teiler von 28 ist. Insgesamt haben wir gezeigt, dass

$T(16940) \cap T(3822) = T(14)$ ist, woraus folgt ggT(16940,3822) = 14.

Unsere Überlegungen hängen offensichtlich nicht von den im Beispiel beteiligten Zahlen ab. Völlig analog beweist man allgemein den folgenden Satz:

Satz 8:   Es seien $a, b \in \mathbb{N}$ und $a = q \cdot b + r$ mit $q, r \in \mathbb{N}_0$ und
           $0 \leq r < b$. Dann gilt: $T(a) \cap T(b) = T(b) \cap T(r)$.
           Insbesondere gilt für $a > b$: $ggT(a,b) = ggT(b,r)$.

Wir verzichten auf den Beweis dieses Satzes, den Sie zur Übung selbst durchführen sollten. Die Bedingung $a > b$ in der zweiten Aussage von Satz 8 stellt
übrigens keine nennenswerte Anwendungsbeschränkung des Satzes dar: Gilt
$a = b$, dann ist $ggT(a,b) = ggT(a,a) = a$. Gilt $a < b$ ist, dann vertauschen wir
die Reihenfolge von a und b ($ggT(a,b) = ggT(b,a)$) und wenden den Satz an.

Im obigen Beispiel haben wir Satz 8 mehrfach angewendet, bis wir schließlich zu einer Gleichung mit dem Rest $r = 0$ gelangten, mithin zu einer Teilermenge, die gleich der Menge der gemeinsamen Teiler von a und b ist, bei der
man dann den ggT direkt angeben kann. Wir formulieren als Verallgemeinerung unseres Beispiels den folgenden Satz:

Satz 9:   Euklidischer Algorithmus

           Es seien $a, b \in \mathbb{N}$, $a > b$. Dann gibt es $q_i, r_i \in \mathbb{N}_0$ und einen
           Index $n \in \mathbb{N}$, so dass gilt:

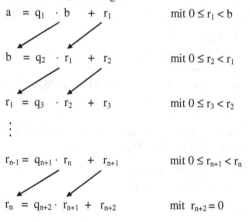

$$a = q_1 \cdot b + r_1 \qquad \text{mit } 0 \leq r_1 < b$$

$$b = q_2 \cdot r_1 + r_2 \qquad \text{mit } 0 \leq r_2 < r_1$$

$$r_1 = q_3 \cdot r_2 + r_3 \qquad \text{mit } 0 \leq r_3 < r_2$$

$$\vdots$$

$$r_{n-1} = q_{n+1} \cdot r_n + r_{n+1} \qquad \text{mit } 0 \leq r_{n+1} < r_n$$

$$r_n = q_{n+2} \cdot r_{n+1} + r_{n+2} \qquad \text{mit } r_{n+2} = 0$$

           und man erhält: $T(a) \cap T(b) = T(r_{n+1})$ und $ggT(a,b) = r_{n+1}$.

Beweis: z.z.:   (1) Das Verfahren bricht ab.
                      (2) Das Verfahren liefert den ggT(a,b).

zu (1): Wegen $b > r_1 > r_2 > \ldots \geq 0$ bilden die Reste eine streng monoton
fallende Folge natürlicher Zahlen. Somit muss nach endlich vielen Schritten
(maximal b Schritten) der Rest 0 werden und man erhält $r_n = q_{n+2} \cdot r_{n+1} + 0$.

zu (2): Weiter liefert die wiederholte Anwendung von Satz 8:

$$
\begin{aligned}
T(a) \cap T(b) \quad &= T(b) \cap T(r_1) \\
&= T(r_1) \cap T(r_2) \\
&= \ldots \\
&= T(r_n) \cap T(r_{n+1}) \\
&= T(r_{n+1}) \cap T(0) = T(r_{n+1})
\end{aligned}
$$

Mit Transitivität der „="-Relation folgt: $T(a) \cap T(b) = T(r_{n+1})$
In diesen beiden Mengen aber ist r_{n+1} größtes Element: $ggT(a,b) = r_{n+1}$.

Insbesondere liefert Satz 9 auch die Aussage, dass jeder gemeinsame Teiler
von a und b auch Teiler des ggT(a,b) ist. Das wussten wir aber schon (s. Satz
2a dieses Kapitels).

Mit der folgenden Aufgabe geben wir ein weiteres Beispiel zur Anwendung
des euklidischen Algorithmus: Gesucht ist der ggT(64589,3178).

$$
\begin{aligned}
64589 &= 20 \cdot 3178 + 1029 \\
3178 &= 3 \cdot 1029 + 91 \\
1029 &= 11 \cdot 91 + 28 \\
91 &= 3 \cdot 28 + 7 \\
28 &= 4 \cdot 7 + 0 \qquad ggT(64589,3178) = 7
\end{aligned}
$$

Der euklidische Algorithmus ist ein sehr mächtiges Verfahren. Wir berechnen
den ggT(123456789,987654321):

$$
\begin{aligned}
987654321 &= 8 \cdot 123456789 + 9 \\
123456789 &= 13717421 \cdot 9 \; + 0
\end{aligned}
$$

ggT(123456789,987654321) = 9

Versuchen Sie das einmal mit Hilfe der Primfaktorzerlegung!

Anschauliche Beschreibung des euklidischen Algorithmus

Wie der Name andeutet, wurde der euklidische Algorithmus schon im Altertum angewendet. Für die griechischen Mathematiker bedeutete das algebraische Rechnen mit Zahlen das Operieren mit Strecken, die diese Zahlen darstellen.

Wir nehmen jetzt auch diesen Standpunkt ein und denken im Größenbereich Längen. Welche Grundvorstellungen verbinden wir mit den Grundrechenarten? Addieren z.B. bedeutet das Aneinanderlegen von Strecken, Subtrahieren das Abtragen von Strecken, Multiplizieren das wiederholte Aneinanderlegen von Strecken gleicher Länge und Dividieren das Unterteilen einer Strecke in gleich lange Abschnitte[2].

Wenn wir in dieser Vorstellungswelt nach dem ggT zweier Zahlen a und b fragen, dann fragen wir nach dem größten gemeinsamen Maß zweier Strecken[3]. Zur Ermittlung desselben bedienten sich die griechischen Mathematiker des folgenden Verfahrens: a und b sind die Längen der Seiten eines Rechtecks. Mit Hilfe von Zirkel und Lineal wurde (gegebenenfalls abwechselnd) die kürzere Seite von der längeren so oft wie möglich abgetragen. Das Verfahren nennt man daher *Wechselwegnahme*.

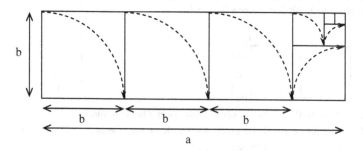

Das Verfahren wird so lange durchgeführt, bis man als „Restrechteck" ein Quadrat erhält, bei dem es keine kürzere Seite mehr gibt, die man von einer längeren Seite abtragen kann. Auf ein solches Quadrat wird man immer stoßen, schließlich sind in unserem Fall a und b natürliche Zahlen, die als ge-

---

[2]   Vgl. in Kapitel 4, Abschnitt 3, die Suche nach möglichen Maßen einer Strecke.

[3]   Vgl. auch das Einführungsbeispiel A am Anfang dieses Kapitels.

meinsamen Teiler mindestens 1 besitzen. Mit dem Einheitsquadrat kann man jedes Rechteck mit natürlichen Zahlen als Seitenlängen parkettieren. Bei nicht teilerfremden Zahlen endet das Verfahren schon vorher, es liefert das größtmögliche Quadrat, das sich zur Parkettierung eignet.

Dieses Verfahren der Wechselwegnahme ist also nichts anderes als der euklidische Algorithmus in einer geometrischen Denkweise. Wir verdeutlichen uns dies an einem weiteren Beispiel.

Gesucht ist das größte gemeinsame Maß von 72 und 30 (es spielt keine Rolle, ob wir hier an m, mm oder km denken), also der ggT(72,30).

Wechselwegnahme: **euklidischer Algorithmus:**

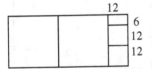

Vom Rechteck mit den Seitenlängen 72 und 30 schneiden wir zwei Quadrate der Seitenlänge 30 ab. Es verbleibt ein Restrechteck mit den Längen 30 und 12.

$$72 = 2 \cdot 30 + 12$$

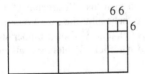

Von diesem Restrechteck können wir zwei Quadrate mit der Seitenlänge 12 abschneiden. Es verbleibt ein zweites Restrechteck mit den Längen 12 und 6.

$$30 = 2 \cdot 12 + 6$$

Von diesem zweiten Restrechteck können wir ohne Rest zwei Quadrate der Seitenlänge 6 abschneiden.

$$12 = 2 \cdot 6 + 0$$

Übung: 1) Beweisen Sie Satz 8.

          2) Bestimmen Sie mit Hilfe des euklidischen Algorithmus den ggT von
a) 60 und 13 b) 80 und 66 c) 242 und 33 d) 368 und 264.

          3) Beweisen Sie:
Für alle a, b, c $\in \mathbb{N}$ gilt: ggT(a,b,c) = ggT(ggT(a,b),c).

          4) Beweisen Sie:
Für alle a,b $\in \mathbb{N}$ gilt: ggT (ggT(a,b), b) = ggT (a,b)

7.6 Die Menge der Vielfachen des ggT(a,b) und der Linearkombinationen von a und b

Der euklidische Algorithmus liefert uns ein Verfahren, wie wir den ggT zweier natürlicher Zahlen a und b als *Linearkombination von a und b* darstellen können, also als Summe $x \cdot a + y \cdot b$ mit x, y $\in \mathbb{Z}$. Wir demonstrieren dies an einem Beispiel. Mit Hilfe des euklidischen Algorithmus bestimmen wir zunächst den ggT von 6930 und 1098:

$$6930 = 6 \cdot 1098 + 342$$
$$1098 = 3 \cdot 342 + 72$$
$$342 = 4 \cdot 72 + 54$$
$$72 = 1 \cdot 54 + 18$$
$$54 = 3 \cdot 18 + 0 \qquad \text{ggT}(6930,1098) = 18$$

Wir durchlaufen jetzt dieses Verfahren von unten nach oben, drücken jeweils die Reste als Linearkombination von Dividend und Divisor aus und setzen ein. Wir beginnen mit dem ggT in der vorletzten Gleichung:

$$18 = 72 - 1 \cdot 54$$
$$= 72 - 1 \cdot (342 - 4 \cdot 72) = (-1) \cdot 342 + 5 \cdot 72$$
$$= (-1) \cdot 342 + 5 \cdot (1098 - 3 \cdot 342) = 5 \cdot 1098 - 16 \cdot 342$$
$$= 5 \cdot 1098 - 16 \cdot (6930 - 6 \cdot 1098) = (-16) \cdot 6930 + 101 \cdot 1098$$

18, der ggT von a = 6930 und b = 1098, ist also darstellbar als Linearkombination $x \cdot a + y \cdot b$ mit $x = -16$ und $y = 101$.

Wir hätten ebenso mit der ersten Zeile des euklidischen Algorithmus beginnen können:

$342 = 6930 - 6 \cdot 1098$

$72 = 1098 - 3 \cdot 342 = 1098 - 3 \cdot (6930 - 6 \cdot 1098)$
$ = (-3) \cdot 6930 + 19 \cdot 1098$

$54 = 342 - 4 \cdot 72 = 6930 - 6 \cdot 1098 - 4 \cdot ((-3) \cdot 6930 + 19 \cdot 1098)$
$ = 13 \cdot 6930 - 82 \cdot 1098$

$18 = 72 - 1 \cdot 54 = (-3) \cdot 6930 + 19 \cdot 1098 - 1 \cdot (13 \cdot 6930 - 82 \cdot 1098)$
$ = (-16) \cdot 6930 + 101 \cdot 1098$

Auch in diesem Fall ist klar, dass das am Beispiel demonstrierte Verfahren nicht von den beteiligten Zahlenwerten abhängt. Es gilt allgemein

Satz 10:   Für alle $a, b \in \mathbb{N}$ gibt es $x, y \in \mathbb{Z}$ mit

ggT$(a,b) = x \cdot a + y \cdot b$.

Beweis:

Wir lösen in Satz 9 (euklidischer Algorithmus) die Gleichungen nach r_i auf. Wir erhalten für die erste Gleichung:

$r_1 = a - q_1 \cdot b$, also
$r_1 = x_1 \cdot a + y_1 \cdot b$ $\qquad$ mit $x_1 = 1$ und $y_1 = -q_1$.

Mit der zweiten Gleichung verfahren wir entsprechend:

$r_2 = b - q_2 \cdot r_1$
$ = b - q_2 \cdot (x_1 \cdot a + y_1 \cdot b)$ $\qquad$ da $r_1 = x_1 \cdot a + y_1 \cdot b$
$ = b - q_2 x_1 a - q_2 y_1 b$
$ = b - q_2 y_1 b - q_2 x_1 a$
$ = b(1 - q_2 y_1) - q_2 x_1 a$
$ = -q_2 x_1 a + (1 - q_2 y_1)b$
$ = x_2 \cdot a + y_2 \cdot b$ $\qquad$ mit $x_2 = -q_2 \cdot x_1 \in \mathbb{Z}$ und $y_2 = 1 - q_2 \cdot y_1 \in \mathbb{Z}$.

In endlich vielen Schritten kann man so auch alle folgenden Gleichungen nach $r_3, r_4, ..., r_{n+1}$ auflösen und erhält schließlich für ggT$(a,b) = r_{n+1}$ eine Darstellung der Form ggT$(a,b) = r_{n+1} = x \cdot a + y \cdot b$ mit $x, y \in \mathbb{Z}$.

Vorüberlegung zu Satz 11:

Eine einfache Folgerung aus Satz 10 ist die, dass sich mit ggT(a,b) auch alle Vielfachen des ggT(a,b) als Linearkombinationen von a und b ausdrücken lassen: Wenn ggT(a,b) = $x \cdot a + y \cdot b$, folgt $c \cdot$ ggT(a,b) = $c \cdot x \cdot a + c \cdot y \cdot b$ mit $c \cdot x$ und $c \cdot y \in \mathbb{Z}$ für alle $c \in \mathbb{Z}$.

Umgekehrt ergeben alle Linearkombinationen aus a und b gerade nur die Vielfachen des ggT(a,b). Betrachten wir eine solche Zahl $c = x \cdot a + y \cdot b$. Da ggT(a,b)$|$a und ggT(a,b)$|$b, folgt ggT(a,b)$|$ $x \cdot a + y \cdot b$ (Satz 3, Kapitel 4), also ggT(a,b)$|$c. Also gilt:

Satz 11: Sei L(a,b) = $\{x \cdot a + y \cdot b \mid x, y \in \mathbb{Z}\}$ die Menge aller (Zahlen, darstellbar als) Linearkombinationen von a und b und sei W(ggT(a,b)) = $\{z \cdot$ ggT(a,b) $\mid z \in \mathbb{Z}\}$ die Menge aller ganzzahligen Vielfachen[4] des ggT(a,b).

Dann gilt für alle a, b $\in \mathbb{N}$: L(a,b) = W(ggT(a,b)).

Beweis:

z.z.: 1) W(ggT(a,b)) $\subseteq$ L(a,b)

Sei $c \in$ W(ggT(a,b)), dann gibt es $z \in \mathbb{Z}$ mit:	$c = z \cdot$ ggT(a,b)
Nach Satz 10 gilt dann auch:	$c = z \cdot (xa + yb)$
Also auch:	$c = (zx) \cdot a + (zy) \cdot b$
Da $zx, zy \in \mathbb{Z}$:	$c \in$ L(a,b)
Damit gilt: W(ggT(a,b)) $\subseteq$ L(a,b)	

z.z.: 2) L(a,b) $\subseteq$ W(ggT(a,b))

Sei $c \in$ L(a,b), dann gibt es $x, y \in \mathbb{Z}$, so dass $c = xa + yb$.
Nach Satz 3 (Kap. 4) gilt: ggT(a,b)$|$a $\land$ ggT(a,b)$|$b $\Rightarrow$ ggT(a,b)$|$xa + yb .

Also gibt es ein $z \in \mathbb{Z}$ mit	ggT(a,b) $\cdot z = xa + yb$.
Es folgt:	$c \in$ W(ggT(a,b))
Damit gilt:	L(a,b) $\subseteq$ W(ggT(a,b))
Aus (1) und (2) folgt:	L(a,b) = W(ggT(a,b)).

---

[4] Man beachte den Unterschied zur Vielfachenmenge des ggT(a,b):
V(ggT(a,b)) = $\{x \in \mathbb{N} \mid$ ggT(a,b) $| x\}$.

Wegen Satz 11 können wir Satz 10 folgendermaßen ergänzen:

Satz 12:   Für alle a, b $\in \mathbb{N}$ gibt es x, y $\in \mathbb{Z}$ mit
ggT(a,b) = x · a + y · b.

Dabei ist der ggT(a,b) die kleinste natürliche Zahl, die sich
als Linearkombination von a und b darstellen lässt. Weiter
gilt: Jedes c $\in \mathbb{Z}$ ist genau dann als Linearkombination von
a und b darstellbar, wenn ggT(a,b) $|$ c, d.h., wenn c ein Viel-
faches des ggT(a,b) ist.

Sind a und b teilerfremde Zahlen, dann ist der ggT(a,b) = 1, die Menge
W(ggT(a,b)) ist also gleich $\mathbb{Z}$. In diesem Fall lässt sich also jede ganze Zahl
als Linearkombination von a und b darstellen. Es gilt also folgender Spezialfall von Satz 12:

Satz 12a: Seien a, b $\in \mathbb{N}$ mit ggT(a,b) = 1. Dann gilt: L(a,b) = $\mathbb{Z}$.

M.a.W.: Wenn der ggT(a,b) = 1 ist, dann ist die Menge der
Zahlen, die sich als Linearkombination von a und b darstellen lassen, die ganze Menge $\mathbb{Z}$.

Beispiel: ggT(7,5) = 1 und 1 = (–2) · 7 + 3 · 5
Also gilt für alle c $\in \mathbb{Z}$: c = (–2c) · 7 + 3c · 5.

Übung: 1) Bestimmen Sie mit Hilfe des euklidischen Algorithmus den
ggT(299,247) und drücken Sie diesen dann als Linearkombination von 299 und 247 aus.

2) Welche der folgenden Zahlen sind als Linearkombination von
25 und 35 darstellbar? Geben Sie ggf. eine Linearkombination an.
a) 45   b) 49   c) 52   d) 60

3) Drücken Sie –2 als Linearkombination von 315 und 88 aus.

4) Zeigen Sie:
Für a, b, c $\in \mathbb{N}$ mit ggT(a,b) = 1 gilt: a $|$ bc $\Rightarrow$ a $|$ c.

7.7 Lineare diophantische[5] Gleichungen mit zwei Variablen

Kommen wir auf Beispielaufgabe C aus Abschnitt 1 dieses Kapitels zurück:

Ein Bauer kaufte auf dem Markt Hühner und Enten und zahlte dabei für ein Huhn 4 Euro und für eine Ente 5 Euro. Kann es sein, dass er 62 Euro ausgegeben hat? Wenn ja, wie viele Hühner und wie viele Enten könnte er gekauft haben?

Bezeichnen wir die Anzahl der Hühner mit x und die Anzahl der Enten mit y, so laufen die Fragen auf die Lösbarkeit und ggfs. die Lösungen der Gleichung $4x + 5y = 62$ hinaus.

Da 4 und 5 teilerfremd sind, ist diese Gleichung nach Satz 12a in $\mathbb{Z}$ lösbar:
$1 = \text{ggT}(a,b) = -4 + 5$, also $x = -1$, $y = 1$.
Von daher ist $4x + 5y = 62$ lösbar mit $x = -62$, $y = 62$.

In unserer Sachsituation macht diese Lösung nun wenig Sinn, da die Anzahl der gekauften Hühner schlecht eine negative Zahl sein kann. Schauen wir uns die Zahlen noch einmal genau an, so entdecken wir weitere Lösungen der Gleichung, bei denen x und y $\in \mathbb{N}$ sind:

$62 = 12 + 50$ (in diesem Fall sind es 3 Hühner 10 Enten), $62 = 32 + 30$ (hier sind es 8 Hühner, 5 Enten), $62 = 52 + 10$ (13 Hühner, 2 Enten).

Welche Gesetzmäßigkeiten bestehen zwischen diesen möglichen Lösungen? Was haben sie mit der Lösung $x = -62$, $y = 62$ zu tun? Kann man bei der Kenntnis einer Lösung sofort alle weiteren Lösungen angeben? Diesen Fragen werden wir in diesem Abschnitt nachgehen.

Definition 5:   lineare diophantische Gleichung

Eine Gleichung der Form $a \cdot x + b \cdot y = c$ mit a, b $\in \mathbb{N}$ und c $\in \mathbb{Z}$ heißt *lineare diophantische Gleichung* mit zwei Variablen, falls man als Lösung nur ganzzahlige x und y zulässt.

Wir formulieren Satz 12 neu:

---

[5] Diophantos von Alexandria, babylonischer (?) Mathematiker, um 250 n. Chr.

Satz 13:   Die lineare diophantische Gleichung $a \cdot x + b \cdot y = c$ ist
                      genau dann lösbar, wenn $ggT(a,b) \mid c$.

Beispiele: Die lineare diophantische Gleichung $5x + 9y = 12$ ist lösbar,
                      da $ggT(5,9) = 1$ und $1 \mid 12$. Dagegen ist $5x + 10y = 12$ nicht
                      lösbar, denn $ggT(5,10) = 5$ und 5 ist kein Teiler von 12. Die
                      lineare diophantische Gleichung $210x + 704y = 2$ ist lösbar,
                      denn $ggT(210,704) = 2$.

Hinführung zu Satz 14:

Wir kennen bereits ein Verfahren, *eine* Lösung einer linearen diophantischen
Gleichung zu bestimmen. Nennen wir dieses Lösungspaar (x_0, y_0). Falls es
noch ein weiteres Lösungspaar (x_1, y_1) gibt, so muss gelten:

$$
\begin{aligned}
a \cdot x_1 \quad + b \cdot y_1 \quad &= c \\
a \cdot x_0 \quad + b \cdot y_0 \quad &= c \\
\hline
\Rightarrow a \cdot (x_1 - x_0) + b \cdot (y_1 - y_0) &= 0
\end{aligned}
$$

Eine Lösung dieser letzten Gleichung erhalten wir, indem wir $x_1 - x_0 = b$ und
$y_1 - y_0 = -a$ setzen, denn $a \cdot b + b \cdot (-a) = 0$. Zwischen den beiden Lösungs-
paaren (x_0, y_0) und (x_1, y_1) einer linearen diophantischen Gleichung $a \cdot x + b \cdot y$
$= c$ besteht also die Beziehung $x_1 = x_0 + b$ und $y_1 = y_0 - a$.

Zusätzlich sind $(x_0 + k \cdot b, \ y_0 - k \cdot a)$, $k \in \mathbb{Z}$, Lösungspaare der Gleichung, wie
man durch Einsetzen sieht:

$$
\begin{aligned}
a \cdot (x_0 + k \cdot b) + b \cdot (y_0 - k \cdot a) \quad &= c \\
\Leftrightarrow \quad a \cdot x_0 + a \cdot k \cdot b + b \cdot y_0 - b \cdot k \cdot a \quad &= c \\
\Leftrightarrow \quad a \cdot x_0 + b \cdot y_0 &= c
\end{aligned}
$$

Schließlich können wir $a \cdot (x_1 - x_0) + b \cdot (y_1 - y_0) = 0$ durch $d = ggT(a,b)$
dividieren, ohne dass sich dadurch etwas an der Ganzzahligkeit der Lösungen
ändert: $\dfrac{a}{d} \cdot (x_1 - x_0) + \dfrac{b}{d} \cdot (y_1 - y_0) = 0$

Analog zu oben erhalten wir für diese Gleichung als Lösungspaare alle Paare der Form $(x_0 + k \cdot \frac{b}{d}, y_0 - k \cdot \frac{a}{d})$, $k \in \mathbb{Z}$. Wir fassen diese Überlegungen in folgendem Satz zusammen:

Satz 14: Sei (x_0, y_0) eine Lösung der linearen diophantischen Gleichung $a \cdot x + b \cdot y = c$. Dann besteht die Lösungsmenge genau aus den Paaren $(x_0 + k \cdot \frac{b}{d}, y_0 - k \cdot \frac{a}{d})$ mit $k \in \mathbb{Z}$, wobei $d = \text{ggT}(a,b)$.

Beweis:

(1) Durch Einsetzen wird gezeigt, dass mit (x_0,y_0) die Paare der genannten Form Lösungen der linearen diophantischen Gleichung sind:
Sei (x_0,y_0) eine Lösung, also $a \cdot x_0 + b \cdot y_0 = c$.

Wegen
$$a \cdot (x_0 + k \cdot \frac{b}{d}) + b \cdot (y_0 - k \cdot \frac{a}{d}) = c$$

$$\Leftrightarrow ax_0 + ak \frac{b}{d} + by_0 - bk \frac{a}{d} = c$$

$$\Leftrightarrow ax_0 + by_0 = c$$

ist auch $(x_0 + k \cdot \frac{b}{d}, y_0 - k \cdot \frac{a}{d})$ mit $k \in \mathbb{Z}$ und $d = \text{ggT}(a,b)$ Lösung.

(2) Wir müssen noch zeigen, dass es keine Lösungspaare gibt, die nicht von dieser Form sind. Sei also (x_1,y_1) eine weitere Lösung.

Dann gilt: $\qquad a \cdot x_1 \qquad + b \cdot y_1 \qquad = c$
und $\qquad\qquad a \cdot x_0 \qquad + b \cdot y_0 \qquad = c$
Subtraktion liefert: $a \cdot (x_1 - x_0) + b \cdot (y_1 - y_0) = 0$

$$\Leftrightarrow a \cdot (x_1 - x_0) = -b \cdot (y_1 - y_0)$$

$$\Leftrightarrow a \cdot (x_1 - x_0) = b \cdot (y_0 - y_1)$$

Wir dividieren durch $d = \text{ggT}(a,b)$ und erhalten

$$\frac{a}{d} \cdot (x_1 - x_0) = \frac{b}{d} \cdot (y_0 - y_1), \qquad\qquad (*)$$

woraus folgt $\qquad \frac{a}{d} \mid \frac{b}{d} \cdot (y_0 - y_1)$.

Da $\frac{a}{d}$ und $\frac{b}{d}$ teilerfremd sind, muss gelten $\frac{a}{d} \mid (y_0 - y_1)$.

Es gibt also $k \in \mathbb{Z}$ mit $\quad \dfrac{a}{d} \cdot k = y_0 - y_1$ $\hfill (**)$

$$\Leftrightarrow \qquad y_1 = y_0 - \dfrac{a}{d} \cdot k.$$

y_1 ist also schon von der besagten Form.

Einsetzen von (**) in (*) liefert: $\quad \dfrac{a}{d} \cdot (x_1 - x_0) = \dfrac{b}{d} \cdot \dfrac{a}{d} \cdot k$

$$\Rightarrow \quad x_1 - x_0 = \dfrac{b}{d} \cdot k$$

$$\Rightarrow \quad x_1 = x_0 + \dfrac{b}{d} \cdot k$$

x_1 ist also ebenfalls von der besagten Form und wir haben wirklich alle Lösungen der linearen diophantischen Gleichung wie im Satz angegeben.

Anmerkung:
Man kann eine Gleichung der Form $a \cdot x + b \cdot y = c$ auch als Geradengleichung deuten. Als diophantische Gleichung interessieren uns die Punkte auf dieser Geraden, die ganzzahlige Koordinaten haben, also die Gitterpunkte der Ebene. Die Sätze 13 und 14 besagen dann, dass die Gerade mit der Gleichung $a \cdot x + b \cdot y = c$, wobei $a, b \in \mathbb{N}$, $c \in \mathbb{Z}$, entweder durch keinen Gitterpunkt verläuft oder durch beliebig viele. Je nach Sachlage kann es sein, dass uns nur die Gitterpunkte in einem bestimmten Quadranten interessieren, z.B. die im ersten Quadranten, bei denen x und y positiv sind (wie bei der Aufgabe mit den Hühnern und Enten).

Lösen von Anwendungsaufgaben

Kommen wir auf unser Eingangsbeispiel mit den Hühnern und Enten zurück und demonstrieren an diesem das Vorgehen beim Lösen einer Aufgabe zu diophantischen Gleichungen:

Ein Bauer kaufte auf dem Markt Hühner und Enten und zahlte dabei für ein Huhn 4 Euro und für eine Ente 5 Euro. Kann es sein, dass er 62 Euro ausgegeben hat? Wenn ja, wie viele Hühner und wie viele Enten könnte er gekauft haben?

1. Schritt: *Aufstellen der linearen diophantischen Gleichung*

   Die Aufgabenstellung führt auf die Gleichung $4x + 5y = 62$, wobei x die Anzahl der gekauften Hühner und y die Anzahl der gekauften Enten bezeichnet.

2. Schritt: *Untersuchung der Lösbarkeit der diophantischen Gleichung*

   $ggT(4,5) = 1$, $1 \mid 62$ $\Rightarrow$ Die diophantische Gleichung ist lösbar.

3. Schritt: *Bestimmen einer speziellen Lösung der Gleichung*

   Entweder bestimmt man eine spezielle Lösung durch Ausprobieren oder man ermittelt eine solche mit Hilfe des euklidischen Algorithmus.
   Letzteres führt hier zu der speziellen Lösung $x_0 = -62$, $y_0 = 62$.

4. Schritt: *Bestimmen aller Lösungen der diophantischen Gleichung*

   $\mathbb{L} = \{(-62 + 5k, 62 - 4k), k \in \mathbb{Z}\}$

5. Schritt: *Eventuelle Einschränkung der Lösungsmenge entsprechend den besonderen Anforderungen der gegebenen Sachsituation*

   Da die Anzahl der gekauften Hühner und Enten $\in \mathbb{N}_0$ ist, suchen wir aus $\mathbb{L}$ diejenigen Zahlenpaare aus, die dieser Bedingung genügen:

   $k \leq 12 \Rightarrow x = -62 + 5k < 0$
   $k = 13 : \quad x = \ 3, y = 10$
   $k = 14 : \quad x = \ 8, y = \ 6$
   $k = 15 : \quad x = 13, y = \ 2$
   $k \geq 16 \Rightarrow y = 62 - 4k < 0$

Anzahl der Hühner	Anzahl der Enten
3	10
8	6
13	2

Abschließend veranschaulichen wir an diesem Beispiel die Interpretation der Lösungsmenge als Menge der Gitterpunkte einer Geraden.

Die Gleichung $4x + 5y = 62 \Leftrightarrow y = -0{,}8x + 12{,}4$ beschreibt eine fallende Gerade, die die y-Achse bei 12,4 (x = 0) und die x-Achse bei 15,5 (y = 0) schneidet. Innerhalb des ersten Quadranten durchläuft diese Gerade genau die Gitterpunkte (3,10), (8,6) und (13,2):

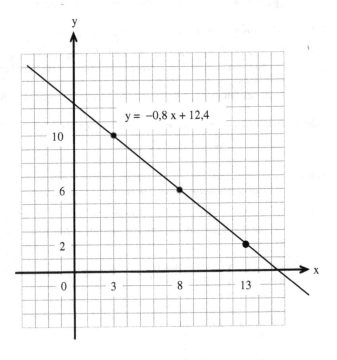

Natürlich ist dieses graphische Lösungsverfahren nicht wirklich von praktischer Relevanz. Einerseits ist es sehr zeitaufwändig. Andererseits wird man beim knappen Streifen von Gitterpunkten der zeichnerischen Genauigkeit misstrauen und zur Kontrolle besser eine Rechnung durchführen.

Zum Schluss dieses Kapitels lösen wir eine weitere Beispielaufgabe:

Wie lässt sich eine Strecke der Länge 24 cm durch Aneinanderlegen von Stäben der Längen 15 cm und 18 cm herstellen?

Diophantische Gleichung: $15x + 18y = 24$

Lösbarkeit: $ggT(15,18) = 3, \ 3 \mid 24 \ \Rightarrow$ lösbar

spezielle Lösung: $18 = 1 \cdot 15 + 3 \Rightarrow 3 = (-1) \cdot 15 + 1 \cdot 18$
$\Rightarrow 24 = (-8) \cdot 15 + 8 \cdot 18$
spezielle Lösung: $(-8, 8)$

Lösungsmenge: $\mathbb{L} = \{(-8 + k \cdot \dfrac{18}{3}, \ 8 - k \cdot \dfrac{15}{3}), k \in \mathbb{Z}\}$
$= \{(-8 + 6k, 8 - 5k), k \in \mathbb{Z}\}$

Wir interpretieren das gefundene Ergebnis:

Die spezielle Lösung $(-8, 8)$ besagt, dass wir 24 cm darstellen können, indem wir 8 Stäbe von je 18 cm Länge aneinander legen und vom Endpunkt dieser Strecke in die andere Richtung (Vorzeichen!) 8 Stäbe der Länge 15 cm anlegen. Als Differenz erhalten wir eine Strecke der Länge 24 cm. Es gibt unendlich viele Möglichkeiten, 24 cm in dieser Weise darzustellen.

Für $k = 1$ erhält man beispielsweise $x = -2$, $y = 3$ als Möglichkeit,
für $k = 2$ erhält man $x = 4$, $y = -2$.

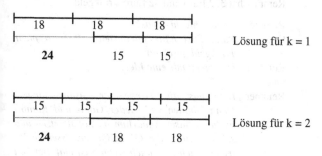

Übung: 1) Lösen Sie die diophantischen Gleichungen:

           a) $7x + 8y = 9$ b) $9x + 16y = 2$

           2) Beim letzten Konzert der QuietschBoys zahlten Jugendliche
              12 Euro und Erwachsene 17 Euro Eintritt. Die Quietschies –
              wie ihre Fans sie nennen – nahmen beachtliche 1080 Euro an
              Eintrittsgeldern ein. Wie viele Erwachsene bzw. Jugendliche
              könnten gelauscht haben?

           3) Ein Weg der Länge 10 m soll mit Platten der Länge 50 cm
              und 75 cm (Breite unberücksichtigt) ausgelegt werden. Wel-
              che Möglichkeiten gibt es?

           4) Geschichten aus dem Norden:

              1) Ohe und Remmer führen schon seit fünf Jahren das
                 Fischrestaurant „Zur Gräte" in bester Lage Sankt Paulis.
                 Am Montag haben sie für Speisen 200 Euro (ohne Trink-
                 geld) kassiert und nur Seelachsmenüs à 7 Euro und See-
                 teufelschmaus à 24 Euro serviert.

              2) Sonntags geht das Geschäft deutlich besser und auch aus-
                 gefallenere Menüs werden bestellt. Da Susi, die attraktive
                 Bedienung, heute ein Date hat, müssen Ohe und Remmer
                 den Laden alleine schmeißen. Als die letzten Gäste be-
                 zahlt haben zählen die Beiden ihre Einnahmen bei einem
                 Pils: Ohe freut sich über 642 Euro und 68 Euro Trinkgeld,
                 Remmer hat 332 Euro und 32 Euro Trinkgeld.

                 Remmer: *Nicht schlecht – was?*
                 Ohe: *Naja, Susi hätte mindestens 70 Euro mehr*
                          Trinkgeld geschafft.
                 Remmer: *Da kommt mir eine Idee.*
                 Ohe: *Und?*
                 Remmer: *Lass uns die Trinkgelder zusammenlegen.*
                          Dann könnten wir wieder Gold- und Kampf-
                          fische in unser Aquarium im Lokal setzen und
                          schon bleiben die Gäste länger, essen mehr,
                          trinken mehr, ..., auch wenn Susi mal nicht da
                          ist.

Ohe: *Gute Maßnahme. Aber denke ans Sauberhalten: höchstens 25 Tiere, nur Kampf- und Goldfische, keine Wasserpflanzen, keine Schnecken, und bei den Kampffischen nur die schönen bunten Männchen.*

Remmer nickt und schickt Susi am nächsten Tag mit dem gesamten Betrag zum Einkaufen in Friedos Fischstübchen. Friedo bietet den Kampffisch für 14 Euro, den Goldfisch für 4 Euro an, pro fünf Fische gibt es eine kostenlose Schnecke.

a) Susi gibt das gesamte Geld aus. Wie viele Kampf- und Goldfische setzt sie ins Aquarium? Geben Sie alle theoretischen Möglichkeiten an.

b) Welche Möglichkeit hätte Friedo empfohlen, wenn Susi ihn gefragt hätte?

8 Kongruenzen und Restklassen

8.1 Vorüberlegungen

Wir schreiben den 1. Dezember 2022. Es ist ein Donnerstag. Welche anderen Daten des Dezembers sind ebenfalls Donnerstage? 24 Tage später wird Nikolas Geburtstag haben. Was ist das für ein Wochentag? Auf welche Daten fallen im Dezember 2022 die Montage, Dienstage, … ?

2022	Dezember						
	Mo	Di	Mi	Do	Fr	Sa	So
				1	2	3	4
	5	6	7	8	9	10	11
	12	13	14	15	16	17	18
	19	20	21	22	23	24	25
	26	27	28	29	30	31	

An Kalenderblättern gibt es viel zu entdecken. Von den zahlreichen möglichen Fragestellungen haben wir einige herausgegriffen, die den Blick auf den Rest bei einer Division durch 7 lenken. Wenn der 1.12.2022 ein Donnerstag ist, dann auch der 8., 15., 22. und 29.12.2022, also alle Zahlen, die bei Division durch 7 den Rest 1 lassen. Wenn der 1.12. ein Donnerstag ist, dann ist in 24 Tagen ($24 = 3 \cdot 7 + 3$) ein Sonntag. Alle Zahlen, die bei Division durch 7 den Rest 0 lassen, fallen im Dezember 2022 auf einen Mittwoch, alle mit Rest 2 auf einen Freitag usw.

Wir haben es hier mit einer Einteilung der natürlichen Zahlen in 7 Klassen (Wochentage) zu tun. Zwei Zahlen (Daten) fallen in dieselbe Klasse (auf denselben Wochentag), wenn sie bei Division durch 7 denselben Rest lassen. Auf dem Kalenderblatt oben stehen diese Zahlen jeweils in einer Spalte übereinander (Montag: Rest 5, Dienstag: Rest 6, Mittwoch: Rest 0, Donnerstag: Rest 1, Freitag: Rest 2, Samstag: Rest 3, Sonntag: Rest 4).

Wir betrachten noch ein weiteres schulrelevantes Beispiel. Sie kennen die folgende Teilbarkeitsregel: Eine Zahl ist durch 3 oder 9 teilbar, wenn ihre Quersumme durch 3 oder durch 9 teilbar ist. Man könnte diese Regel auch so formulieren: Eine Zahl lässt denselben Rest bei Division durch 3 (durch 9) wie ihre Quersumme. Wieso gilt diese Teilbarkeitsregel?

© Springer Fachmedien Wiesbaden GmbH, ein Teil von Springer Nature 2018
R. Benölken, H.-J. Gorski, S. Müller-Philipp, *Leitfaden Arithmetik*,
https://doi.org/10.1007/978-3-658-22852-1_8

Machen wir uns an einem Beispiel klar, was der Übergang von einer Zahl zu ihrer Quersumme bedeutet. Wenn man die Quersumme von 2318 berechnet, dann behandelt man alle Ziffern so, als wären sie Einer und nicht Zehner, Hunderter, Tausender. Man kann sich das so vorstellen, als würden die Ziffern in einer Stellenwerttafel alle in die Einerspalte verschoben:

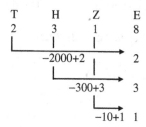

Für den Wert unserer Zahl hat das drastische Konsequenzen, die unter den Pfeilen notiert sind. Für die Frage nach der Teilbarkeit durch 3 oder durch 9 ist dieser „Umbau" allerdings ohne Belang. 2 Tausender wurden abgezogen, 2 Einer dazu gefügt: $-2000 + 2 = -2 \cdot (1000 - 1) = -2 \cdot 999$. Durch unsere Manipulation haben wir also von unserer Zahl etwas abgezogen, das durch 9 und damit auch durch 3 teilbar ist, wir haben bezüglich des Restes bei Division durch 3 oder 9 nichts verändert. Entsprechend verhält es sich mit den Hundertern: Für jeden abgezogenen Hunderter haben wir einen Einer ergänzt, also von unserer Ausgangszahl 99 subtrahiert, was ohne Konsequenzen für die Frage nach dem Rest bei Division durch 3 und 9 ist. Jeder abgezogene Zehner und ergänzte Einer vermindert die Ausgangszahl um 9 und bleibt damit ohne Auswirkungen auf den Rest bei Division durch 3 oder 9.

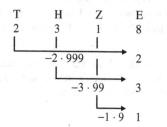

2318 und die Quersumme von 2318 müssen also denselben Rest bei Division durch 3 und durch 9 lassen:

$$2318 = 772 \cdot 3 + \mathbf{2}, \quad Q(2318) = 2 + 3 + 1 + 8 = 14 = 4 \cdot 3 + \mathbf{2},$$
$$2318 = 257 \cdot 9 + \mathbf{5}, \quad Q(2318) = 14 = 1 \cdot 9 + \mathbf{5}.$$

Übung: 1) Heute ist ein Montag im März. In 150 Tagen treten Sie eine
                   Reise an. An welchem Wochentag fahren Sie los?

              2) Welchen Rest lassen die folgenden Zahlen bei Division durch
                   3 (durch 9)?
                   a) 5620   b) 12345   c) 98765   d) 372501

8.2   Definition der Kongruenz

Definition 1:   kongruent modulo m

                       Es seien $m \in \mathbb{N}$ und $a, b \in \mathbb{Z}$. a und b heißen *kongruent
                       modulo m*, wenn sie bei Division durch m denselben Rest r
                       lassen, d.h. wenn es Zahlen $q_1, q_2 \in \mathbb{Z}$ gibt, so dass gilt:
                       $a = q_1 \cdot m + r$ und $b = q_2 \cdot m + r$ mit $0 \leq r < m$.
                       Sprechweise: a ist kongruent b modulo m
                       Schreibweise: $a \equiv b \bmod m$

Beispiele: $59 \equiv 14 \bmod 5$, denn $59 = 11 \cdot 5 + \mathbf{4}$ und $14 = 2 \cdot 5 + \mathbf{4}$
                $-17 \equiv 7 \bmod 3$, denn $-17 = -6 \cdot 3 + \mathbf{1}$ und $7 = 2 \cdot 3 + \mathbf{1}$
                $-72 \equiv -64 \bmod 8$, denn $-72 = -9 \cdot 8 + \mathbf{0}$, $-64 = -8 \cdot 8 + \mathbf{0}$

Eine unmittelbare Folgerung aus Definition 1 ist der folgende Satz, der
manchmal auch zur Definition von „kongruent modulo m" benutzt wird. Unsere Definition würde man dann als ersten Satz formulieren.

Satz 1:   Für alle $a, b \in \mathbb{Z}$ und $m \in \mathbb{N}$ gilt:
                   $a \equiv b \bmod m \iff m \mid a - b$

Beweis:

„$\Rightarrow$" z.z.: $m \mid a - b$

    Sei $a \equiv b \bmod m$

    $\Rightarrow \exists\, q_1, q_2 \in \mathbb{Z}$ mit: $a = q_1 \cdot m + r \;\wedge\; b = q_2 \cdot m + r$ / Def. „$\equiv$"
    (Differenzbildung)

$$\begin{aligned}
\Rightarrow a - b &= q_1 \cdot m + r - (q_2 \cdot m + r)\\
&= q_1 \cdot m + r - q_2 \cdot m - r\\
&= q_1 \cdot m - q_2 \cdot m\\
&= (q_1 - q_2) \cdot m \qquad \text{mit } (q_1 - q_2) \in \mathbb{Z}
\end{aligned}$$

    $\Rightarrow m \mid a - b$ /Def. „$\mid$"

„$\Leftarrow$" z.z.: a und b lassen bei Division durch m denselben Rest.
Wir setzen also $m \mid a - b$ voraus.

Dividieren wir a bzw. b durch m, so gibt es genau ein Paar q_1, r_1 bzw. q_2, r_2 mit $q_1, q_2 \in \mathbb{Z}$, $r_1, r_2 \in \mathbb{N}_0$ und $0 \leq r_1, r_2 < m$ [1], so dass $a = q_1 \cdot m + r_1$ und $b = q_2 \cdot m + r_2$.

Wir bilden die Differenz

$$\begin{aligned}
a - b \;\;\;&= q_1 \cdot m + r_1 - (q_2 \cdot m + r_2)\\
&= q_1 \cdot m + r_1 - q_2 \cdot m - r_2\\
&= q_1 \cdot m - q_2 \cdot m + r_1 - r_2\\
&= (q_1 - q_2) \cdot m + (r_1 - r_2)
\end{aligned}$$

Da	$m \mid (q_1 - q_2) \cdot m$	/Kap. 4, Satz 2a
und	$m \mid a - b$	/ Voraussetzung
folgt	$m \mid (a - b) - (q_1 - q_2) \cdot m$	/ Kap. 4, Satz 3
und	$m \mid r_1 - r_2$.	/ da $(a - b) - (q_1 - q_2) \cdot m = (r_1 - r_2)$

Da $0 \leq r_1, r_2 < m$, muss $r_1 - r_2$ betragsmäßig kleiner als m sein. Damit diese Zahl, die betragsmäßig kleiner als m ist, von m geteilt wird, muss gelten $r_1 - r_2 = 0$, also $r_1 = r_2$.
a und b lassen also bei Division durch m denselben Rest, also gilt $a \equiv b \bmod m$.

---

[1] Wir haben in Kapitel 7 den Satz von der Division mit Rest zwar nur für natürliche Zahlen a und b formuliert, teilen Ihnen hier aber ohne Beweis mit, dass auch seine Verallgemeinerung für ganze Zahlen gilt. Durch eine entsprechende Wahl von q kann man auch sicherstellen, dass der Rest 0 bzw. positiv ist.

Mit Satz 1 können wir z.B. sofort feststellen, dass $292 \equiv 250 \mod 7$ ist, denn $7 \mid 292 - 250$. In der Tat: $250 = 35 \cdot 7 + 5$ und $292 = 41 \cdot 7 + 5$.

Eine weitere äquivalente Charakterisierung der Kongruenz beinhaltet

Satz 2:   Für alle $a, b \in \mathbb{Z}$ und $m \in \mathbb{N}$ gilt:

$a \equiv b \mod m \Leftrightarrow$ es gibt ein $q \in \mathbb{Z}$ mit $a = b + q \cdot m$.

Beweis:

$a \equiv b \mod m$	$\Leftrightarrow m \mid a - b$	/wegen Satz 1
	$\Leftrightarrow \exists\, q \in \mathbb{Z}$ mit $a - b = q \cdot m$	/Def. $a \mid b$
	$\Leftrightarrow \exists\, q \in \mathbb{Z}$ mit $a = b + q \cdot m$	

Übung: 1) Formulieren Sie die Lösung der Übungsaufgabe von S. 92 in der Sprache der Kongruenzrechnung.

2) Beweisen oder widerlegen Sie:
   a) $a \equiv b \mod m \Rightarrow a^2 \equiv b^2 \mod m$
   b) $a^2 \equiv b^2 \mod m \Rightarrow a \equiv b \mod m$

3) Zeigen Sie: Für $m \in \mathbb{N}$, $a \in \mathbb{Z}$ gilt: $m \mid a \Leftrightarrow a \equiv 0 \mod m$.

8.3   Eigenschaften

Zunächst stellen wir fest, dass durch die Kogruenz modulo m eine Relation bestimmt ist: Für jedes Zahlenpaar (a,b) aus $\mathbb{Z} \times \mathbb{Z}$ gilt, dass $a \equiv b \mod m$ entweder erfüllt ist oder nicht. Durch die Kongruenz wird also bei festem $m \in \mathbb{N}$ eine Teilmenge $R = \{(a,b) \mid a, b \in \mathbb{Z},\ a \equiv b \mod m\}$ von $\mathbb{Z} \times \mathbb{Z}$, also eine Relation bestimmt. Diese Relation hat die folgenden Eigenschaften:

Satz 3:   Für alle $m \in \mathbb{N}$ und $a, b, c \in \mathbb{Z}$ gilt:

1) $a \equiv a \bmod m$ (Reflexivität)

2) $a \equiv b \bmod m$ und $b \equiv c \bmod m \Rightarrow a \equiv c \bmod m$ (Transitivität)

3) $a \equiv b \bmod m \Rightarrow b \equiv a \bmod m$ (Symmetrie)

Die Kongruenzrelation ist eine sog. „Äquivalenzrelation".

Beweis:

1) Für alle $a \in \mathbb{Z}$ gilt: $m \mid a - a \Rightarrow a \equiv a \bmod m$ für alle $a \in \mathbb{Z}$ /Satz 1

2) $a \equiv b \bmod m \wedge b \equiv c \bmod m$ /nach Voraussetzung

$\Rightarrow m \mid a - b \wedge m \mid b - c$ /Satz 1

$\Rightarrow m \mid (a - b) + (b - c)$ /Satz 3a, Kap.4

$\Rightarrow m \mid a - c$

$\Rightarrow a \equiv c \bmod m$ /Satz 1

3) $a \equiv b \bmod m \Rightarrow m \mid a - b$ /Satz 1

$\Rightarrow m \mid (-1) \cdot (a - b)$ /Satz 2a, Kap. 4

$\Rightarrow m \mid b - a$

$\Rightarrow b \equiv a \bmod m$ /Satz 1

Eine andere Äquivalenzrelation, die Sie kennen, ist die Gleichheit. Sie ist gewissermaßen der Prototyp der Äquivalenzrelation. Andere Beispiele sind die Parallelität von Geraden in der Ebene (gleiche Richtung), die Flächeninhaltsgleichheit geometrischer Figuren oder die Gleichmächtigkeit von endlichen Mengen. $a \equiv b \bmod m$ besagt zwar weniger als $a = b$, aber es gibt etwas Gleiches bei a und b und zwar den gleichen Rest bei Division durch m[2]. Von daher ist es nicht verwunderlich, dass man mit Kongruenzen modulo m ähnliche Rechnungen wie mit Gleichungen anstellen kann. Man kann sie zueinander addieren und subtrahieren und miteinander multiplizieren.

---

[2] Sind zwei natürliche Zahlen z.B. modulo 2 kongruent zueinander, so besitzen sie dieselbe „Parität", sind also beide gerade oder beide ungerade. Sind zwei natürliche Zahlen modulo 10 kongruent zueinander, so endet ihre Darstellung im Dezimalsystem auf dieselbe Ziffer.

Satz 4:   Es sei $a \equiv b$ mod m und $c \equiv d$ mod m. Dann gilt:

1) $a \pm c \equiv b \pm d$ mod m

2) $a \cdot c \equiv b \cdot d$ mod m

Beispiel: Es gilt $7 \equiv 12$ mod 5 und $13 \equiv 3$ mod 5, woraus folgt:

$7 + 13 \equiv 12 + 3$ mod 5, also $20 \equiv 15$ mod 5,

$7 - 13 \equiv 12 - 3$ mod 5, also $-6 \equiv 9$ mod 5 und

$7 \cdot 13 \equiv 12 \cdot 3$ mod 5, also $91 \equiv 36$ mod 5.

Beweis:

1) $a \equiv b$ mod m $\wedge$ $c \equiv d$ mod m   /Voraussetzung

$\Rightarrow$ $m \,|\, a - b \wedge m \,|\, c - d$ /Satz 1

$\Rightarrow$ $m \,|\, (a - b) + (c - d)$ ①   /Satz 3a, Kap.4

$\wedge \; m \,|\, (a - b) - (c - d)$ ②   /Satz 3a, Kap.4

Aus ① folgt: $m \,|\, (a + c) - (b + d)$, also $a + c \equiv b + d$ mod m.   /Satz 1

Aus ② folgt: $m \,|\, (a - c) - (b - d)$, also $a - c \equiv b - d$ mod m.   /Satz 1

2) $a \equiv b$ mod m $\wedge$ $c \equiv d$ mod m   /Voraussetzung

$\Rightarrow$ $m \,|\, a - b \wedge m \,|\, c - d$ /Satz 1

$\Rightarrow$ $m \,|\, (a - b) \cdot c \wedge m \,|\, (c - d) \cdot b$ /Satz 2a, Kap.4

$\Rightarrow$ $m \,|\, (a - b) \cdot c + (c - d) \cdot b$ /Satz 3a, Kap.4

$\Rightarrow$ $m \,|\, a \cdot c - b \cdot c + b \cdot c - b \cdot d$ /DG

$\Rightarrow$ $m \,|\, a \cdot c - b \cdot d$

$\Rightarrow$ $a \cdot c \equiv b \cdot d$ mod m   /Satz 1

Die Satz 4 entsprechenden Aussagen bei Gleichungen würden lauten:
Wenn $a = b$ und $c = d$, dann gilt: 1) $a \pm c = b \pm d$ 2) $a \cdot c = b \cdot d$.

Es ist zu fragen, ob sich auch die bei Gleichungen gültige Aussage:
„Wenn $a = b$ und $c = d$, dann gilt $a : c = b : d$" so nahtlos auf die Kongruenz
übertragen lässt. Doch bevor wir dieser Frage nachgehen, betrachten wir
weitere Folgerungen aus Satz 4.

Die erste Folgerung ist ein Satz, der ein Spezialfall von Satz 4 ist. Setzt man
in Satz 4 $d = c$, wodurch die Voraussetzung $c \equiv d$ mod m auf jeden Fall erfüllt
ist und nicht extra notiert werden muss, so gilt:

Satz 4a: Es sei $a \equiv b \bmod m$. Dann gilt für alle $c \in \mathbb{Z}$:

   1) $a \pm c \equiv b \pm c \bmod m$
   2) $a \cdot c \equiv b \cdot c \bmod m$

Beispiel: Da $59 \equiv 37 \bmod 11$, gilt auch $159 \equiv 137 \bmod 11$ ($+ 100$)
                   und $29 \equiv 7 \bmod 11$ (-30) und $2950 \equiv 1850 \bmod 11$ ($\cdot 50$),
                   wie man durch eine Kontrollrechnung bestätigt.

Eine weitere Folgerung aus Satz 4 ist der folgende Satz 5.

Satz 5:   Für alle $n \in \mathbb{N}_0$ gilt: $a \equiv b \bmod m \Rightarrow a^n \equiv b^n \bmod m$.

Der Beweis sei Ihnen zur Übung überlassen.

Hinführung zu Satz 6:

Kann man Kongruenzen – analog zu Gleichungen – auch dividieren?

Mit anderen Worten, gilt etwa die Vermutung:

   $a \equiv b \bmod m \quad \wedge \quad c \equiv d \bmod m \quad \Rightarrow \quad a : c \equiv b : d \bmod m$?

Dass diese Behauptung nicht allgemeingültig ist, zeigt folgendes

Gegenbeispiel:
$180 \equiv 120 \bmod 12 \wedge 10 \equiv 10 \bmod 12$, aber <u>nicht</u> $180:10 \equiv 120:10 \bmod 12$,
                                     denn <u>nicht</u> $18 \equiv 12 \bmod 12$.

Wohl aber gilt offenbar:
$180 \equiv 120 \bmod 12 \wedge 5 \equiv 5 \bmod 12$, damit auch $180:5 \equiv 120:5 \bmod 12$,
                                     denn $36 \equiv 24 \bmod 12$.

Worin besteht nun der zentrale Unterschied zwischen beiden „Beispielen"?

Wir dürfen die Kongruenz $180 \equiv 120 \bmod 12$ offensichtlich nicht auf beiden
Seiten durch 10 dividieren, wohl aber durch 5.

Der wesentliche Unterschied zwischen diesen beiden Beispielen besteht
darin, dass 10 und 12 nicht teilerfremd sind, wohl aber 5 und 12.

Allgemein gilt, dass man bei einer Kongruenz immer dann durch einen gemeinsamen Teiler von a und b dividieren kann, wenn dieser zum Modul
teilerfremd ist. Da diese Aussage ein Spezialfall eines allgemeineren Satzes
ist, formulieren wir sie als:

Satz 6a: $z \cdot a \equiv z \cdot b \bmod m$ und $\mathrm{ggT}(z,m) = 1 \Rightarrow a \equiv b \bmod m$

Beispiele: $35 \equiv 98 \bmod 9 \Rightarrow 5 \equiv 14 \bmod 9$ (Division durch 7)

                    $32 \equiv 12 \bmod 5 \Rightarrow 8 \equiv 3 \bmod 5$ (Division durch 4)

Wir beweisen statt des Sonderfalls gleich den allgemeineren Satz 6.

Satz 6: $z \cdot a \equiv z \cdot b \bmod m$ und $\mathrm{ggT}(z,m) = d \Rightarrow a \equiv b \bmod (m{:}d)$

Beispiele: $180 \equiv 120 \bmod 12$, $\mathrm{ggT}(10,12) = 2 \Rightarrow 18 \equiv 12 \bmod 6$

                    $105 \equiv 135 \bmod 10$, $\mathrm{ggT}(15,10) = 5 \Rightarrow 7 \equiv 9 \bmod 2$

                    $160 \equiv 210 \bmod 50$, $\mathrm{ggT}(10,50) = 10 \Rightarrow 16 \equiv 21 \bmod 5$

Beweis von Satz 6:

$z \cdot a \equiv z \cdot b \bmod m$

$\Rightarrow m \mid z \cdot a - z \cdot b$ /Satz 1

$\Rightarrow m \mid z \cdot (a - b)$ /DG

$\Rightarrow \exists\, q \in \mathbb{Z}$ mit $m \cdot q = z \cdot (a - b)$ /Def. „ | "

Division der Gleichung auf beiden Seiten durch $d = \mathrm{ggT}(z,m)$ liefert:

$\Rightarrow (m : d) \cdot q = (z : d) \cdot (a - b)$, wobei $(m{:}d)$ und $(z{:}d)$ natürliche Zahlen
                    sind und der $\mathrm{ggT}((m{:}d),(z{:}d)) = 1$ (wegen
                    Satz 6 (3), Kapitel 7: $\mathrm{ggT}(a,b) = d \Rightarrow$
                    $\mathrm{ggT}(a{:}d, b{:}d) = 1$).

$\Rightarrow m : d \mid (z : d) \cdot (a - b)$ /Def. „ | "-Relation

$\Rightarrow m : d \mid a - b$ /da $\mathrm{ggT}(m{:}d, z{:}d) = 1$

$\Rightarrow a \equiv b \bmod (m{:}d)$ /Satz 1

Übung: 1) Beweisen Sie Satz 5.

          2) Mit welcher Ziffer endet die Zahl 3^{80} (3^{110})?

          3) Zeigen Sie noch einmal, diesmal aber mittels Satz 5, dass 3, 5 und 17 Teiler von $2^{256} - 1$ sind.

          4) Beweisen Sie:
              a) $za \equiv zb \bmod zm \implies a \equiv b \bmod m$
              b) $a \equiv b \bmod m$ und $d \mid m$, $d \in \mathbb{N} \implies a \equiv b \bmod d$
              c) $a \equiv b \bmod m$ und $a \equiv b \bmod n$ und $\mathrm{ggT}(m,n) = 1$
                 $\implies a \equiv b \bmod mn$

8.4   Restklassen

Im letzten Abschnitt wurde bewiesen, dass die Kongruenzrelation eine Äquivalenzrelation in $\mathbb{Z}$ ist. Nun ist es so, dass jede Äquivalenzrelation die Menge, auf der sie definiert ist, in Klassen zerlegt, d.h., jedes Element wird genau einer Klasse zugeordnet. Bei der Kongruenzrelation nennt man diese Klassen *Restklassen*.

Bei gegebenem Modul $m \in \mathbb{N}$ zerlegen wir $\mathbb{Z}$ so in Restklassen, dass wir alle Zahlen, die bei Division durch m denselben Rest lassen, in einer Klasse zusammenfassen. Für $m = 4$ veranschauliche die Abbildung rechts, wie alle ganzen Zahlen ihren Platz in einer Restklasse finden. Den kleinsten Vertreter ≥ 0 jeder Restklasse haben wir fett gezeichnet. Er gibt der entsprechenden Restklasse ihren Namen.

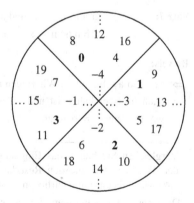

Für den Fall m = 7 gibt es dann 7 Klassen[3] und zwar die Klasse $\overline{0}$ aller ganzen Zahlen, die durch 7 teilbar sind, also {..., −14, −7, 0, 7, 14, 21, ...}, die Menge $\overline{1}$ aller Zahlen, die bei Division durch 7 den Rest 1 lassen, also {..., −13, −6, 1, 8, 15, 22, ...}, die Mengen $\overline{2}$ = {..., −5, 2, 9, ...} (Rest 2 bei Division durch 7), $\overline{3}$ = {..., −4, 3, 10, ...}, $\overline{4}$ = {..., −3, 4, 11, ...}, $\overline{5}$ = {..., −2, 5, 12, ...} und $\overline{6}$ = {..., −1, 6, 13, ...}. Wir definieren allgemein:

Definition 2:   Restklasse, Repräsentant

Jede Menge $\overline{a}$ = {x ∈ ℤ | x ≡ a mod m} nennt man *Restklasse modulo m*. Jedes Element x ∈ $\overline{a}$ heißt *Repräsentant* der Restklasse $\overline{a}$ [4]. Die Menge aller Restklassen modulo m bezeichnet man mit R_m.

Für m = 5 sind 12 und 17 Repräsentanten für die Restklasse $\overline{2}$, da 12 ∈ $\overline{2}$ (12 ≡ 2 mod 5) und 17 ∈ $\overline{2}$ (17 ≡ 2 mod 5). Elemente von R_5 sind z.B. $\overline{0}$, $\overline{2}$, $\overline{7}$, $\overline{3}$, $\overline{-1}$, wobei $\overline{2}$ und $\overline{7}$ dasselbe Element von R_5 darstellen, wie ein Vergleich der Mengen sofort zeigt: $\overline{2}$ = {..., −13, −8, −3, 2, 7, 12, 17, ...}, $\overline{7}$ = {..., −13, −8, −3, 2, 7, 12, 17, ...}. Aber auch ohne einen Vergleich der Mengen kann man sofort feststellen, ob zwei Restklassen $\overline{a}$ und $\overline{b}$ gleich sind. Im Beispiel erkennt man nämlich, dass 2 und 7 modulo 5 zueinander kongruent sind. Allgemein gilt:

Satz 7:   Für alle a, b ∈ ℤ und jeden Modul m ∈ ℕ gilt:

a ≡ b mod m ⇔ $\overline{a}$ = $\overline{b}$

Beweis:

„⇒" Sei also a ≡ b mod m. Wir zeigen nun, dass jedes Element t aus $\overline{a}$ dann auch in $\overline{b}$ enthalten ist und jedes Element t aus $\overline{b}$ auch in $\overline{a}$ liegt, woraus dann $\overline{a}$ = $\overline{b}$ folgt.

---

[3] Vergleichen Sie hierzu das Eingangsbeispiel mit dem Kalenderblatt und den Wochentagen, die den Restklassen entsprechen. Beachten Sie aber, dass wir es da nur mit natürlichen Zahlen ≤ 31 zu tun haben.

[4] Dem Zeichen $\overline{a}$ kann man nicht ansehen, welches Modul zugrunde gelegt ist. Das muss aus dem Zusammenhang entnommen werden.

Betrachtet sei ein beliebiges $t \in \overline{a}$:

$\Rightarrow t \equiv a \bmod m$ /Def. $\overline{a}$

$\Rightarrow t \equiv a \bmod m \quad \wedge \quad a \equiv b \bmod m$ /n. Vorauss.

$\Rightarrow t \equiv b \bmod m$ /Transitivität der „$\equiv$"-Rel.

$\Rightarrow t \in \overline{b}$ /Def. $\overline{a}$

Betrachtet sei jetzt ein beliebiges $t \in \overline{b}$:

$\Rightarrow t \equiv b \bmod m$ /Def. $\overline{a}$

$\Rightarrow t \equiv b \bmod m \quad \wedge \quad a \equiv b \bmod m$ /n. Vorauss.

$\Rightarrow t \equiv b \bmod m \quad \wedge \quad b \equiv a \bmod m$ /Symmetrie der „$\equiv$"-Rel.

$\Rightarrow t \equiv a \bmod m$ /Transitivität der „$\equiv$"-Rel.

$\Rightarrow t \in \overline{a}$ /Def. $\overline{a}$

Also gilt insgesamt $\overline{a} = \overline{b}$.

„$\Leftarrow$" Sei $\overline{a} = \overline{b}$. Daraus folgt $a \in \overline{b}$, da $a \in \overline{a}$.
Nach Definition 2 gilt also $a \equiv b \bmod m$.
oder:
Betrachtet sei

$a \in \overline{a}$

$\Rightarrow a \in \overline{b}$ /da $\overline{a} = \overline{b}$

$\Rightarrow a \equiv b \bmod m$ / $\overline{b} = \{x \in \mathbb{Z} \mid x \equiv b \bmod m\}$; Def. $\overline{b}$

Zum Schluss dieses Abschnitts soll noch gezeigt werden, dass der Name Rest*klasse* sinnvoll gewählt ist, dass die Kongruenzrelation also wirklich eine Klasseneinteilung von der Menge $\mathbb{Z}$ bewirkt. Zwar folgt dies aus der Tatsache, dass die Kongruenzrelation eine Äquivalenzrelation ist und jede Äquivalenzrelation eine Klasseneinteilung bewirkt[5], wir wollen dies aber ohne Rückgriff auf diesen allgemeinen Satz beweisen.

Satz 8:   Die Menge R_m aller Restklassen ist bei festem Modul $m \in \mathbb{N}$ eine Klasseneinteilung von $\mathbb{Z}$. Die Zahlen 0, 1, 2, 3, ... , $m-1$ sind die einfachsten Repräsentanten dieser Restklassen. Es gilt also $R_m = \{ \overline{0}, \overline{1}, \overline{2}, \overline{3}, ... , \overline{m-1} \}$.

---

[5] Dies ist ein Satz der elementaren Mengenlehre.

Beweis:

z.z.: 1) $R_m = \{\, \overline{0},\, \overline{1},\, \overline{2},\, \overline{3},\, \dots,\, \overline{m-1}\,\}$

2) Die Restklassen $\overline{0}$ bis $\overline{m-1}$ sind paarweise disjunkt, d.h., keine ganze Zahl gehört gleichzeitig zwei verschiedenen Restklassen an.

3) Die Vereinigung aller Restklassen von R_m ist die Menge $\mathbb{Z}$.

$(\overline{0} \cup \overline{1} \cup \overline{2} \cup \dots \cup \overline{m-1} = \mathbb{Z})$

Zu 1) Es ist klar, dass $\{\, \overline{0},\, \overline{1},\, \overline{2},\, \dots,\, \overline{m-1}\,\} \subseteq R_m$ gilt, denn R_m ist die Menge aller Restklassen und enthält damit insbesondere die genannten m Restklassen.

Wir müssen noch zeigen, dass $R_m \subseteq \{\, \overline{0},\, \overline{1},\, \overline{2},\, \dots,\, \overline{m-1}\,\}$.

- Nach dem Satz von der Division mit Rest gibt es *zu jedem beliebigen* $a \in \mathbb{Z}$ und $m \in \mathbb{N}$ genau ein Zahlenpaar (q,r), $q \in \mathbb{Z}$, $r \in \mathbb{N}_0$, $0 \le r < m$, mit $a = qm + r$.

- a lässt also bei Division durch m den Rest r.   ①

- Da $r < m$, gilt $r = 0 \cdot m + r$.
  Also lässt auch r bei Division durch m den Rest r.   ②

- Aus ① und ② folgt: $a \equiv r \bmod m$ /Def. „$\equiv$"

- $a \equiv r \bmod m \;\Leftrightarrow\; \overline{a} = \overline{r}$ /Satz 7

- Da $r < m$ und $r \in \mathbb{N}_0$, kann es also höchstens die m Restklassen $\overline{0},\, \overline{1},\, \overline{2},\, \dots,\, \overline{m-1}$ geben, also $R_m \subseteq \{\, \overline{0},\, \overline{1},\, \overline{2},\, \dots,\, \overline{m-1}\,\}$.

Insgesamt gilt also $R_m = \{\, \overline{0},\, \overline{1},\, \overline{2},\, \dots,\, \overline{m-1}\,\}$.

Zu 2) (Beweis indirekt) *Angenommen*, zwei *verschiedene* Restklassen $\overline{i}$ und $\overline{j}$ aus R_m seien nicht disjunkt.

Dann gibt es ein $x \in \mathbb{Z}$ mit $x \in \overline{i}$ und $x \in \overline{j}$.

$\quad x \in \overline{i} \;\wedge\; x \in \overline{j}$

$\Rightarrow \quad x \equiv i \bmod m \;\wedge\; x \equiv j \bmod m$ /Def. $\overline{a}$

$\Rightarrow \quad i \equiv x \bmod m \;\wedge\; x \equiv j \bmod m$ /Symmetrie von „$\equiv$"

$\Rightarrow \quad i \equiv j \bmod m$ /Transitivität von „$\equiv$"

$\Rightarrow \quad \overline{i} = \overline{j}$ /Satz 7

$\overline{i} = \overline{j}$ aber steht im Widerspruch zur Voraussetzung, dass $\overline{i}$ und $\overline{j}$ verschiedene Restklassen sind. Also sind alle Restklassen paarweise disjunkt.

Zu 3) Jedes $x \in \mathbb{Z}$ gehört zu mindestens einer Restklasse, denn es gilt $x \in \overline{x}$. Also ergibt die Vereinigung aller Restklassen die Menge $\mathbb{Z}$.

Übung: 1) Geben Sie R_3 und R_5 an.

2) Bestimmen Sie die Restklassen (einfachste Repräsentanten), zu denen die jeweils angegebenen Zahlen gehören.
   a) modulo 4: 11, −8, 17, 25, −13
   b) modulo 6: 30, 55, −9, −63, 100

3) Heute ist ein Donnerstag. In 150 Tagen treten Sie eine Reise an. Welcher Wochentag ist dann?

   Die Reise verschiebt sich um 30 Tage. An welchem Wochentag fahren Sie los?

8.5   Rechnen mit Restklassen

Beispiel 1: In welcher Restklasse (modulo 10) liegt $122 + 225$?

$122 \equiv 2 \bmod 10,$ also $122 \in \overline{2}$

$225 \equiv 5 \bmod 10,$ also $225 \in \overline{5}$

In welcher Restklasse liegt die Summe $122 + 225$?
Wir addieren und erhalten $122 + 225 = 347$,

$347 \equiv 7 \bmod 10,$ also $347 \in \overline{7}$.

Hätten wir dies auch ohne die Addition der Zahlen 122 und 225 durchzuführen nicht sofort an den Restklassen $\overline{2}$ und $\overline{5}$ erkennen können?

Beispiel 2: In welcher Restklasse (m = 10) liegt die Summe aus 77 und 86?

Es gilt $77 \equiv 7 \bmod 10,$ also $77 \in \overline{7}$,

und $86 \equiv 6 \bmod 10,$ also $86 \in \overline{6}$,

               $77 + 86 = 163,$

               $163 \equiv 3 \bmod 10,$ also $77 + 86 \in \overline{3}$.

Nach Satz 4 dieses Kapitels, hätten wir auch rechnen können

               $77 + 86 \equiv 7 + 6 \bmod 10,$

also $77 + 86 \equiv 13 \bmod 10,$

also $77 + 86 \equiv 3 \bmod 10,$ da $13 \equiv 3 \bmod 10 \Leftrightarrow \overline{13} = \overline{3}$,

also $77 + 86 \in \overline{13} = \overline{3}$.

Wir hätten also auch gleich die Restklassen $\overline{7}$ und $\overline{6}$ addieren können und als Ergebnis $\overline{13} = \overline{3}$ erhalten.

Gilt dies allgemein oder ist es eine Besonderheit des Moduls 10? Auch bei dem Wochentagsbeispiel aus Übung 3 des letzten Abschnitts hätten wir gleich die Restklassen addieren können. Der heutige Donnerstag entspricht $\overline{0}$.

$150 \equiv 3 \bmod 7$, also ist der ursprüngliche Abreisetag ein Sonntag ($\overline{3}$). 30 Tage Verzögerung bewirken, da $30 \equiv 2 \bmod 7$, dass der neue Abreisetag ein Dienstag ist ($\overline{5}$, da $3 + 2 = 5$). Zur Kontrolle: $150 + 30 = 180 \equiv 5 \bmod 7$.

In Anlehnung an Beispiel (2) werden wir nun auf der Menge R_{10} (allgemein R_m) eine Verknüpfung *Restklassenaddition* einführen, für die wir zur Unterscheidung von der Addition ganzer Zahlen das Zeichen $\oplus$ verwenden. Wir verdeutlichen uns die Art der Definition am Beispiel des Moduls m = 10:

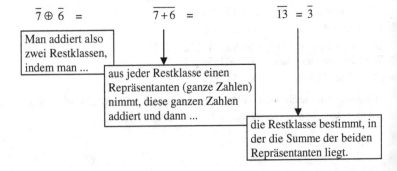

Wir definieren also:

Definition 3:   Restklassenaddition

Seien $\bar{a}$ und $\bar{b}$ Restklassen aus R_m.

Unter der Verknüpfung $\bar{a} \oplus \bar{b}$ *(Restklassenaddition)* versteht man dann die eindeutig bestimmte Restklasse $\overline{a+b}$:

$$\bar{a} \oplus \bar{b} = \overline{a+b}$$

Eindeutig ist die Restklassenaddition natürlich nur dann bestimmt, wenn sie unabhängig von der Wahl der Repräsentanten ist.

Bleiben wir etwa beim Modul $m = 10$, so gilt ja:

$\bar{7} = \{..., -23, -13, -3, 7, 17, 27, ...\}$

$\bar{6} = \{..., -24, -14, -4, 6, 16, 26, ...\}$

Wenn also $\bar{7} \oplus \bar{6} = \overline{13} = \bar{3}$,

dann müssten auch

etwa $\overline{-3} \oplus \overline{16} = \bar{3}$

oder etwa $\overline{17} \oplus \overline{-24} = \bar{3}$ gelten,

da hier lediglich andere Repräsentanten ausgewählt wurden.

Eine Überprüfung dieser Beispiele ergibt:

$\overline{-3} \oplus \overline{16} \quad = \overline{-3+16} \quad = \overline{13} \quad = \bar{3} \qquad$, da $13 \equiv 3 \bmod 10$

$\overline{17} \oplus \overline{-24} = \overline{17-24} = \overline{-7} = \bar{3} \qquad$, da $-7 \equiv 3 \bmod 10$

Offensichtlich spielt also die Wahl der Repräsentanten keine Rolle.

Allgemein kann man die Unabhängigkeit unserer Definition der Restklassenaddition von der Wahl der Repräsentanten mit Hilfe von Satz 4 zeigen:

Wegen Satz 7	$a \equiv b \bmod m \Leftrightarrow \bar{a} = \bar{b}$
lautet Satz 4	$a \equiv b \bmod m, \ c \equiv d \bmod m \Rightarrow a+c \equiv b+d \bmod m$
in Restklassennotation	$\bar{a} = \bar{b}, \qquad \bar{c} = \bar{d} \qquad \Rightarrow \overline{a+c} = \overline{b+d}$,
also	$\bar{a} \oplus \bar{c} = \bar{b} \oplus \bar{d}$.

Die Restklassenaddition $\bar{a} \oplus \bar{b}$ ist also unabhängig von der Wahl der Repräsentanten. Zudem liegt das Ergebnis einer Restklassenaddition immer in R_m, die Restklassenaddition ist also abgeschlossen.
Damit ist unsere Definition sinnvoll.

Da wir durch diese Definition die Restklassenaddition über den Rückgriff auf die Addition in $\mathbb{Z}$ festgelegt haben, übertragen sich die Eigenschaften der Addition in $\mathbb{Z}$ auf die Restklassenaddition. Es gilt:

1) Die Restklassenaddition ist abgeschlossen:
   $\bar{a} \oplus \bar{b} \in R_m$ für alle $\bar{a}$, $\bar{b} \in R_m$.

2) Die Restklassenaddition ist kommutativ:
   $\bar{a} \oplus \bar{b} = \overline{a+b} = \overline{b+a} = \bar{b} \oplus \bar{a}$ für alle $\bar{a}$, $\bar{b} \in R_m$.

3) Die Restklassenaddition ist assoziativ:
   $(\bar{a} \oplus \bar{b}) \oplus \bar{c} = \overline{a+b} \oplus \bar{c} = \overline{(a+b)+c} = \overline{a+(b+c)} = \bar{a} \oplus \overline{b+c}$
   $= \bar{a} \oplus (\bar{b} \oplus \bar{c})$ für alle $\bar{a}, \bar{b}, \bar{c} \in R_m$.

4) $\bar{0}$ ist das neutrale Element in R_m bezüglich $\oplus$:
   $\bar{a} \oplus \bar{0} = \overline{a+0} = \bar{a}$ für alle $\bar{a} \in R_m$.

5) Zu jedem $\bar{a} \in R_m$ ist $\overline{m-a}$ das inverse Element bezüglich $\oplus$:
   $\bar{a} \oplus \overline{m-a} = \overline{a+m-a} = \bar{m} = \bar{0}$ für alle $\bar{a} \in R_m$.

Wir haben also gezeigt:

Satz 9:   Für alle $m \in \mathbb{N}$ ist $(R_m, \oplus)$ eine kommutative Gruppe.

Memo: Ein Verknüpfungsgebilde $(G; *)$ heißt Gruppe, wenn ...

   a) mit $a, b \in G$ immer auch $a*b$ in G liegt (Abgeschlossenheit).

   b) die Verknüpfung „$*$" in G assoziativ ist.

   c) in $(G; *)$ ein neutrales Element existiert.

   d) es in $(G; *)$ zu jedem Element ein inverses Element gibt.

   -   $(G;*)$ heißt *kommutative Gruppe*, wenn zusätzlich zu den Bedingungen (a) bis (d) die Verknüpfung „$*$" in G kommutativ ist.

   -   *Halbgruppen* verfügen nur über die Eigenschaften (a) und (b).

Durch das Verknüpfungsgebilde $(R_m, \oplus)$ haben wir nun ein gut überschaubares Beispiel einer endlichen kommutativen Gruppe mit m Elementen. Schauen wir uns für den Fall m = 4 einmal die zugehörige *Gruppentafel* an.

$R_4 = \{\, \overline{0}, \overline{1}, \overline{2}, \overline{3} \,\}$

$\oplus$	$\overline{0}$	$\overline{1}$	$\overline{2}$	$\overline{3}$
$\overline{0}$	$\overline{0}$	$\overline{1}$	$\overline{2}$	$\overline{3}$
$\overline{1}$	$\overline{1}$	$\overline{2}$	$\overline{3}$	$\overline{0}$
$\overline{2}$	$\overline{2}$	$\overline{3}$	$\overline{0}$	$\overline{1}$
$\overline{3}$	$\overline{3}$	$\overline{0}$	$\overline{1}$	$\overline{2}$

An dieser „1+1-Tafel" der Restklassenaddition modulo 4 können wir die Gruppeneigenschaften von $(R_4, \oplus)$ erkennen.

Die *Kommutativität* zeigt sich in der Symmetrie der Tafel bezüglich der grau unterlegten Hauptdiagonalen:

$\oplus$	$\overline{0}$	$\overline{1}$	$\overline{2}$	$\overline{3}$
$\overline{0}$	$\overline{0}$	$\overline{1}$	$\overline{2}$	$\overline{3}$
$\overline{1}$	$\overline{1}$	$\overline{2}$	$\overline{3}$	$\overline{0}$
$\overline{2}$	$\overline{2}$	$\overline{3}$	$\overline{0}$	$\overline{1}$
$\overline{3}$	$\overline{3}$	$\overline{0}$	$\overline{1}$	$\overline{2}$

Dass $\overline{0}$ das *neutrale Element* ist, sieht man daran, dass die erste Zeile und Spalte innerhalb der Tafel mit der Randzeile bzw. -spalte übereinstimmt:

$\oplus$	$\overline{0}$	$\overline{1}$	$\overline{2}$	$\overline{3}$
$\overline{0}$	$\overline{0}$	$\overline{1}$	$\overline{2}$	$\overline{3}$
$\overline{1}$	$\overline{1}$	$\overline{2}$	$\overline{3}$	$\overline{0}$
$\overline{2}$	$\overline{2}$	$\overline{3}$	$\overline{0}$	$\overline{1}$
$\overline{3}$	$\overline{3}$	$\overline{0}$	$\overline{1}$	$\overline{2}$

Die *Existenz inverser Elemente* erkennt man daran, dass in jeder Zeile und in jeder Spalte das neutrale Element $\overline{0}$ genau einmal auftritt. So gilt $\overline{0}$ und $\overline{2}$ sind zu sich selbst invers, und $\overline{1}$ und $\overline{3}$ sind zueinander invers:

$\oplus$	$\overline{0}$	$\overline{1}$	$\overline{2}$	$\overline{3}$
$\overline{0}$	$\overline{0}$	$\overline{1}$	$\overline{2}$	$\overline{3}$
$\overline{1}$	$\overline{1}$	$\overline{2}$	$\overline{3}$	$\overline{0}$
$\overline{2}$	$\overline{2}$	$\overline{3}$	$\overline{0}$	$\overline{1}$
$\overline{3}$	$\overline{3}$	$\overline{0}$	$\overline{1}$	$\overline{2}$

Lediglich die *Assoziativität* ist nicht unmittelbar aus der Tafel ersichtlich.

Weiterhin erkennt man an der Tafel, dass in jeder Zeile und in jeder Spalte jedes Element genau einmal vorkommt. Das bedeutet, dass man für jede Gleichung der Form $\overline{a} \oplus \overline{x} = \overline{x} \oplus \overline{a} = \overline{b}$ eine eindeutige Lösung $\overline{x}$ in R_4 findet. Dies gilt natürlich nicht nur in R_4, sondern ist auf R_m verallgemeinerbar.

Satz 10: In jeder Restklassenmenge R_m ist jede Additionsgleichung der Form $\overline{a} \oplus \overline{x} = \overline{x} \oplus \overline{a} = \overline{b}$ eindeutig lösbar.

Beweis: z.z.   (1) Existenz,   (2) Eindeutigkeit der Lösung

Zu (1): Mit $\overline{x} = \overline{-a+b}$ kann man eine Lösung sofort angeben, denn

$\overline{a} \oplus \overline{x} = \overline{a} \oplus \overline{-a+b} = \overline{a-a+b} = \overline{b}$.

Zu (2): (indirekt) *Angenommen*, die Gleichung $\overline{a} \oplus \overline{x} = \overline{b}$ habe zwei verschiedene Lösungen $\overline{x_1}$ und $\overline{x_2}$, so gilt:

$\overline{a} \oplus \overline{x_1} = \overline{a} \oplus \overline{x_2} = \overline{b}$

$\Rightarrow \overline{a+x_1} = \overline{a+x_2} = \overline{b}$

$\Rightarrow \overline{a+x_1} = \overline{a+x_2}$

Addition von $\overline{-a}$ auf beiden Seiten der Gleichung liefert:

$\Rightarrow \overline{a+x_1} \oplus \overline{-a} = \overline{a+x_2} \oplus \overline{-a}$

$\Rightarrow \overline{a+x_1-a} = \overline{a+x_2-a}$ $\Rightarrow$ $\overline{x_1} = \overline{x_2}$ (Widerspruch zur Ann.)

Jede Gleichung der Form $\overline{a} \oplus \overline{x} = \overline{b}$ hat eine eindeutige Lösung.

Analog zur Restklassenaddition führen wir nun eine *Restklassenmultiplikation* ein, für die wir das Zeichen $\otimes$ verwenden. Im Fall m = 5 erhält man z.B. $\overline{2} \otimes \overline{3} = \overline{6} = \overline{1}$ oder $\overline{4} \otimes \overline{3} = \overline{12} = \overline{2}$. Wieder garantiert uns Satz 4, Abschnitt 3, die Unabhängigkeit des Restklassenproduktes von der Wahl der Repräsentanten. Da auch das Ergebnis einer Restklassenmultiplikation wieder eine Restklasse aus R_m ist, können wir wie folgt definieren:

Definition 4: Restklassenmultiplikation

Seien $\overline{a}$ und $\overline{b}$ Restklassen aus R_m. Unter der Verknüpfung $\overline{a} \otimes \overline{b}$ *(Restklassenmultiplikation)* versteht man dann die eindeutig bestimmte Restklasse $\overline{ab}$: $\overline{a} \otimes \overline{b} = \overline{ab}$.

Wir wollen im Folgenden die Eigenschaften der Restklassenmultiplikation untersuchen. Wir betrachten dazu die Multiplikationstafel der Menge aller Restklassen modulo 4, also $R_4 = \{\overline{0}, \overline{1}, \overline{2}, \overline{3}\}$:

$\otimes$	$\overline{0}$	$\overline{1}$	$\overline{2}$	$\overline{3}$
$\overline{0}$	$\overline{0}$	$\overline{0}$	$\overline{0}$	$\overline{0}$
$\overline{1}$	$\overline{0}$	$\overline{1}$	$\overline{2}$	$\overline{3}$
$\overline{2}$	$\overline{0}$	$\overline{2}$	$\overline{0}$	$\overline{2}$
$\overline{3}$	$\overline{0}$	$\overline{3}$	$\overline{2}$	$\overline{1}$

Zunächst sehen wir, dass die Restklassenmultiplikation *abgeschlossen* ist. In der Tafel tauchen nur Elemente aus R_4 auf.

Die Symmetrie bezüglich der Hauptdiagonalen zeigt uns, dass die Restklassenmultiplikation in R_4 *kommutativ* ist. Dies gilt natürlich allgemein, da die Multiplikation in $\mathbb{Z}$ kommutativ ist: $\overline{a} \otimes \overline{b} = \overline{ab} = \overline{ba} = \overline{b} \otimes \overline{a}$ für alle $\overline{a}, \overline{b} \in R_m$.

Die *Assoziativität* gilt ebenfalls, sie leitet sich aus der Assoziativität der Multiplikation ganzer Zahlen ab: $\overline{a} \otimes (\overline{b} \otimes \overline{c}) = \overline{a} \otimes \overline{bc} = \overline{a(bc)} = \overline{(ab)c} = \overline{ab} \otimes \overline{c} = (\overline{a} \otimes \overline{b}) \otimes \overline{c}$ für alle $\overline{a}, \overline{b}, \overline{c} \in R_m$.

Ein Blick auf die grau unterlegte Zeile und Spalte zeigt uns *das neutrale Element* bezüglich $\otimes$: Es ist die Restklasse $\overline{1}$.

$\otimes$	$\overline{0}$	$\overline{1}$	$\overline{2}$	$\overline{3}$
$\overline{0}$	$\overline{0}$	$\overline{0}$	$\overline{0}$	$\overline{0}$
$\overline{1}$	$\overline{0}$	$\overline{1}$	$\overline{2}$	$\overline{3}$
$\overline{2}$	$\overline{0}$	$\overline{2}$	$\overline{0}$	$\overline{2}$
$\overline{3}$	$\overline{0}$	$\overline{3}$	$\overline{2}$	$\overline{1}$

Allgemein gilt: $\overline{a} \otimes \overline{1} = \overline{a \cdot 1} = \overline{a} = \overline{1 \cdot a} = \overline{1} \otimes \overline{a} = \overline{a}$ für alle $\overline{a} \in R_m$.[6]

Die Tafel zeigt uns auch, dass es <u>nicht</u> zu jeder Restklasse aus R_4 eine inverse Restklasse gibt, denn <u>nicht</u> in jeder Zeile taucht das neutrale Element $\overline{1}$ auf. $\overline{1}$ und $\overline{3}$ sind jeweils zu sich selbst invers, aber zu $\overline{2}$ gibt es kein $\overline{x}$ mit $\overline{2} \otimes \overline{x} = \overline{1}$, und zu der Restklasse $\overline{0}$ gibt es ebenfalls kein inverses Element.

Letzteres gilt in jeder Menge R_m mit $m > 1$, denn $\overline{0} \otimes \overline{a} = \overline{0} \neq \overline{1}$ für alle $\overline{a} \in R_m$, $m > 1$. Also ist $(R_m, \otimes)$ keine Gruppe. Auch die Menge $R_m \backslash \{ \overline{0} \}$ bildet für viele m keine Gruppe unter der Verknüpfung $\otimes$, wie unser Beispiel $m = 4$ zeigt, denn auch $\overline{2}$ besitzt in R_m kein Inverses.

Zwischen der Addition und der Multiplikation ganzer Zahlen besteht ein Zusammenhang, den das Distributivgesetz beschreibt:

$a(b+c) = ab + ac$ für alle $a, b, c \in \mathbb{Z}$.

Ein analoges Gesetz gilt auch in R_m:

Für alle $\overline{a}, \overline{b}, \overline{c} \in R_m$ gilt:

$$\overline{a} \otimes (\overline{b} \oplus \overline{c}) = \overline{a} \otimes \overline{b+c} = \overline{a(b+c)} = \overline{ab+ac} = \overline{ab} \oplus \overline{ac}$$

$$= \overline{a} \otimes \overline{b} \oplus \overline{a} \otimes \overline{c} .$$

---

[6] Man sagt: $(R_m, \otimes)$ ist kommutative Halbgruppe mit neutralem Element.

Wir haben damit gezeigt, dass $(R_m, \oplus, \otimes)$ ein kommutativer Ring mit Einselement ist [7].

Bei der Suche nach inversen Elementen hatten wir schon festgestellt, dass eine Gleichung der Form $\bar{a} \otimes \bar{x} = \bar{b}$ nicht immer eine Lösung besitzt, etwa im Fall $\bar{a} = \bar{2}$ und $\bar{b} = \bar{1}$. Aber auch wenn $\bar{b}$ nicht das neutrale Element ist, ist eine solche Gleichung unter Umständen unlösbar. So findet sich in R_4 auch kein $\bar{x}$ mit $\bar{2} \otimes \bar{x} = \bar{3}$. Wenn Gleichungen dieser Art lösbar sind, dann ist die Lösung obendrein nicht immer eindeutig. So gibt es in R_4 gleich zwei Lösungen der Gleichung $\bar{2} \otimes \bar{x} = \bar{2}$, die Restklassen $\bar{1}$ und $\bar{3}$.

Eine weitere Besonderheit, die wir von der Menge der ganzen Zahlen nicht gewohnt sind, betrifft Gleichungen der Form $\bar{a} \otimes \bar{b} = \bar{0}$. Während in $\mathbb{Z}$ stets gilt $ab = 0 \Rightarrow a = 0$ oder $b = 0$, gilt dies bei den Restklassen nicht. So ist im obigen Beispiel $\bar{2} \otimes \bar{2} = \bar{0}$ und in R_6 gilt z.B. $\bar{3} \otimes \bar{4} = \overline{12} = \bar{0}$. Den Fall, dass es Restklassen $\bar{a}$ und $\bar{b} \in R_m$ gibt mit $\bar{a} \otimes \bar{b} = \bar{0}$, obwohl $\bar{a} \neq \bar{0}$ und $\bar{b} \neq \bar{0}$ ist, trifft man genau dann an, wenn m eine zusammengesetzte Zahl ist.

Der Beweis sei Ihnen zur Übung überlassen.

---

[7] **Memo: Ring**

Ein Ring ist eine Menge mit mindestens zwei Elementen, in der eine primäre Verknüpfung (etwa „$\oplus$") und eine sekundäre Verknüpfung (etwa „$\otimes$") definiert sind und für die gilt:

Die Menge ist hinsichtlich der primären Verknüpfung eine kommutative Gruppe (abelsche Gruppe) und bezüglich der sekundären Verknüpfung „$\otimes$" assoziativ. Außerdem gilt das Distributivgesetz.

Der Ring heißt kommutativ, wenn die Verknüpfung „$\otimes$" kommutativ ist.

Der Ring besitzt ein Einselement, wenn es für die Verknüpfung „$\otimes$" ein neutrales Element gibt.

(In kommutativen Ringen kann man „uneingeschränkt addieren/multiplizieren". Beispiel: $(\mathbb{Z}, +, \cdot)$).

Übung: 1) Stellen Sie die Verknüpfungstafeln für die Restklassenaddi-
              tion und -multiplikation auf für R_6.

           2) Bestimmen Sie zu den Elementen aus R_7 jeweils die inversen
              Elemente bezüglich der Restklassenaddition.

           3) Finden Sie alle Elemente in R_{12}, die von der Restklasse $\overline{0}$
              verschieden sind, für die aber gilt: $\overline{a} \otimes \overline{b} = \overline{0}$.

           4) Welche Gruppeneigenschaften gelten in $(R_5, \otimes)$, welche in
              $(R_5 \backslash \{\overline{0}\}, \otimes)$?

8.6   Anwendungen der Kongruenz- und Restklassenrechnung

Teilbarkeitsüberlegungen

Kongruenzen und Restklassen erlauben es nicht nur, viele Sätze und Beweise
übersichtlich und ökonomisch zu formulieren, sondern auch zahlreiche Aufgaben zur Teilbarkeit eleganter zu lösen als über den Rückgriff auf die Teilbarkeitsrelation. Dies möchten wir Ihnen anhand einiger Beispielaufgaben
demonstrieren.

Beispiel 1:   Zeigen Sie, dass $7^{50} + 1$ durch 50 teilbar ist.

Wir suchen eine möglichst kleine Potenz von 7, die bei Division durch 50
einen für die weiteren Überlegungen gut überschaubaren Rest lässt.

Es gilt: $7^2 \equiv -1 \bmod 50$, denn $50 \mid 7^2 + 1$ /Satz 1
$\Rightarrow \quad (7^2)^{25} \equiv (-1)^{25} \bmod 50$ /Satz 5
$\Rightarrow \quad 7^{50} \equiv -1 \bmod 50$ $/(-1)^{25} = (-1)$
$\Rightarrow 7^{50} + 1 \equiv -1 + 1 \bmod 50$ /Satz 4a
$\Rightarrow 7^{50} + 1 \equiv 0 \bmod 50$

Beispiel 2:   Auf welche beiden Ziffern endet 101^{101}?
                    (D.h.: Welchen Rest lässt 101^{101} bei der Division durch 100?)

$$101 \quad\equiv 1 \bmod 100$$
$$\Rightarrow \quad 101^{101} \equiv 1^{101} \bmod 100 \qquad\qquad \text{/Satz 5}$$
$$\Rightarrow \quad 101^{101} \equiv 1 \bmod 100 \qquad\qquad\qquad /1^{101} = 1$$

Die Zahl 101^{101} endet also auf ... 01.

Beispiel 3:   Die sechste Fermatsche Zahl F_5 ist keine Primzahl, sondern
                    durch 641 teilbar[7]. Zeigen Sie dies, ohne $F_5 = 2^{32} + 1$ zu
                    berechnen.

z.z.: $F_5 = 2^{32} + 1$ ist durch 641 teilbar, m.a.W.: $2^{32} + 1 \equiv 0 \bmod 641$

Zunächst stellen wir fest, dass $641 = 5 \cdot 128 + 1 = 5 \cdot 2^7 + 1$.

Es gilt also:

$$5 \cdot 2^7 + 1 \quad\equiv 0 \bmod 641$$
$$\Rightarrow \quad 5 \cdot 2^7 \quad\equiv -1 \bmod 641 \qquad\qquad \text{/Satz 4a}$$
$$\Rightarrow \quad (5 \cdot 2^7)^4 \equiv (-1)^4 \bmod 641 \qquad\qquad \text{/Satz 5}$$
$$\Rightarrow \quad 5^4 \cdot 2^{28} \equiv 1 \bmod 641 \qquad (*) \qquad /(-1)^4 = 1$$

Wir untersuchen nun, welchen Rest 5^4 bei Division durch 641 lässt.

$$5^4 = 625, \text{ also: } 5^4 \equiv -16 \bmod 641$$
$$\Rightarrow \quad 5^4 \equiv -2^4 \bmod 641$$
$$\Rightarrow -2^4 \equiv 5^4 \bmod 641 \qquad\qquad\qquad \text{/Symm. der „$\equiv$"-Rel.}$$
$$\Rightarrow -2^4 \cdot 2^{28} \equiv 5^4 \cdot 2^{28} \bmod 641 \land 5^4 \cdot 2^{28} \equiv 1 \bmod 641 \qquad \text{/Satz 4a und (*)}$$
$$\Rightarrow -2^4 \cdot 2^{28} \equiv 1 \bmod 641 \qquad\qquad\qquad \text{/Trans. der „$\equiv$"-Rel.}$$
$$\Rightarrow \quad -2^{32} \equiv 1 \bmod 641$$
$$\Rightarrow \quad 2^{32} \equiv -1 \bmod 641 \qquad\qquad\qquad \text{/Satz 4a}$$
$$\Rightarrow \quad 2^{32} + 1 \equiv 0 \bmod 641 \qquad\qquad\qquad \text{/Satz 4a}$$

Also ist $F_5 = 2^{32} + 1$ durch 641 teilbar.

---

[7] In Kapitel 6, Abschnitt 3, hatten wir bereits festgestellt:
    $F_5 = 2^{32} + 1 = 4294967297 = 641 \cdot 6700417$

Beispiel 4:   Zeigen Sie, dass für alle $n \in \mathbb{N}_0$ gilt: $3 \mid 2n + n^3$.

Teilt man eine natürliche Zahl durch 3, so können drei Fälle auftreten: Entweder ist n durch 3 teilbar oder n lässt bei Division durch 3 den Rest 1 oder es ergibt sich ein Rest von 2. Wir untersuchen die drei Fälle separat und wenden die Sätze (4), (4a) und (5) geeignet an.

1. Fall:

    $n \equiv 0 \bmod 3 \Rightarrow 2n \equiv 0 \bmod 3$ und $n^3 \equiv 0 \bmod 3 \Rightarrow 2n + n^3 \equiv 0 \bmod 3$

2. Fall:

    $n \equiv 1 \bmod 3 \Rightarrow 2n \equiv 2 \bmod 3$ und $n^3 \equiv 1 \bmod 3$

    $\Rightarrow 2n + n^3 \equiv 2+1 \bmod 3 \equiv 0 \bmod 3$

3. Fall:

    $n \equiv 2 \bmod 3 \Rightarrow 2n \equiv 4 \bmod 3$, also $2n \equiv 1 \bmod 3$ und $n^3 \equiv 2^3 \bmod 3$, also $n^3 \equiv 2 \bmod 3$

    $\Rightarrow 2n + n^3 \equiv 1 + 2 \bmod 3 \equiv 0 \bmod 3$

Lösen linearer diophantischer Gleichungen

Wir stellen Ihnen neben dem in Kapitel 7 beschrittenen Lösungsweg zum Lösen diophantischer Gleichungen nun einen zweiten Lösungsweg vor, der ohne die u.U. langwierige und fehleranfällige Bestimmung einer speziellen Lösung per euklidischem Algorithmus auskommt und auf dem Rechnen mit Restklassen beruht. Dieses Verfahren arbeitet aber nur korrekt, wenn die diophantische Gleichung zunächst durch den ggT(a,b) gekürzt wird. Wir kommen später darauf, warum dies so ist.

Wir bearbeiten noch einmal die Ihnen aus Kapitel 7 bekannte Aufgabe mit dem Bauern, der Hühner und Enten kauft. Sie führte auf die diophantische Gleichung $4x + 5y = 62$. Wir formen diese um zu

$$4x = 62 - 5y$$
$$\Rightarrow 4 \mid 62 - 5y \qquad\qquad\qquad \text{/Def. } „\mid“$$
$$\Rightarrow 62 \equiv 5y \bmod 4 \qquad /a \equiv b \bmod m \Leftrightarrow m \mid a - b \text{ (Satz 1)}$$
$$\Rightarrow \overline{62} = \overline{5y} \qquad\qquad /a \equiv b \bmod m \Leftrightarrow \overline{a} = \overline{b} \text{ (Satz 7)}$$
$$\Rightarrow \overline{2} = \overline{y} \qquad\qquad /\text{da } 62 \equiv 2 \bmod 4 \wedge 5y \equiv 1y \bmod 4$$

Die Restklasse $\overline{y} = \overline{2}$ modulo 4 besteht aus den Zahlen $y = 2 + 4k$, $k \in \mathbb{Z}$.

Wir setzen diesen Ausdruck in der diophantischen Gleichung für y ein und erhalten:

$$4x + 5y = 62$$
$$\Rightarrow \quad 4x + 5(2 + 4k) = 62$$
$$\Rightarrow \quad 4x + 10 + 20k = 62$$
$$\Rightarrow \quad 4x = 52 - 20k$$
$$\Rightarrow \quad x = 13 - 5k$$

Die Lösungsmenge der linearen diophantischen Gleichung ist demnach
$\mathbb{L} = \{(13 - 5k, 2 + 4k), k \in \mathbb{Z}\}$.

Dieses Verfahren zum Lösen diophantischer Gleichungen stellt nur dann eine Erleichterung dar, wenn man beim Übergang zu einer Restklassengleichung das Modul geschickt wählt. Um dies zu verdeutlichen lösen wir eine weitere diophantische Gleichung: $13x + 101y = 20$

Wir können diese Gleichung auf zwei verschiedene Weisen umformen:

1. Möglichkeit:

$$13x + 101y = 20$$
$$\Rightarrow 13x = 20 - 101y$$
$$\Rightarrow 13 \mid 20 - 101y$$
$$\Rightarrow \overline{20} = \overline{101}y \pmod{13}$$
$$\Rightarrow \overline{7} = \overline{10} \otimes \overline{y} \pmod{13}$$

2. Möglichkeit:

$$13x + 101y = 20$$
$$\Rightarrow 101y = 20 - 13x$$
$$\Rightarrow 101 \mid 20 - 13x$$
$$\Rightarrow \overline{20} = \overline{13}x \pmod{101}$$
$$\Rightarrow \overline{20} = \overline{13} \otimes \overline{x} \pmod{101}$$

Bei der ersten Möglichkeit finden wir durch Einsetzen der Restklassen $\overline{0}$, $\overline{1}$, $\overline{2}$ sehr schnell als Lösung der Restklassengleichung $\overline{y} = \overline{2}$. Bei der zweiten Möglichkeit führt die Suche nach einer Lösung $\overline{x}$ erst bei $\overline{87}$ zum Ziel!

Abschließend soll noch untersucht werden, warum man eine diophantische Gleichung zunächst durch den ggT(a,b) kürzen muss, bevor man sie nach dem eben beschriebenen Verfahren lösen kann. Wir nehmen als Beispiel die Ihnen aus Kapitel 7 bekannte Aufgabe, wie man die Strecke der Länge 24 cm mit Hölzern der Längen 15 cm und 18 cm messen kann. Diese Aufgabe führte auf die diophantische Gleichung $15x + 18y = 24$. Man kann diese Gleichung durch $3 = $ ggT(15,18) kürzen und erhält die Gleichung $5x + 6y = 8$, die dieselbe Lösungsmenge besitzt wie die ursprüngliche Gleichung. Was passiert, wenn man ohne zu kürzen nach dem Verfahren über Restklassengleichungen diese Aufgabe löst?

$15x + 18y = 24 \Rightarrow 15x = 24 - 18y \Rightarrow 15 \mid 24 - 18y \Rightarrow \overline{24} = \overline{18y}$

$\Rightarrow \overline{9} = \overline{3y} \Rightarrow \overline{9} = \overline{3} \otimes \overline{y}$.

Man sieht sofort, dass $\overline{3}$ eine Lösung dieser Restklassengleichung modulo 15 ist. Sie ist aber nicht die einzige Lösung, denn in R_{15} gilt auch

$\overline{3} \otimes \overline{8} = \overline{24} = \overline{9}$ und $\overline{3} \otimes \overline{13} = \overline{39} = \overline{9}$.

Eine eindeutige Lösung einer Restklassengleichung wie der obigen erhalten wir nur, wenn die Repräsentanten teilerfremd sind, was man erst durch das Kürzen durch den ggT erreicht. Mit der gekürzten Gleichung arbeitet unser Verfahren einwandfrei:

$5x + 6y = 8 \Rightarrow 5x = 8 - 6y \Rightarrow \overline{8} = \overline{6y} \Rightarrow \overline{3} = \overline{y}$

Die Elemente der Restklasse $\overline{3}$ (mod 5) sind die Zahlen $y = 3 + 5k$, $k \in \mathbb{Z}$. Einsetzen liefert $x = -2 - 6k$, $k \in \mathbb{Z}$, also $\mathbb{L} = \{(-2 - 6k, 3 + 5k), k \in \mathbb{Z}\}$.

Teilbarkeitsregeln

In Abschnitt 1 dieses Kapitels haben wir anschaulich die Teilbarkeitsregeln für 3 und für 9 hergeleitet. Wir wollen nun diese und weitere Teilbarkeitsregeln mit Hilfe der Kongruenzrelation herleiten und beweisen.

Alle Teilbarkeitsregeln für natürliche Zahlen basieren zum einen auf der Darstellung im dezimalen Stellenwertsystem[8] (jedes $a \in \mathbb{N}$ lässt sich eindeutig darstellen als $a = z_n \cdot 10^n + z_{n-1} \cdot 10^{n-1} + \ldots + z_2 \cdot 10^2 + z_1 \cdot 10^1 + z_0 \cdot 10^0$ mit $z_i \in \mathbb{N}_0$ und $0 \le z_i \le 9$ für alle i) und der systematischen Verkleinerung der Zahlen (statt die Zahl a darauf zu untersuchen, welchen Rest sie bei Division durch m lässt, spaltet man von a Vielfache von m ab und untersucht eine kleinere Zahl b, für die gilt $b \equiv a \bmod m$).

Eine Methode der systematischen Verkleinerung ist der Übergang zu Quersummen.

Wir definieren:

---

[8]   Allgemeines zu Stellenwertsystemen findet man in Kapitel 10.

Definition 5: Quersumme, alternierende Quersumme

Es sei $a = z_n \cdot 10^n + z_{n-1} \cdot 10^{n-1} + ... + z_2 \cdot 10^2 + z_1 \cdot 10^1 + z_0 \cdot 10^0 =$

$\displaystyle\sum_{i=0}^{n} z_i \cdot 10^i$ mit $z_i \in \mathbb{N}_0$, $0 \leq z_i \leq 9$ für alle i. Dann heißt

$Q(a) = z_0 + z_1 + z_2 + ... + z_{n-1} + z_n = \displaystyle\sum_{i=0}^{n} z_i$ die *Quersumme*

und $Q'(a) = z_0 - z_1 + z_2 - z_3 + z_4 - ... z_n = \displaystyle\sum_{i=0}^{n} (-1)^i \cdot z_i$ die

alternierende Quersumme von a.

Beispiele: $a = 39 \Rightarrow Q(a) = 9 + 3 = 12$, $Q'(a) = 9 - 3 = 6$

$a = 715 \Rightarrow Q(a) = 5 + 1 + 7 = 13$, $Q'(a) = 5 - 1 + 7 = 11$

$a = 1401 \Rightarrow Q(a) = 1 + 0 + 4 + 1 = 6$, $Q'(a) = 1 - 0 + 4 - 1 = 4$

Bevor wir die Ihnen aus der Schule bekannten Teilbarkeitsregeln für 3, 9 und 11 formulieren, überlegen wir, welche Reste die in der Dezimaldarstellung auftretenden Zehnerpotenzen bei Division durch 3, 9 und 11 lassen. Nur bei Kenntnis dieser Reste können wir die Auswirkungen des Übergangs zur Quersumme oder zur alternierenden Quersumme hinsichtlich der Teilbarkeit beurteilen.

Satz 11: Für alle $n \in \mathbb{N}_0$ gilt:

1) $10^n \equiv 1 \bmod 3$

2) $10^n \equiv 1 \bmod 9$

3) $10^{2n} \equiv 1 \bmod 11$

4) $10^{2n+1} \equiv -1 \bmod 11$

Beweis:

1) $ 10 \equiv 1 \bmod 3$ $\qquad\qquad /10 = 3 \cdot 3 + 1 \wedge 1 = 0 \cdot 3 + 1$

$\Rightarrow 10^n \equiv 1^n \bmod 3$ $\qquad\qquad\qquad\qquad$ /Satz 5

$\Rightarrow 10^n \equiv 1 \bmod 3$ $\qquad\qquad\qquad\qquad\quad$ $/1^n = 1$

2) $ 10 \equiv 1 \bmod 9$ $\qquad\qquad /10 = 1 \cdot 9 + 1 \wedge 1 = 0 \cdot 9 + 1$

$\Rightarrow 10^n \equiv 1^n \bmod 9$ $\qquad\qquad\qquad\qquad$ /Satz 5

$\Rightarrow 10^n \equiv 1 \bmod 9$ $\qquad\qquad\qquad\qquad\quad$ $/1^n = 1$

3) $10 \equiv -1 \quad \mod 11$ $/10 = 0 \cdot 11 + 10 \;\wedge\; (-1) = (-1) \cdot 11 + 10$
     $\Rightarrow \quad 10^{2n} \equiv (-1)^{2n} \mod 11$ /Satz 5
     $\Rightarrow \quad 10^{2n} \equiv \quad 1 \quad \mod 11$ /gerader Exponent

4) $10 \quad \equiv -1 \quad \mod 11$ $/10 = 0 \cdot 11 + 10 \;\wedge\; (-1) = (-1) \cdot 11 + 10$
     $\Rightarrow \quad 10^{2n+1} \equiv (-1)^{2n+1} \mod 11$ /Satz 5
     $\Rightarrow \quad 10^{2n+1} \equiv -1 \quad \mod 11$ /ungerader Exponent

Nach diesen Vorüberlegungen formulieren wir nun die Teilbarkeitsregeln.

Satz 12:   Quersummenregel, alternierende Quersummenregel

Jede natürliche Zahl a hat denselben Dreier- und Neunerrest wie ihre Quersumme,

also $a \equiv Q(a) \mod 3$ und $a \equiv Q(a) \mod 9$.

Jede natürliche Zahl a hat denselben Elferrest wie ihre alternierende Quersumme, also $a \equiv Q'(a) \mod 11$.

Beweis:

Wir zeigen als erstes $a \equiv Q(a) \mod 3$. Sei $a = \sum_{i=0}^{n} z_i \cdot 10^i$. Dann gilt:

$z_0 \equiv z_0 \mod 3$,   /Satz 11.1 und Satz 4.2
$z_1 \cdot 10^1 \equiv z_1 \mod 3$ /Satz 11.1 und Satz 4.2
$z_2 \cdot 10^2 \equiv z_2 \mod 3$ /Satz 11.1 und Satz 4.2
...
$z_n \cdot 10^n \equiv z_n \mod 3$ /Satz 11.1 und Satz 4.2

Mit Satz 4.1 dieses Kapitels folgt:
$z_0 + z_1 \cdot 10^1 + z_2 \cdot 10^2 + ... + z_n \cdot 10^n \equiv z_0 + z_1 + z_2 + ... + z_n \mod 3$,
also $a \equiv Q(a) \mod 3$.

Der Beweis von $a \equiv Q(a) \mod 9$ verläuft völlig analog.

Wir zeigen nun noch, dass $a \equiv Q'(a) \mod 11$ gilt. Nach Satz 11.3, 11.4 gilt:

$z_0 \equiv z_0 \mod 11$ $z_1 \cdot 10^1 \equiv -z_1 \mod 11$
$z_2 \cdot 10^2 \equiv z_2 \mod 11$ $z_3 \cdot 10^3 \equiv -z_3 \mod 11$
$z_4 \cdot 10^4 \equiv z_4 \mod 11$ usw.

Mit Satz 4.1 folgt wieder:
$z_0 + z_1 \cdot 10^1 + z_2 \cdot 10^2 + z_3 \cdot 10^3 + z_4 \cdot 10^4 + ... \equiv z_0 - z_1 + z_2 - z_3 + z_4 - ... \mod 11$
also $a \equiv Q'(a) \mod 11$.

Beispiele: Wir haben nach Definition 5 schon für einige Zahlen die Quersumme und die alternierende Quersumme berechnet. Aus $Q(39) = 12$ und $Q'(39) = 6$ können wir mit Satz 12 folgern, dass 39 durch 3 teilbar ist, aber nicht durch 9 und 11. Wir können noch genauer angeben, dass 39 bei Division durch 9 den Rest 3 und bei Division durch 11 den Rest 6 lässt. 715 ist weder durch 3 noch durch 9 teilbar, da die Quersumme 13 ist (die Reste sind 1 bzw. 4). Da $Q'(715) = 11$, ist 715 aber durch 11 teilbar. 1401 ist durch 3 teilbar, lässt bei Division durch 9 den Rest 6 und bei Division durch 11 den Rest 4, denn $Q(1401) = 6$ und $Q'(1401) = 4$.

Bei sehr großen Zahlen wird die Quersumme ebenfalls recht groß und man kann ihr die Teilbarkeit durch 3 oder 9 eventuell nicht sofort ansehen. In diesem Fall kann man auf die Quersumme nochmals Satz 12 anwenden und die Quersumme der Quersumme berechnen. Schließlich ist eine Quersumme dann durch 3 bzw. 9 teilbar, wenn ihre Quersumme wiederum durch 3 bzw. 9 teilbar ist. So ist z.B. die Quersumme von $a = 989898989898$ gleich 102 und $Q(Q(a)) = Q(102) = 3$. a ist also durch 3, nicht aber durch 9 teilbar.

Eine andere Teilbarkeitsregel ist Ihnen ebenfalls geläufig. Subtrahiert man von einer natürlichen Zahl alle Zehner, Hunderter, Tausender usw., betrachtet also nur die letzte Stelle a_0 in der Dezimaldarstellung, so hat man von a auf jeden Fall Vielfache von 10 und damit von 2 und von 5 subtrahiert und damit die Zehner-, Zweier- und Fünferreste nicht angetastet. Es gilt

Satz 13:   Erste Endstellenregel

Jede natürliche Zahl a hat denselben Zweier-, Fünfer- und Zehnerrest wie ihre letzte Ziffer in der Dezimaldarstellung, also $a \equiv z_0 \bmod 2$, $a \equiv z_0 \bmod 5$ und $a \equiv z_0 \bmod 10$.

Beweis: Wir zeigen hier lediglich die Aussage über die Zweierreste. Die Beweise für die Fünfer- und Zehnerreste laufen völlig analog.

Sei $a = z_0 \cdot 10^0 + z_1 \cdot 10^1 + ... + z_n \cdot 10^n = \sum_{i=0}^{n} z_i \cdot 10^i$ mit $z_i \in \mathbb{N}_0$, $0 \leq z_i \leq 9$ für alle i.

Es gilt $10 \equiv 0 \bmod 2$, $/10 = 5 \cdot 2 + 0 \wedge 0 = 0 \cdot 2 + 0$

$\Rightarrow \quad 10^n \equiv 0 \bmod 2$ (für alle $n \in \mathbb{N}$)   /Satz 5

$\Rightarrow \quad m \cdot 10^n \equiv m \cdot 0 \bmod 2$ (für alle $n \in \mathbb{N}$, $m \in \mathbb{Z}$)   /Satz 4.2

Folglich gilt:

$$z_0 \equiv z_0 \bmod 2$$
$$\wedge \quad z_1 \cdot 10^1 \equiv 0 \bmod 2$$
$$\wedge \quad z_2 \cdot 10^2 \equiv 0 \bmod 2$$
$$\ldots$$
$$\wedge \quad z_n \cdot 10^n \equiv 0 \bmod 2$$

$$\Rightarrow z_0 + z_1 \cdot 10^1 + z_2 \cdot 10^2 + \ldots + z_n \cdot 10^n \equiv z_0 + 0 + \ldots + 0 \bmod 2$$
$$\Rightarrow a \equiv z_0 \bmod 2.$$

Entsprechend unserer obigen Überlegungen kann man sich leicht klarmachen, dass das Reduzieren einer natürlichen Zahl um alle Hunderter, Tausender, Zehntausender usw., also um Vielfache von 100, an den Hunderterresten und damit an den Resten bei Division durch 4, 20, 25 und 50 nichts verändert.

Wir können also als Satz 14 noch weitere Teilbarkeitsregeln formulieren, die die beiden letzten Stellen einer natürlichen Zahl betreffen. Die einfachen Beweise seien Ihnen zur Übung überlassen.

Satz 14:   Zweite Endstellenregel

Jede natürliche Zahl a hat denselben Vierer-, Zwanziger-, Fünfundzwanziger-, Fünfziger- und Hunderterrest wie die Zahl aus ihren beiden letzten Ziffern in der Dezimaldarstellung, also

$$a \equiv z_1 \cdot 10^1 + z_0 \bmod \quad 4 \,,$$
$$a \equiv z_1 \cdot 10^1 + z_0 \bmod \quad 20 \,,$$
$$a \equiv z_1 \cdot 10^1 + z_0 \bmod \quad 25 \,,$$
$$a \equiv z_1 \cdot 10^1 + z_0 \bmod \quad 50 \,,$$
$$a \equiv z_1 \cdot 10^1 + z_0 \bmod 100 \,.$$

Im gleichen Stil könnte man auch noch Teilbarkeitsregeln z.B. für 8 aufstellen, die dann die drei letzten Stellen im Zahlwort in den Blick nehmen (Subtraktion von Vielfachen von 1000, die alle durch 8 teilbar sind, weil 1000 durch 8 teilbar ist). Da solche Regeln aber von immer geringerer praktischer Relevanz sind, verzichten wir darauf.

Rechenproben

Wenn eine Rechnung wie a · b = c richtig durchgeführt worden ist, dann gilt a · b ≡ c mod m für jedes Modul m. Stellt man fest, dass a · b ≢ c mod m für irgendein Modul m, so liegt mit Sicherheit ein Rechenfehler vor. Man hat also die Möglichkeit, die Richtigkeit von Rechnungen zu überprüfen, indem man Aufgabe und Ergebnis daraufhin untersucht, ob sie bei Division durch ein m denselben Rest lassen.

Wir wollen prüfen, ob die Multiplikationsaufgabe 234 · 567 = 132778 richtig gelöst wurde.

Da 234 ≡ 4 mod 10 und 567 ≡ 7 mod 10,
gilt 234 · 567 ≡ 28 mod 10 ≡ 8 mod 10

ebenso wie das zu überprüfende Ergebnis. Wenn man zwei Zahlen in der Dezimaldarstellung miteinander multipliziert, von denen eine auf 4 und die andere auf 7 endet, dann muss das Ergebnis auf 8 enden. Wir wissen aber, dass sich in die Rechnung trotzdem noch Fehler eingeschlichen haben können, die wir auf diese Weise nicht entdecken. Wir machen noch eine weitere Rechenprobe, diesmal mit dem Modul 3, und wenden dabei die Teilbarkeitsregel für 3 an (Satz 12):

234 ≡ Q(234) mod 3 ≡ 9 mod 3 ≡ 0 mod 3   und
567 ≡ Q(567) mod 3 ≡ 18 mod 3 ≡ 0 mod 3.

Da beide Faktoren durch 3 teilbar sind, muss auch ihr Produkt durch 3 teilbar sein. Es gilt aber Q(132778) = 28 ≡ 1 mod 3. Unsere Aufgabe ist also nicht richtig gelöst. Richtig wäre 234 · 567 = 132678.

Das Ergebnis war also um 100 zu groß. Da 100 ein Vielfaches des ersten Moduls 10 ist, ist bei der ersten Probe der Fehler unentdeckt geblieben. Allgemein werden alle Fehler, bei denen das Ergebnis um ein Vielfaches des zur Probe herangezogenen Moduls vom richtigen Ergebnis abweicht, auf diese Weise nicht entdeckt. Man wird daher zur Probe ein möglichst großes Modul wählen. Andererseits erschwert ein zu großes Modul die Überprüfung der Richtigkeit einer Kongruenz. Module wie 10 oder 100 bilden da zwar eine Ausnahme, sie „übersehen" aber die häufig auftretenden Übertragsfehler bei den schriftlichen Rechenverfahren und sind deshalb wenig geeignet. Sehr brauchbar sind dagegen die Module 9 und 11, da wir für die Berechnungen die Quersummen bzw. die alternierenden Quersummen heranziehen können.

Wir formulieren die *Neunerprobe*[9] und die *Elferprobe* für die Addition, Subtraktion und Multiplikation. Für die Überprüfung einer Divisionsaufgabe wendet man diese Probe auf die zugehörige Multiplikationsaufgabe an.

Satz 15:   Neunerprobe, Elferprobe

Für alle a, b ∈ ℕ gilt:

$$Q(a + b) \equiv Q(a) + Q(b) \bmod 9$$
$$Q(a - b) \equiv Q(a) - Q(b) \bmod 9$$
$$Q(a \cdot b) \equiv Q(a) \cdot Q(b) \bmod 9$$
$$Q'(a + b) \equiv Q'(a) + Q'(b) \bmod 11$$
$$Q'(a - b) \equiv Q'(a) - Q'(b) \bmod 11$$
$$Q'(a \cdot b) \equiv Q'(a) \cdot Q'(b) \bmod 11$$

Beweis: (Neunerprobe für die Addition)

Nach Satz 12 gilt:

	$a \equiv Q(a) \bmod 9 \wedge b \equiv Q(b) \bmod 9$	/Satz 12
$\Rightarrow$	$a + b \equiv Q(a) + Q(b) \bmod 9$	/Satz 4.1
$\wedge$	$a + b \equiv Q(a + b) \bmod 9$	/Satz 12
$\Rightarrow$	$Q(a + b) \equiv a + b \bmod 9$	/Symm. von „≡", KG „$\wedge$"
$\wedge$	$a + b \equiv Q(a) + Q(b) \bmod 9$	
$\Rightarrow$	$Q(a + b) \equiv Q(a) + Q(b) \bmod 9$	/Trans. von „≡"

Völlig analog zeigt man die Richtigkeit der obigen Aussagen für die Subtraktion und Multiplikation sowie für das Modul 11.

Üblicherweise werden die Zwischenergebnisse für die Rechenproben in die folgenden Schemata eingetragen. Für die Elferprobe denken Sie sich Q durch Q' ersetzt.

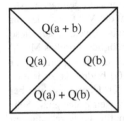
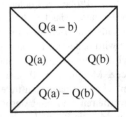
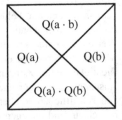

---

[9]   Die Neunerprobe war schon Adam Ries bekannt (siehe auch S. 168).

Ein Rechenergebnis ist mit Sicherheit falsch, wenn die in den beiden Dreiecken übereinander stehenden Zahlen nicht zueinander kongruent modulo 9 bzw. modulo 11 sind, im anderen Fall sind sie wahrscheinlich, aber nicht sicher richtig.

Beispiele:

1. Ist die Aufgabe 2134 + 5995 = 9229 richtig gelöst?
Wir führen die Elferprobe durch:

Die Aufgabe ist möglicherweise richtig gelöst.

Wir führen zur Sicherheit auch noch die Neunerprobe durch:

Es gilt 22 ≢ 38 mod 9, also ist die Aufgabe mit Sicherheit falsch gelöst.

2. Ist die Aufgabe 46391 − 25216 = 21175 richtig gelöst?
Weder die Neunerprobe noch die Elferprobe deuten auf einen Fehler hin:

Neunerprobe   Elferprobe

3. Wir überprüfen die Richtigkeit der Rechnung 52298 : 426 = 123, indem wir die entsprechende Multiplikationsaufgabe 426 · 123 = 52298 prüfen. Die Neunerprobe zeigt uns, dass die Divisionsaufgabe mit Sicherheit falsch gelöst wurde, denn es gilt 26 ≢ 72 mod 9.

Übung: 1) Zeigen Sie: $6 \mid n^3 - n$ für alle $n \in \mathbb{N}$.

            2) Bestimmen Sie den 9er-Rest und den 13er-Rest von 2^{1000}.

            3) Lösen Sie die folgende diophantische Gleichung nach der
                Restklassenmethode: $7x + 4y = 20$

            4) Überprüfen Sie mit Hilfe der Neuner- oder Elferprobe die
                folgenden Aufgaben:

                a) $23456 \cdot 325 = 7613200$ b) $1225830 : 418 = 2935$

Teil eines Holzschnittes auf dem Rechenbuch „Rechenung nach
der lenge / auff den Linihen vnd Feder" von Adam Ries 1550

9 Geheime Botschaften

9.1 Worum es in diesem Kapitel gehen wird

Haben Sie, vielleicht als Kind, mit unsichtbarer Tinte, Geheimschriften oder Verschlüsselungen experimentiert? Statt A schrieben Sie ein D, statt B ein E, statt C ein F usw. ohodeher wahas ahandeherehes? Dann haben Sie in Ihrem Leben bereits als „Steganograph" bzw. als „Kryptograph" gewirkt! Hat vielleicht Ihre Mathematiklehrerin die Nachrichten entdeckt oder entschlüsselt? Dann hat sie als „Steganalystin" bzw. als „Kryptoanalystin" gewirkt! Diese merkwürdigen Begriffe kreisen um den inhaltlichen Kern des folgenden Abschnitts: Wir werden uns sowohl damit beschäftigen, wie Botschaften möglichst geheim gehalten werden können, als auch damit, wie man sie trotz dieser Geheimhaltung sicht- bzw. lesbar machen kann.

Die Thematik berührt ein weites Feld von sehr hoher aktueller Relevanz: Haben Sie sich schon mal Gedanken darüber gemacht, wie sicher eigentlich Online-Banking unterhalb (!) der Oberflächen des praktischen Umgangs ist, den wir ja inzwischen alle „perfekt" beherrschen? Wie sicher ist es, wenn Sie mit ihrem Smartphone oder Tablet via Bluetooth Daten austauschen? Wenn Sie sich damit ins eigene WLAN-Netzwerk einloggen? Wenn Sie Passwörter für Mailaccounts oder Shoppingportale um den Erdball schicken? Was bedeutet es für Ihre eigenen Daten, wenn Ihr Standardportal für schnelle Bezahlung im weltweiten Netz gehackt wurde? Sind ihre persönlichen Daten sicher, wenn sie digital hinterlegt wurden? Und wie werden digitale Daten überhaupt ver- und entschlüsselt? Diese Fragen greifen bereits weit über unsere Ziele für dieses Kapitel hinaus, können Ihnen aber einen Eindruck von Inhalten der modernen Wissenschaft der „Kryptologie" vermitteln, welche heutzutage vielfach die Sicherheit der Informationsverarbeitung fokussiert. Wir wollen in diesem Kapitel in erster Linie in grundlegende Begrifflichkeiten und Konzepte zur Geheimhaltung von Informationen einführen und einige klassische Techniken erarbeiten. Abschließend werfen wir einen ersten Blick über den Tellerrand hinaus, indem wir ein modernes Verfahren der Verschlüsselung skizzieren werden. Sie werden überrascht sein: Es wird sich herausstellen, dass die Kongruenzrechnung (vgl. Kapitel 8) im Kontext von Verschlüsselungen eine hoch relevante Anwendung besitzt und dass die Suche nach großen Primzahlen (vgl. Kapitel 6) nicht nur die Freizeitbeschäftigung sonst unausgelasteter „Freaks" ist, sondern tatsächlich praktischen Nutzen von höchster Bedeutung hat.

© Springer Fachmedien Wiesbaden GmbH, ein Teil von Springer Nature 2018
R. Benölken, H.-J. Gorski, S. Müller-Philipp, *Leitfaden Arithmetik*,
https://doi.org/10.1007/978-3-658-22852-1_9

Unsere Auswahl kann einerseits einen ersten Einblick in zentrale „handwerk-
liche" Fragen und Probleme geben, die auftreten, wenn man Informationen
geheim halten will. Zugleich liefert dieser Abschnitt andererseits ein Fundament, das es Ihnen ermöglichen wird, die Verfahren interessant und fundiert
im Mathematikunterricht zu thematisieren. Kindern bereitet die Beschäfti-
gung mit geheimen Botschaften meist sehr große Freude – so wie es ja vielleicht auch bei Ihnen selbst der Fall war, als Sie ein Kind waren. Die Thematik stellt ein aus fachlicher Perspektive substanzielles und grundsätzlich allen
Kindern zugängliches Lernangebot dar, das inhaltliche Facetten von Zahlen
und Operationen mit anderen Bereichen wie Mustern und Strukturen verbindet und zahlreiche Anlässe der Argumentation und Kommunikation bietet.

9.2   Grundlagen und Begriffe

Geheime Botschaften sind Gegenstand zweier Disziplinen:[1] Die *Kryptologie*
beschäftigt sich mit der Ver- und mit der Entschlüsselung von Informationen.
Sie umfasst somit zwei Teilgebiete: Die Wissenschaft der Verschlüsselung,
genannt *Kryptographie*, sowie die Wissenschaft der Entschlüsselung[2], die
Kryptoanalyse. Von der Kryptographie abzugrenzen ist die *Steganographie*,
bei der vor einem Spion[3] vollständig verborgen werden soll, dass eine
Information überhaupt existiert. Kryptographie geht demgegenüber davon
aus, dass der Spion eine Information abfangen, aber nicht verstehen können
soll. Ein Pendant zur Kryptoanalyse bietet die *Steganalyse*. Stegano- und
kryptographische Techniken können kombiniert werden, um die Sicherheit

---

[1] Der Begriff „Kryptologie" ist eine zusammengesetzte Ableitung der
griechischen Worte „κρυπτός" (sprich „kryptos"), zu Deutsch etwa
„versteckt" oder „geheim", und „λόγος" („logos"), zu Deutsch hier etwa
„Lehre". „Kryptographie" enthält das griechische Verb „γράφειν"
(„graphein", „schreiben"), „Kryptoanalyse" das Substantiv „ἀνάλυσις"
(„analysis", „Auflösung"). In dem Begriff „Steganographie" ist das
griechische Wort „στεγανός" („steganos", „verdeckt") enthalten.

[2] In der Kryptoanalyse spricht man streng genommen von „entziffern",
„brechen" oder „knacken", wenn eine verschlüsselte Botschaft ohne
Kenntnis des Schlüssels rekonstruiert werden soll. Wir werden der
Einfachheit halber auch auf kryptoanalytischer Seite stets von
„entschlüsseln" sprechen.

[3] Als Spion verstehen wir in diesem Kapitel grob ausgedrückt jemanden, der
versucht, eine Nachricht zu lesen, obwohl er dazu nicht berechtigt ist.

des geheimen Austausches von Informationen zu erhöhen: Man versucht eine Information vollständig vor einem Spion zu verbergen – eine exemplarische Auswahl möglicher Vorgehensweisen stellt Kapitel 9.4 vor. Sollte der Spion jedoch die Existenz der Nachricht erfassen, liegt sie zumindest noch in verschlüsselter Form vor, was ihm die Erfassung des Inhalts zusätzlich erschwert. Hier gelangt man in den Bereich der Kryptologie, der den Schwerpunkt der folgenden Darstellungen bildet.

Nehmen wir an, Sie wollen einem Kommilitonen oder einer Kommilitonin eine Nachricht verschlüsselt zukommen lassen, die unverschlüsselt, d.h., im *Klartext*, so lautet:

„Arithmetik ist super"

Sie werden sich natürlich darum bemühen, die Verschlüsselung[4] möglichst sicher zu gestalten, also tunlichst zu vermeiden, dass ein Spion in der Lage ist, den Inhalt zu rekonstruieren. Wir betrachten ein simples Beispiel, um zunächst den Begriff „Verschlüsselung" zu klären, für den wir bisher auf Ihr intuitives Verständnis gesetzt haben. Anschließend entwickeln wir auf Basis des Beispiels einige weitere zentrale Begrifflichkeiten:

„Bsjuinfujl jtu tvqfs!"

Was ist hier geschehen? Wir haben jeden Buchstaben der Nachricht durch den jeweils im Alphabet folgenden ersetzt.[5] Durch ein wenig Knobeln hätten Sie dies vermutlich zügig herausgefunden, auch wenn unsere Nachricht auf den ersten Blick wie Kauderwelsch aussieht. Diese Technik bietet ein erstes Beispiel für eine Methode des *Verschlüsselns*[6]: Die einzelnen Buchstaben der Nachricht werden in andere Buchstaben oder Zeichen transformiert – und

---

[4] In der Alltagssprache wie in der Literatur finden sich ebenso Begriffe wie „Codierung" bzw. „Code". Die Verwendung der Begriffe ist nicht immer präzise und vielleicht verbinden Sie ja selbst einen „Code" mit geheimen Botschaften. Für die Ausführungen dieses Abschnitts verabreden wir: Eine Verschlüsselung ist eine Transformation einer Information, die von einem geheimen Schlüssel (z.B. einem Kennwort) abhängt und die nur von einem Empfänger rekonstruiert werden können sollte, der im Besitz des Schlüssels ist. Ein Code ist eine Transformation, die (zumindest theoretisch) von jedem Empfänger rekonstruiert werden kann, also nicht geheim ist. Beispiele sind Morse-Codes, Strich-Codes oder QR-Codes.

[5] Auf diese Technik wird im Kapitel 9.5 detaillierter eingegangen.

[6] Statt von „Verschlüsseln" spricht man auch von „Chiffrieren".

zwar in der Regel alle Buchstaben der Nachricht –, um eine für Uneingeweihte möglichst unverständliche Zeichenfolge zu erzeugen.

Die Kommilitonin bzw. der Kommilitone, die bzw. der Ihre Nachricht empfängt, muss in jedem Fall wissen, welche Methode der Verschlüsselung Sie angewandt haben. Gehen wir von obigem Beispiel aus, so muss sie oder er wissen, nach welcher Regel die Buchstaben ersetzt wurden. Allgemeiner formuliert: Zwei Informationen sind jeweils relevant, nämlich erstens die Festlegung einer grundlegenden Regel für das Vorgehen bei der Verschlüsselung (hier: Buchstaben ersetzen) und zweitens die Fixierung einer konkreten Ausgestaltung (hier die Information darüber, wie die Buchstaben zu ersetzen sind). Die angesprochene grundlegende Regel bezeichnet man als *Verschlüsselungsalgorithmus* und die konkrete Ausgestaltung als *Schlüssel*. Zusammengefasst können wir uns das Prozedere der Ver- und Entschlüsselung vorläufig so vorstellen:

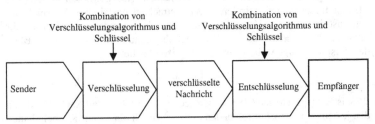

Für einen Spion ist die Kenntnis des Verschlüsselungsalgorithmus alleine wenig hilfreich, denn jener kann mit unterschiedlichen Schlüsseln angewandt werden, wodurch sich zahlreiche mögliche Kombinationen ergeben. In unserem obigen Beispiel könnte statt einer Ersetzung eines Buchstabens durch den jeweils folgenden genauso gut eine Ersetzung durch den zweiten, dritten, vierten usw. folgenden Buchstaben vorgenommen werden.[7] Hierin spiegelt sich ein grundlegendes Prinzip zur Konstruktion einer sicheren Verschlüsselung wider, das der niederländische Kryptologe Auguste Kerckhoffs am Ende des 19. Jahrhunderts formulierte: Die Sicherheit eines Verschlüsselungsverfahrens muss darauf beruhen, den Schlüssel geheim zu halten, nicht den Verschlüsselungsalgorithmus.

Entsprechend der obigen Abbildung ist die Kenntnis über einen gemeinsam verwendeten Schlüssel in klassischen Verschlüsselungstechniken für den

---

[7] Eine solche Verschlüsselung ist freilich alles andere als unknackbar – exemplarische Zugänge stellt Kapitel 9.3 vor.

Sender wie für den Empfänger essenziell, denn er muss sowohl für die Ver- als auch für die Entschlüsselung zur Verfügung stehen. Man bezeichnet diese Techniken daher als *symmetrische Verschlüsselungsverfahren*. Weil ein solcher Schlüssel möglichst geheim gehalten werden sollte, wird er *privater Schlüssel* genannt. Die ausschließliche Verwendung privater Schlüssel ist unpraktisch und unsicher: Ein privater Schlüssel muss zwischen Sender und Empfänger ausgetauscht werden, etwa durch einen Kurier, der dann den Schlüssel vielleicht ebenfalls kennt.

Um die Problematik weiter zu verdeutlichen: Bei den klassischen Techniken braucht man einen Schlüssel, damit zwei Beteiligte Nachrichten verschlüsselt austauschen können. Sind drei Personen beteiligt, so braucht man drei Schlüssel, nämlich je einen für die Kommunikation zweier Beteiligter. Demgemäß bräuchten vier Beteiligte sechs Schlüssel, fünf bräuchten zehn, sechs bräuchten 15 usw. Induktiv können wir auf die benötigte Anzahl an Schlüsseln für die Kommunikation von beliebig vielen $n \in \mathbb{N}$ Beteiligten schließen, nämlich $(n \cdot [n-1]) : 2$. Sind nur 100 Personen an einer Kommunikation beteiligt, benötigt man beispielsweise schon knapp 5000 Schlüssel, die alle ausgetauscht werden müssen und die beschriebene Sicherheitsproblematik mit sich bringen.[8]

Modernere Verfahren versuchen, die Bedeutung der Geheimhaltung von Schlüsseln zu minimieren. Sind Schlüssel öffentlich bekannt und kann ein Spion dennoch nichts damit anfangen, obwohl er den Algorithmus der Verschlüsselung kennt, erhält man eine wesentlich sicherere Technik – und ein komplexeres Prozedere als es die Abbildung auf der vorigen Seite beschreibt. Das Grundprinzip solcher Verfahren besteht in einer Kombination: Neben privaten Schlüsseln benutzt man *öffentliche Schlüssel*, d.h., Schlüssel, die jeder kennen darf. Wir greifen dem Kapitel 9.6 vor, um die Grundidee zu illustrieren: Der Sender kombiniert einen eigenen privaten Schlüssel mit einem öffentlichen, um eine Nachricht zu verschlüsseln. Der Empfänger verwendet zur Entschlüsselung ebenfalls diesen öffentlichen Schlüssel, kombiniert ihn aber mit einem eigenen privaten. Als Konsequenz findet die Verschlüsselung mit einem völlig anderen Schlüssel als die Entschlüsselung statt. Man bezeichnet diese Techniken daher als *asymmetrische Verfahren*. Sender und Empfänger müssen sich nicht über private Schlüssel verständigen, was bereits ein Indiz dafür liefert, dass die Sicherheit solcher Verfahren im Vergleich zu den klassischen Techniken erheblich höher ist.

---

[8] Hier ist es natürlich möglich, einen Schlüssel mehrfach zu vergeben.

Übung: 1)   Diese Verschlüsselung ist nach dem griechischen
               Geschichtsschreiber Polybios benannt: Um das Wort
               „BAD" zu verschlüsseln, nutzen wir die Tabelle:

	A	B	C	D	E
A	A	B	C	D	E
B	F	G	H	I/J	K
C	L	M	N	O	P
D	Q	R	S	T	U
E	V	W	X	Y	Z

Das verschlüsselte Wort lautet: AB AA AD

Beschreiben Sie den Verschlüsselungsalgorithmus. Entwickeln Sie einen Schlüssel zur Steigerung der Sicherheit.

          2)   Entwerfen Sie eine eigene Technik. Erklären Sie daran
               die Begriffe Verschlüsselungsalgorithmus und Schlüssel.

9.3 Vorbemerkungen zur Kryptoanalyse

Seit vielen Jahren gibt es im deutschen Fernsehen auf wechselnden Sendern
die Spielshow Glücksrad. Kandidatinnen und Kandidaten drehen ein Rad, auf
dem verschiedene Geldbeträge, die erspielt werden können, in Sektoren
gekennzeichnet sind. Wenn man nicht einen der wenigen „Pechsektoren"
erwischt (wie Aussetzen oder Bankrott), darf man bei jedem erdrehten Betrag
den Buchstaben eines zu Beginn einer Spielrunde mit Leerzeichen
vorgegebenen Wortes oder Satzes raten. Die Kandidatinnen und Kandidaten
orientieren sich beim Raten sehr häufig am „ERNSTL", insbesondere in einer
finalen Spielrunde, bei der sechs Buchstaben auf einmal genannt werden
dürfen. ERNSTL ist nun kein Vorzeigeglücksradzocker, sondern eine
Eselsbrücke, um die Buchstaben e, r, n, s, t und l zu erinnern. Warum
ausgerechnet das ERNSTL? Die Antwort gibt die folgende Tabelle[9], welche
die Häufigkeiten der Buchstaben des Standardalphabets in der deutschen

---

[9]   Vgl. etwa Beutelspacher (2015) oder eine aktuelle Dudenausgabe.

Sprache darstellt – Umlaute werden hierbei ausgeschrieben als ae, oe oder ue. Unsinnig wäre es demgegenüber z.B., die Raterunden zuerst mit den Buchstaben j, q, v, x und y anzugehen.

a	b	c	d	e	f	g	h	I
6,51%	1,89%	3,06%	5,08%	17,4%	1,66%	3,01%	4,76%	7,55%

j	k	l	m	n	o	p	q	r
0,27%	1,21%	3,44%	2,53%	9,78%	2,51%	0,79%	0,02%	7%

s	t	u	v	w	x	y	z	ß
7,27%	6,15%	4,35%	0,67%	1,89%	0,03%	0,04%	1,13%	0,31%

Was hat dies mit der Entschlüsselung geheimer Botschaften zu tun? Eine Möglichkeit, eine Idee von dem Inhalt eines Textes zu entwickeln – und zwar ohne Kenntnis von vielleicht dem Verschlüsselungsalgorithmus, sicher aber des Schlüssels –, besteht darin, die Häufigkeiten der vorkommenden verschlüsselten Zeichen oder Buchstaben zu ermitteln und mit den oben dargestellten Häufigkeiten zu vergleichen. Auf ähnliche Weise kann z.B. bei Diphthongen (au, eu, ei, ...) und insbesondere bei n-Grammen vorgegangen werden. Dabei handelt es sich um häufig vorkommende Kombinationen von Buchstaben, bei Bigrammen z.B. von zwei Buchstaben wie ch, te oder es. Die Tabelle zeigt die in der deutschen Sprache am häufigsten vorkommenden Bigramme (nach Beutelspacher, 2015).

ch	de	ei	en	er	es	ie	in	nd	te
2,75%	2%	1,88%	3,88%	3,75%	1,52%	1,79%	1,67%	1,99%	2,26%

Sie ahnen schon: Die Bigramme eignen sich eher für einen zweiten Analyseschritt als für einen ersten, da sich nicht ganz so starke Indikatoren wie die Häufigkeiten des ERNSTL ergeben. Wir skizzieren im Folgenden ein konkretes Beispiel für die Entschlüsselung eines Texts mithilfe von Häufigkeitsanalysen:

tfjuwjfmfohbisfohjcuftjnefvutdifogfsotfifobvgxfditfmoefotfoefsoejftqjfmti
pxhmvfdltsbelboejebujoofovoelboejebufoesfifofjosbebvgefnwfstdijfefofhf
mecfusbfhfejffstqjfmuxfsefolpfoofojotflupsfohflfooafjdiofutjoe

Wie im vorigen Abschnitt „Arithmetik ist super" als „Bsjuinfujl jtu tvqfs!" ist dieser Text verschlüsselt durch Ersetzen eines Klartextbuchstabens durch einen Folgebuchstaben. [10]

Nehmen wir an, ein Spion will den Text entschlüsseln. Eine erste Möglichkeit bietet sich ihm durch die Analyse der Buchstabenhäufigkeiten. Insgesamt umfasst der Text 205 Buchstaben und jeder Buchstabe kommt darin so häufig vor, wie es die folgende Übersicht darstellt (beim Nachzählen und Rechnen hat unser Spion wenig jugendfrei geflucht).

a	b	c	d	e	f	g	h	i
$0,5\%$	$4,88\%$	1%	$2,44\%$	$8,78\%$	$22,44\%$	$1,46\%$	$2,93\%$	$4,39\%$

j	k	l	m	n	o	p	q	r
$7,32\%$	0%	$2,93\%$	$2,93\%$	1%	$14,15\%$	$1,46\%$	1%	0%

s	t	u	v	w	x	y	z	ß
$5,37\%$	$6,34\%$	$4,39\%$	$2,44\%$	1%	$1,46\%$	0%	0%	0%

Ein Vergleich der Werte mit der vorigen Tabelle zu Häufigkeiten von Buchstaben in der deutschen Sprache führt zu der Vermutung, dass das f in der verschlüsselten Botschaft dem e im Klartext, das o dem n und vielleicht das j dem i entspricht. Für dieses einfache Beispiel kann der Spion sogar bereits eine Vermutung aufstellen, wie Verschlüsselungsalgorithmus und Schlüssel aussehen, da er Indizien für eine Verschlüsselung anhand einer Ersetzung eines Buchstabens durch den jeweils folgenden sieht.

Nehmen wir an, unser Spion hätte die Indizien für Schlüssel und Algorithmus übersehen. Dann würde er wahrscheinlich zunächst versuchen, weitere Buchstaben wie oben zu ermitteln. Anschließend würde er die Häufigkeiten der Bigramme analysieren. Die Tabelle stellt die absoluten Häufigkeiten der in dem Text vorkommenden verschlüsselten Bigramme dar, was für unsere Zwecke schon ausreicht:

di	ef	fj	fo	fs	ft	jf	jo	oe	uf
4	6	3	15	5	1	6	4	6	1

---

[10] Aus Demonstrationszwecken verwenden wir gerade diese Technik hier erneut, da Sie Ihnen in Grundzügen ja bereits bekannt ist. Wie bereits angedeutet, wird in Kapitel 9.5 detaillierter hierauf eingegangen.

Der Vergleich mit der Bigrammtabelle oben legt die Vermutung nahe, dass fo dem Bigramm en entspricht. Unser Text ist für ein solches Vorgehen, wie sie sehen, eher noch zu kurz, da wir nicht mehr als die eindeutigen Ausreißer identifizieren können. Dennoch kämen wir nun schon ziemlich nah an den Klartext und mit ein wenig Glück könnten wir ihn bereits erfassen, ohne die restlichen Klartextbuchstaben zu rekonstruieren. Im Internet finden Sie übrigens kostenlose Tools für Häufigkeitsanalysen. Der entschlüsselte Text ist der erste Satz dieses Abschnitts, wobei Satz- und Leerzeichen getilgt sind:

seitvielenjahrengibtesimdeutschenfernsehenaufwechselndensenderndiespie lshowgluecksradkandidatinnenundkandidatendreheneinradaufdemverschie denegeldbetraegedieerspieltwerdenkoenneninsektorengekennzeichnetsind

Halten wir fest:

Memo 1: Ein wichtiges kryptoanalytisches Verfahren ist eine Analyse der Häufigkeiten der in einer verschlüsselten Nachricht enthaltenen Zeichen, die anschließend mit den (in unserem Fall) im Deutschen am häufigsten vorkommenden Buchstaben verglichen werden.

Nehmen wir nun an, der Spion hätte das Ersetzen von Buchstaben nach einer festen Regel als einfachen Verschlüsselungsalgorithmus unmittelbar erkannt. Glauben Sie, er würde noch auf eine Häufigkeitsanalyse zurückgreifen? Er soll sich die Mühe machen, die Buchstaben zu zählen, die relativen Häufigkeiten zu berechnen, …? Nein, eher würde der Spion aufgrund der sehr überschaubaren Anzahl von nur 26 möglichen Schlüsseln beginnen zu raten, wobei mit der trivialen Verschlüsselung eines Buchstabens als sich selbst ja schon eine Möglichkeit ausscheidet. Zum Erfolg würde das Ausprobieren aller möglichen Schlüssel sicher führen. Um sich Mühe zu ersparen[11], ginge er vermutlich sogar systematisch vor, indem er annimmt, dass eher auf Nachbarbuchstaben als auf kompliziertere Varianten wie Ersetzungen durch den siebzehnten Folgebuchstaben zurückgegriffen wurde, man ist ja auch bei der Verschlüsselung faul.

Halten wir fest:

---

[11] Murphys Gesetz: Bestimmt wäre erst der zuletzt ausprobierte Schlüssel der richtige…

Memo 2: Ein weiteres wichtiges kryptoanalytisches Verfahren ist das möglichst systematische Durchprobieren aller möglichen Schlüssel. Man spricht auch von der „Brute-Force-Methode".[12]

Die Häufigkeitsanalyse und die Brute-Force-Methode sind zwei grundlegende Beispiele für kryptoanalytische Vorgehensweisen bei klassischen symmetrischen Verschlüsselungsverfahren. Sie können sich, wie wir gesehen haben, sinnvoll wechselseitig ergänzen. Abschließend können wir für die Konstruktion kryptographischer Techniken zwei wichtige Ziele ableiten, die uns zugleich in den folgenden Abschnitten Hinweise auf die Einschätzung der Sicherheit konkreter Verschlüsselungen geben werden:

(1) Die Buchstabenhäufigkeiten sollten verschleiert werden, so gut es geht.

(2) Es sollte einem Spion so schwer wie möglich gemacht werden, einfach alle möglichen Schlüssel durchzuprobieren.

Sie sehen: Kryptoanalyse lässt sich zielgerichtet und mit einfachen Mitteln angehen! Die Steganalyse haben wir hier nicht explizit besprochen. Grundsätzlich gilt dafür Vergleichbares, wie es in diesem Abschnitt für die Kryptoanalyse vorgestellt wurde. Ein ganz wichtiges Ziel kommt noch hinzu (schauen Sie nochmals in den Beginn von Kapitel 9.2): Man muss eine geheime Botschaft überhaupt erst einmal zu erkennen, denn sie ist ja verborgen.

Übung: 1) Entschlüsseln Sie den Text. Erläutern Sie Ihr Vorgehen. Wieso bilden die Buchstaben Fünfergruppen?

weeea ecsee gldtc ernce cstel renes ueeil epoov rdhni
eceid lsonh biesh tibnh rtelt sirei hties evuhb nshse sdiro
gesus ugtii pfena rtnkm iitso insln ehere csept ovrsh nsise
knnes seafe ascfs sedse exnti nmezo bsavr lelii heftv clslg
bneil rinee hnecd rnstb icera nenut boinn tutne nengf hieta
stmet nteut erehe ibeed cahai ehfwb asea

2) Recherchieren Sie: Was sind „Enigma" und die „Turing-Bombe"? Was „Colossus" und die „Lorenz-Maschine"?

---

[12] Wörtlich übersetzt „Rohe-Gewalt-Methode" – das spricht für sich.

9.4 Beispiele für Verfahren der Steganographie

Wir verlassen an dieser Stelle für einen Moment den Kontext der Kryptologie, um Verfahren der Geheimhaltung von Informationen „von der Pike auf" einzuführen. Zur Erinnerung: Techniken, die darauf abzielen, Informationen jenseits der Wahrnehmungsschwelle potenzieller Spione zu übermitteln, sind Gegenstand der Steganographie.

Stellen Sie sich also vor, wir würden unsere Nachricht „Arithmetik ist super" unverschlüsselt irgendwo aufschreiben oder irgend worin verbergen wollen[13] und zwar so, dass ein Spion die Existenz der Nachricht möglichst nicht bemerkt. Wir skizzieren einige Möglichkeiten:

– „Geheimtinte" ist ein verbreitetes und zugleich ein für viele Kinder spannendes steganographisches Medium. Hierfür eignet sich z.B. Zitronensaft – zum „Sichtbarmachen" wird Wärme zugeführt.

– In Texten, die auf den ersten Blick keine spannenden Informationen zu enthalten scheinen, können beispielsweise die i-Punkte oder einzelne Satzzeichen als „Mikropunkte" gestaltet sein: Nimmt man diese Punkte mit einer speziellen Kamera in den Blick, werden die eigentlich bedeutenden Nachrichten sichtbar.

– Nicht zur Nachahmung empfohlen ist das Beispiel des griechischen Geschichtsschreibers Herodot, der im fünften vorchristlichen Jahrhundert lebte: Er berichtet von einem Befehlshaber, der während eines Krieges der Griechen gegen die Perser einem Boten den Kopf rasieren ließ, auf die nackte Haut eine Nachricht schrieb oder tätowierte, wartete bis die Haare nachgewachsen waren und den Boten erst dann losschickte. Am Zielort angekommen wurden die Haare wieder abrasiert und die Nachricht wurde sichtbar.

Die Liste lässt sich beliebig fortsetzen: Doppelte Böden in Paketen, hohle Absätze von Schuhen, ausgehöhlte Bücher, Minischriftrollen in Fingerringen, Anfangsbuchstaben der Zeilen in Zeitungsartikeln, … Eine Stärke der meisten steganographischen Verfahren besteht darin, dass sie relativ leicht umgesetzt werden können. Gerade der Vergleich der Sicherheit oder Unsicherheit der Informationsübermittlung gegenüber kryptographischen Verfahren sowie das Reflektieren über die Kombination beider Ansätze bieten schon jungen Kindern einen sehr motivierenden Anlass für substanzielles Argumentieren und Kommunizieren. Grenzen weisen steganographische Verfahren dann auf,

---

[13] Nämlich auf oder in einem geeigneten Medium.

wenn sehr viel Information zu übermitteln ist. Eine wesentliche Schwäche ist zudem, dass eine abgefangene Nachricht einem Spion sofort einsichtig ist. Hier setzen kryptographische Verfahren an, die Gegenstand des folgenden Abschnitts sind.

Übung: Haben Sie selbst schon einmal steganographische
                Verfahren angewandt? Beschreiben Sie und erläutern Sie,
                weshalb es sich um Steganographie handelt.

9.5   Klassische kryptographische Verfahren

Widmen wir uns nun dem eigentlichen Schwerpunkt dieses Kapitels, den kryptographischen Verfahren. Als grundlegende Techniken werden die *Transposition* und die *Substitution* unterschieden:

Bei der Transposition ändert ein Buchstabe seine Position, nicht aber seine Bedeutung – ein a in der Klartextnachricht wird beispielsweise auch in der verschlüsselten Nachricht ein a sein, ein b bleibt ein b, ein c ein c usw. Anders ausgedrückt: Die Klartextbuchstaben einer Nachricht werden neu angeordnet.

Bei der Substitution behält jeder Buchstabe seine Position, verändert jedoch seine Rolle. Anders ausgedrückt: Die Buchstaben einer Nachricht werden durch andere Buchstaben – oder auch Symbole – ersetzt, beispielsweise ersetzt man in einer simplen Substitution alle a durch c, alle b durch d, alle c durch e usw.

Wir betrachten zuerst Beispiele für Transpositionstechniken.

Beispiel 1: Zaun-Chiffres

Zur Illustration dieser Technik, verschlüsseln wir nicht, sondern wir entschlüsseln. Unsere Nachricht „Arithmetik ist super" lautet in einer mittels Zaun-Chiffre verschlüsselten Form:

ATEKTP RHTISE IMISUR

Zur Entschlüsselung schreiben wir den Einschnitten folgend untereinander:

$$
\begin{array}{ccccc}
A & T & E & K & T & P \\
R & H & T & I & S & E \\
I & M & I & S & U & R
\end{array}
$$

Wenn Sie genau hinsehen, können Sie unsere Nachricht bereits lesen. Wir ziehen die Buchstaben zur Verdeutlichung ein wenig auseinander und zeichnen einen „Zaun" ein, der dieser Technik ihren Namen gibt – die kleinen Pfeile illustrieren die Leserichtungen:

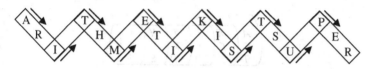

Der Verschlüsselungsalgorithmus besteht hier darin, die Buchstaben eines Texts abwechselnd so auf die Zeilen aufzuteilen, dass der erste Buchstabe in der oberen, der zweite in der mittleren, der dritte in der unteren, der vierte wieder in der oberen Zeile steht usw. Für andere Zeilenanzahlen ergibt sich ein analoger Algorithmus. Der Schlüssel ist in obigem Beispiel das Aufteilen der Buchstaben auf *drei* Zeilen – alternativ könnte der Text beispielsweise auf zwei oder vier Zeilen aufgeteilt werden. Wie wir gesehen haben, kann ein Empfänger die Nachricht entschlüsseln, indem er das Prozedere umkehrt.

Beispiel 2: Skytale

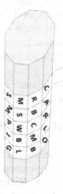

Eine „Skytale" ist ein Holzstab mit einem bestimmten Durchmesser, um den ein Band zur Beschriftung gewickelt wird.[14] Ihre Nutzung wird beispielsweise durch den griechischen Historiker Plutarch für den Peloponnesischen Krieg im fünften Jahrhundert vor Christus bezeugt, so dass sie als eines der, wenn nicht sogar als das älteste militärisch genutzte Verschlüsselungsverfahren gilt.

---

[14] Der Begriff „scytale" („σκυτάλη") bedeutete im Griechischen bis zum fünften Jahrhundert lediglich so viel wie Stock. Danach kam dann „Nachricht" als weitere Bedeutung hinzu.

Wie funktioniert die Verschlüsselung? Ein Sender wickelt ein Band um den Skytale-Stab und schreibt anschließend seine Nachricht darauf. Wird das Band abgewickelt, sind die Positionen der Buchstaben vertauscht und damit die Nachricht verschlüsselt. Zur Illustration verschlüsseln wir unsere Nachricht „Arithmetik ist super" mit einer Skytale, für die wir annehmen, dass sechs Buchstaben nebeneinander und drei Buchstaben untereinander passen – hieraus erhalten wir zugleich ein grobes Maß für den Durchmesser. Die folgende Darstellung kann aus zeichnerischen Gründen nur einen groben schematischen Eindruck geben (stellen Sie sich vor, die drei Zeilen würden den Stab vollständig umgeben).

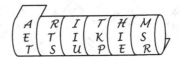

Abgewickelt sieht das Band so aus:

Der Verschlüsselungsalgorithmus ist das Schreiben des Texts auf das um den Skytale-Stab gewickelte Band. Der Durchmesser ist der Schlüssel. Ein Empfänger kann den Text entschlüsseln, indem er ihn wieder um einen Skytale-Stab wickelt. Wichtig ist, dass Sender und Empfänger einen Stab gleichen Durchmessers verwenden, denn nur dann kann der Empfänger das Band nach Erhalt so um den Stab wickeln, dass die Nachricht lesbar wird.

Man könnte obige Illustration auch in eine Tabelle mit drei Zeilen und sechs Spalten überführen und den verschlüsselten Text spaltenweise ablesen. Für die Entschlüsselung ist darauf zu achten, den verschlüsselten Text in sechs Spalten à drei Buchstaben anzuordnen, um ihn zeilenweise lesen zu können.

Die Sicherheit von Transpositionstechniken ist nicht mit modernen Verfahren zu vergleichen, aber für den Hausgebrauch durchaus auch nicht zu unterschätzen: Wenn wir beispielsweise nur die drei Anfangsbuchstaben unserer Nachricht „Arithmetik ist super", also a, i und s, auf verschiedene Weisen anordnen, erhalten wir bereits $3! = 3 \cdot 2 \cdot 1 = 6$ Möglichkeiten, nämlich ais, asi, sai, sia, isa sowie ias. Entsprechend erhielte man für die Anordnung von

140 Buchstaben, die dem Umfang einer klassischen Twitter-Nachricht entsprechen, 140! Möglichkeiten. Da die resultierende Zahl 242 Ziffern lang ist, ersparen wir es Ihnen und uns, sie vollständig anzugeben.

In Bezug auf Vorzüge und Grenzen von Transpositionsverfahren bleibt festzuhalten, dass eine längere Nachricht theoretisch so viele Möglichkeiten der Neuanordnung ergeben würde, dass eine Entschlüsselung nahezu unmöglich erscheint. Unter praktischen Gesichtspunkten würde es ein Spion aber z.B. bei den Skytalen durch Ausprobieren mit unterschiedlichen Zylinderdurchmessern recht zügig schaffen, einen Text zu entschlüsseln. Zudem sind Verfahren der Transposition anfällig für Entschlüsselungen durch Häufigkeitsanalysen und die verwendeten Schlüssel sind oft einigermaßen unhandlich. Hier setzen Substitutionstechniken an, auf die wir nun eingehen werden.

Beispiel 3: Der Caesar-Chiffre

Sie kennen Gaius Julius Caesar? Diesem berühmten Feldherrn, römischen Kaiser und Despoten, den Asterix und Obelix in zahlreichen Abenteuern ärgern, schreibt man die Verwendung einer Substitutionstechnik zu, welche die Kryptologie über Jahrhunderte prägte. Die Caesar-Chiffre bietet ein erstes Beispiel für eine Technik, die sich neben einem elementaren Zugang tiefsinniger in der Sprache der Kongruenzrechnung beschreiben lässt, wie wir sie im achten Kapitel dieses Buchs erarbeitet haben. Beginnen wir mit einem Beispiel und verschlüsseln mal wieder die Nachricht „Arithmetik ist super":

Jeder Buchstabe unserer Nachricht wurde durch denjenigen Buchstaben ersetzt, der um drei Positionen weiter hinten im Alphabet steht. Somit besteht der Verschlüsselungsalgorithmus darin, jeden Buchstaben einer Nachricht durch einen anderen zu ersetzen, der um eine feste Anzahl an Positionen weiter hinten im Alphabet steht. Die gewählte Anzahl an Positionen stellt den Schlüssel dar und ein Empfänger muss den Prozess wiederum umkehren.

Die Ersetzung in unserem Beispiel um den jeweils dritten Folgebuchstaben ist nur insofern nicht willkürlich gewählt, als dass Caesar selbst diese Substitution verwendet haben soll. Natürlich können wir jede beliebige andere Ersetzung vornehmen und eine kennen Sie bereits aus den einführenden Beispielen der Kapitel 9.2 und 9.3, nämlich eine Ersetzung durch den jeweils unmittelbar folgenden Buchstaben. Wählen wir Buchstaben in der näheren Nachbarschaft für die Substitution – also beispielsweise eine Ersetzung durch den ersten, zweiten oder dritten Vorgänger- oder Folgebuchstaben –, so lässt sich die Ver- und Entschlüsselung einigermaßen unfallfrei im Kopf durchführen. Bei einer Ersetzung durch den jeweils zehnten folgenden Buchstaben gelingt dies nicht mehr so gut. Eine Tabelle wie die folgende kann als erstes Hilfsmittel dienen:

a	b	c	d	e	f	g	h	i	j	k	l	m	n	o	p	q	r	s	t	u	v	w	x	y	z
k	l	m	n	o	p	q	r	s	t	u	v	w	x	y	z	a	b	c	d	e	f	g	h	i	j

Es wäre aber reichlich mühsam, entweder die Einzelersetzungen oder eine solche Tabelle als Orientierungshilfe immer wieder neu überlegen zu müssen. Eine sehr variable Hilfe sind Chiffriermaschinen wie diese:

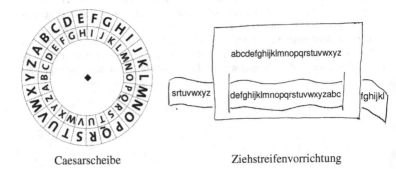

Caesarscheibe   Ziehstreifenvorrichtung

Die Funktionsweise dürfte ohne große Erklärungen einleuchten: Die Caesarscheibe besteht aus zwei gegeneinander verschiebbaren Einzelscheiben, die in die passende Substitutionsposition gedreht werden können. Die Ziehstreifenvorrichtung funktioniert im Grundsatz analog. Das Herstellen und das Verwenden solcher Maschinen sind übrigens bei Kindern in höchstem Maße beliebt (eine didaktisierte Aufbereitung findet sich beispielsweise bei Fuchs & Käpnick, 2009).

Ein wesentlicher Nachteil der Caesar-Chiffre besteht darin, dass ein Spion nach der Brute-Force-Methode einfach alle Schlüssel ausprobieren könnte: Das Alphabet hat 26 Buchstaben und somit hat man 26 mögliche Schlüssel bzw. 25 sinnvolle, wenn man die „triviale" Verschlüsselung eines Klartextbuchstabens durch sich selbst nicht mitzählt. Für den Spion ist der Aufwand somit überschaubar und sicher von Erfolg gekrönt. Um aufzuzeigen, wie sich dieses Sicherheitsleck minimieren lässt, machen wir unsere Drohung wahr und beschreiben die Caesar-Chiffre in der Sprache der Kongruenzrechnung. Zur Illustration betrachten wir die folgende Tabelle, welche die klassische Substitution der Klartextbuchstaben durch den jeweils dritten Folgebuchstaben illustriert. Zusätzlich ist eine Kopfzeile eingefügt, in der die Klartextbuchstaben von 0 bis 25 nummeriert sind.

0	1	2	3	4	5	6	7	8	9	10	11	12	13	14	15	16	17	18	19	20	21	22	23	24	25
a	b	c	d	e	f	g	h	i	j	k	l	m	n	o	p	q	r	s	t	u	v	w	x	y	z
d	e	f	g	h	i	j	k	l	m	n	o	p	q	r	s	t	u	v	w	x	y	z	a	b	c

Wählen wir einen beliebigen Buchstaben des Klartextalphabets mit einer Nummer x, so entspricht der Verschlüsselung dieses Buchstabens nach „klassischem Caesar" derjenige Buchstabe an der Position x + 3. Beispielsweise ist der Klartextbuchstabe p an Position 15. Wenn wir ihn verschlüsseln tritt an seine Stelle der dritte Folgebuchstabe, also das s, wie es die untere Zeile der Tabelle widerspiegelt. Im Klartext ist das s an Position $18 = 15 + 3$.

Ein abgekartetes Spiel ist, dass wir die Klartextbuchstaben mit 0 bis 25 nummeriert haben, denn dies sind gerade die Reste modulo 26, was „zufällig" der Buchstabenanzahl unseres Standardalphabets ohne Umlaute und ß entspricht. Wir können die folgende Caesar-Funktion definieren, die für jeden Klartextbuchstaben an einer Position x die Position des entsprechenden verschlüsselten Buchstabens C(x) angibt:

$$C(x) = x + 3 \mod 26$$

Wenn wir hiermit beispielsweise das lateinische Wort „rex" (zu Deutsch: „König") verschlüsseln wollen, erhalten wir:

$$C(17) = 17 + 3 \mod 26 \equiv 20 \mod 26$$
$$C(4) = 4 + 3 \mod 26 \equiv 7 \mod 26$$
$$C(23) = 23 + 3 \mod 26 \equiv 26 \mod 26 \equiv 0 \mod 26$$

Mit obiger Tabelle ergeben sich aus den im Klartext nummerierten Buchstaben für das mit dem Schlüssel 3 verschlüsselte Wort die Buchstaben an den Positionen 20, 7 und 0, also „uha". Anschaulich korrespondiert das Berechnen der Reste der Buchstaben stets mit den entsprechenden Drehungen an z.B. der Caesarscheibe. Insbesondere gilt dies an den Positionen 23, 24 und 25 (also x, y und z): Bei Substitution eines jeden Buchstaben durch den dritten folgenden liegen x, y und z durch die Drehung bei a, b und c.

Für einen allgemeinen Schlüssel S ist analog $C(x) = x + S \bmod 26$. Ohne allzu tief in die Funktionslehre einzutauchen, die nicht Gegenstand dieses Buchs ist, verweisen wir der Vollständigkeit halber darauf, dass die Entschlüsselung mithilfe der Umkehrfunktion $C^{-1}(X) = x - S \bmod 26$ erfolgt.

Jetzt fragen Sie sich sicher, warum wir nicht einfach bei der Caesarscheibe geblieben sind, wenn diese doch ohnehin das Gleiche leistet und dann noch in einer viel anschaulicheren Art und Weise. Wir geben einen Ausblick als Antwort.

Die Beschreibung der Caesar-Chiffre mittels modularer Arithmetik ermöglicht die Konstruktion einer allgemeineren Technik, der sog. „affinen Chiffre", die zumindest auf den ersten Blick weniger anschaulich ist. Unter Verwendung zweier ganzer Zahlen a und b definieren wir wie folgt eine neue Funktion $C_{(a, b)}(x)$, die obige Caesarfunktion verallgemeinert:

$$C_{(a, b)}(x) = a \cdot x + b \bmod n$$

n entspricht hier der Nummer der zugrundegelegten Klartextbuchstaben, wobei a und b kleiner als n und $ggT(a, n) = 1$ sein muss, denn sonst könnte es passieren, dass ein Buchstabe auf unterschiedliche Weisen verschlüsselt wird. Die Caesar-Chiffre ist selbst eine affine Chiffre (für $a = 1$, $b = 3$ und $n = 26$).

Wie viele mögliche Schlüssel hat man bei affinen Chiffren im Vergleich zur Caesar-Chiffre? Ein Schlüssel wird aus einem Zahlenpaar (a, b) gebildet und für a und b hat man ohne die triviale Verschlüsselung jeweils wieder 25 Möglichkeiten. Zusammen sind es hier also $25 \cdot 25 = 625$ mögliche Schlüssel, was die Sicherheit der Verschlüsselung deutlich verbessert, da ein Spion einen wesentlich höheren Aufwand betreiben müsste, um alle möglichen Schlüssel brute-force-mäßig auszuprobieren.

Dies deutet zugleich die immer noch nicht beseitige Schwäche an: Ein ausgesprochen fleißiger Spion, der den Verschlüsselungsalgorithmus kennt, könnte sich aber nach wie vor hinsetzen und alle möglichen Schlüssel durchprobieren. Weder die Caesar-Chiffre noch die affine Chiffre können außerdem die Häufigkeit vorkommender Zeichen verschleiern, denn sie ersetzen jeweils ja nur Zeichen wechselweise. Die Techniken sind daher sowohl unter „brute-force"-Aspekten als auch unter statistischen Gesichtspunkten wenig sicher.

Diese Defizite führen zu der Frage, wie sich Techniken der Verschlüsselung konstruieren ließen, welche die Schlüssel oder die Buchstabenhäufigkeiten besser kaschieren könnten. Die Caesar-Chiffre bzw. die affine Chiffre benutzen das Alphabet nur in einer Anordnung – es handelt sich um ein *monoalphabetisches Verfahren*. Die Grundidee des folgenden Beispiels besteht darin, mehr als ein Alphabet zu verwenden – es handelt sich um ein *polyalphabetisches Verfahren* und es bietet eine mögliche Antwort.[15]

Beispiel 4:   Das Vigenère-Quadrat[16]

Bei der Caesar-Chiffre wird ein Buchstabe stets demselben verschlüsselten Buchstaben zugeordnet. Das ändern wir jetzt! Wir werden ein und denselben Klartextbuchstaben durch Verschlüsselung mehreren Buchstaben zuzuordnen. Hierfür werden wir das „Vigenère-Quadrat" verwenden, das auf der folgenden Seite abgebildet ist.

Das Quadrat umfasst je 26 Zeilen und Spalten, wobei die Zeilen Alphabete enthalten, die systematisch verändert werden: Man beginnt in der ersten Zeile mit dem wie üblich angeordneten Standardalphabet (wieder ohne Umlaute und ß). In jeder weiteren Zeile wird das Alphabet dann um je eine Position weiter nach rechts verschoben. Mit anderen Worten: Es finden nacheinander Transformationen der Caesar-Chiffre anhand jedes Schlüssels von 0 bis 25 statt.

---

[15] Wir haben oben Transpositionen und Substitutionen separat eingeführt. Der Vollständigkeit halber sei erwähnt, dass sich jede Transposition auf eine polyalphabetische Substitution zurückführen lässt.

[16] Benannt nach dem französischen Kryptographen Blaise de Vigenère (1523–1596). Es gab sowohl historische Vorläufer, Weiterentwicklungen als auch unabhängig entstandene ähnliche polyalphabetische Techniken.

a	b	c	d	e	f	g	h	i	j	k	l	m	n	o	p	q	r	s	t	u	v	w	x	y	z
b	c	d	e	f	g	h	i	j	k	l	m	n	o	p	q	r	s	t	u	v	w	x	y	z	a
c	d	e	f	g	h	i	j	k	l	m	n	o	p	q	r	s	t	u	v	w	x	y	z	a	b
d	e	f	g	h	i	j	k	l	m	n	o	p	q	r	s	t	u	v	w	x	y	z	a	b	c
e	f	g	h	i	j	k	l	m	n	o	p	q	r	s	t	u	v	w	x	y	z	a	b	c	d
f	g	h	i	j	k	l	m	n	o	p	q	r	s	t	u	v	w	x	y	z	a	b	c	d	e
g	h	i	j	k	l	m	n	o	p	q	r	s	t	u	v	w	x	y	z	a	b	c	d	e	f
h	i	j	k	l	m	n	o	p	q	r	s	t	u	v	w	x	y	z	a	b	c	d	e	f	g
i	j	k	l	m	n	o	p	q	r	s	t	u	v	w	x	y	z	a	b	c	d	e	f	g	h
j	k	l	m	n	o	p	q	r	s	t	u	v	w	x	y	z	a	b	c	d	e	f	g	h	i
k	l	m	n	o	p	q	r	s	t	u	v	w	x	y	z	a	b	c	d	e	f	g	h	i	j
l	m	n	o	p	q	r	s	t	u	v	w	x	y	z	a	b	c	d	e	f	g	h	i	j	k
m	n	o	p	q	r	s	t	u	v	w	x	y	z	a	b	c	d	e	f	g	h	i	j	k	l
n	o	p	q	r	s	t	u	v	w	x	y	z	a	b	c	d	e	f	g	h	i	j	k	l	m
o	p	q	r	s	t	u	v	w	x	y	z	a	b	c	d	e	f	g	h	i	j	k	l	m	n
p	q	r	s	t	u	v	w	x	y	z	a	b	c	d	e	f	g	h	i	j	k	l	m	n	o
q	r	s	t	u	v	w	x	y	z	a	b	c	d	e	f	g	h	i	j	k	l	m	n	o	p
r	s	t	u	v	w	x	y	z	a	b	c	d	e	f	g	h	i	j	k	l	m	n	o	p	q
s	t	u	v	w	x	y	z	a	b	c	d	e	f	g	h	i	j	k	l	m	n	o	p	q	r
t	u	v	w	x	y	z	a	b	c	d	e	f	g	h	i	j	k	l	m	n	o	p	q	r	s
u	v	w	x	y	z	a	b	c	d	e	f	g	h	i	j	k	l	m	n	o	p	q	r	s	t
v	w	x	y	z	a	b	c	d	e	f	g	h	i	j	k	l	m	n	o	p	q	r	s	t	u
w	x	y	z	a	b	c	d	e	f	g	h	i	j	k	l	m	n	o	p	q	r	s	t	u	v
x	y	z	a	b	c	d	e	f	g	h	i	j	k	l	m	n	o	p	q	r	s	t	u	v	w
y	z	a	b	c	d	e	f	g	h	i	j	k	l	m	n	o	p	q	r	s	t	u	v	w	x
z	a	b	c	d	e	f	g	h	i	j	k	l	m	n	o	p	q	r	s	t	u	v	w	x	y

Selbstverständlich werden wir auch mit dieser Technik „Arithmetik ist super"
verschlüsseln. Als erstes definieren wir ein Schlüsselwort und wählen hierfür
„ l e i t f a d e n ". Das Schlüsselwort gibt uns an, welche Zeilen der Tabelle
und damit welche Alphabete wir nacheinander zum Verschlüsseln unserer
Klartextnachricht benutzen.

Die Buchstaben der Klartextnachricht suchen wir uns grundsätzlich aus der a-
Zeile[17] heraus. Wir verschlüsseln nun die Buchstaben der Nachricht
„Arithmetik ist super" nacheinander mit den zugeordneten Buchstaben aus
der l-Zeile, der e-Zeile, der i-Zeile, t-Zeile, der f-, a-, d-, e- und der n-Zeile.
Sind alle Buchstaben des Schlüsselwortes verbraucht, beginnen wir wieder
mit dem ersten Buchstaben des Schlüsselwortes:

---

[17] „a-Zeile", weil diese Zeile mit „a" beginnt.

A	wird mit der	l - Zeile verschlüsselt, wird also zu:	l
r	wird mit der	e - Zeile verschlüsselt, wird also zu:	v
i	wird mit der	i - Zeile verschlüsselt, wird also zu:	q
t	wird mit der	t - Zeile verschlüsselt, wird also zu:	m
h	wird mit der	f - Zeile verschlüsselt, wird also zu:	m
m	wird mit der	a - Zeile verschlüsselt, wird also zu:	m
e	wird mit der	d - Zeile verschlüsselt, wird also zu:	h
t	wird mit der	e - Zeile verschlüsselt, wird also zu:	x
i	wird mit der	n - Zeile verschlüsselt, wird also zu:	v
k	wird mit der	l - Zeile verschlüsselt, wird also zu:	v
i	wird mit der	e - Zeile verschlüsselt, wird also zu:	m
s	wird mit der	i - Zeile verschlüsselt, wird also zu:	a
t	wird mit der	t - Zeile verschlüsselt, wird also zu:	m
s	wird mit der	f - Zeile verschlüsselt, wird also zu:	x
u	wird mit der	a - Zeile verschlüsselt, wird also zu:	u
p	wird mit der	d - Zeile verschlüsselt, wird also zu:	s
e	wird mit der	e - Zeile verschlüsselt, wird also zu:	i
r	wird mit der	n - Zeile verschlüsselt, wird also zu:	e

Wenn wir „Arithmetik ist super" mit dem Vigenère-Quadrat unter Verwendung des Schlüsselworts „leitfaden" verschlüsseln, lautet die verschlüsselte Nachricht also „lvqmmmhxvvmamxusie".

Der Verschlüsselungsalgorithmus besteht zusammengefasst darin, jeden Klartextbuchstaben anhand eines durch ein Schlüsselwort zugeordneten Buchstabens im Vigenère-Quadrat zu verschlüsseln. Das Schlüsselwort fungiert als Schlüssel, der anzeigt, welche Zeile im Vigenère-Quadrat für die Substitution zu verwenden ist – diese erfolgt in den Einzelfällen dann nach dem Ihnen schon von der Caesar-Chiffre bekannten Prozedere. Die Entschlüsselung geschieht wie bei den vorigen Verfahren durch Umkehrung des Prozederes – von zentraler Bedeutung ist hier natürlich die Eindeutigkeit der Zuordnung schon bei der Verschlüsselung.

Das Vigenère-Quadrat kann als Prototyp polyalphabetischer Techniken betrachtet werden und es ist erheblich sicherer als die zuvor beschrieben Beispiele, denn durch die Konstruktion sind unsere Ziele erreicht: Das Verfahren ist sehr viel weniger anfällig gegenüber Häufigkeitsanalysen. Gleichzeitig dürfte es einem Spion im Normalfall mehr als schwerfallen, ein Schlüsselwort zu erraten. Die Technik des Vigenère-Quadrats fand daher in der gebotenen und in modifizierter Form bis in jüngere Zeit Verwendung. Seit etwas mehr als 100 Jahren gibt es aber auch erfolgsträchtige kryptoanalytische Verfahren.[18]

Übung: 1) a) Basteln Sie eine Chiffriermaschine wie in der Abbildung auf S. 184 und verschlüsseln Sie damit einen Brief an eine Kommilitonin oder einen Kommilitonen. Tauschen Sie die Briefe aus und dechiffrieren Sie Ihre Post.

              b) Entschlüsseln Sie den folgenden Text:

                 WQV KSWGG BWQVH KOG GCZZ SG PSRSIHSB
                 ROGG WQV GC HFOIFWU PWB.

           2) Verschlüsseln Sie die Nachricht aus Aufgabe 1b mit dem Zaun-Chiffre sowie mit dem Vigenère-Quadrat.

           3) Der Schlüsselwortchiffre: Denken Sie sich ein Wort mit lauter verschiedenen Buchstaben aus oder streichen Sie in einem Wort die Buchstaben, sobald diese sich zum ersten Mal wiederholen. Aus LEITFADEN würde LEITFADN. Schreiben Sie dieses Schlüsselwort unter die Buchstaben des Klartextalphabets, beginnend bei einer Stelle Ihrer Wahl, z.B. das L von LEITFADN unter das e. Füllen Sie dann hinter dem Schlüsselwort mit den übrigen Buchstaben des Alphabets in ihrer üblichen Reihenfolge auf. B käme dann unter das m, C unter das n usw.[19] Verschlüsseln und entschlüsseln Sie Botschaften mit diesem Verfahren. Welche Informationen müssen Sie dem Empfänger mitteilen?

---

[18] Wir begnügen uns an dieser Stelle mit einem Hinweis. Einen detaillierten Überblick gibt Beutelspacher (2015).

[19] Das geht übrigens auch sehr schön mit der Chiffriermaschine aus Übung 1, wenn Sie die kleinere Scheibe austauschen.

4) Bei einer homophonen („gleich lautenden") Chiffre verwendet man diese Tabelle:

	zugeordnete Zahlen		zugeordnete Zahlen
a	10 21 52 59 71	n	30 35 43 62 63 67 68 72 77 79
b	20 34	o	02 05 82
c	28 06 80	p	31
d	04 19 70 81 87	q	25
e	09 18 33 38 40 42 53 54 55 60 66 75 85 86 92 93 99	r	17 36 51 69 74 78 83
f	00 41	s	15 26 45 56 61 73 96
g	08 12 97	t	13 32 90 91 95 98
h	07 24 47 98	u	20 01 58
i	14 39 46 50 65 76 88 94	v	37
j	57	w	22
k	23	x	44
l	16 03 84	y	48
m	27 11 49	z	64

a) Entschlüsseln Sie: 460689 0036335875 11398024 520141 709485 2660495561139251001874949930!

b) Verschlüsseln Sie selbst ein Wort oder einen kurzen Satz.

c) Jedem Klartextbuchstaben werden Kombinationen von Ziffernpaaren zugeordnet. Wieso werden nicht jeweils gleich viele Ziffernpaare zugeordnet?

d) Diskutieren Sie Vorzüge und Grenzen dieser Technik.

9.6 Ein modernes kryptographisches Verfahren

Wie wir gesehen haben, wurden klassische Verfahren zunehmend sicherer, jedoch ist selbst die komplexere Variante der polyalphabetischen Verschlüsselung nicht unknackbar. Für moderne Informationsverarbeitung ist dies aus naheliegenden Gründen reichlich unbefriedigend. Wir wollen Ihnen in diesem Abschnitt ein modernes Verfahren vorstellten, bei dem eine Entschlüsselung praktisch unmöglich ist. Zunächst führen wir anschaulich in Grundideen hierfür ein. Anschließend stellen wir fachliche Hintergründe bereit. Im letzten Teil wird das Verfahren (der sog. „RSA-Algorithmus") erarbeitet und es werden Beispiele für seine Anwendung präsentiert.

Grundideen

Einen ersten Einblick haben wir bereits in Kapitel 9.2 gegeben. Im Folgenden werden wir weitere anschauliche Illustrationen der Grundideen vorstellen. Stellen Sie sich hierfür zunächst vor, Sender und Empfänger einer Nachricht besitzen jeweils einen Briefkasten, zu dem sie jeweils einen vor fremdem Zugriff geschützten eigenen Briefkastenschlüssel besitzen. Wenn der Sender dem Empfänger eine Nachricht schreiben möchte, die kein anderer lesen soll, wirft er diese in den Briefkasten des Empfängers – natürlich kann jeder eine Nachricht in den Briefkasten werfen, d.h., hier ist keine Geheimhaltung notwendig, was einem „öffentlichen Schlüssel" entspricht. Allerdings besitzt nur der Empfänger einen Briefkastenschlüssel, um die Nachricht aus dem Kasten zu holen. Dies entspricht dem „privaten Schlüssel": Nur der Empfänger kann den Kasten öffnen und die Nachricht herausholen.

Wie es zwei Personen überhaupt bewerkstelligen können, verschlüsselte Nachrichten auszutauschen, ohne einen privaten Schlüssel auszutauschen, geht auf einen genialen Einfall der amerikanischen Kryptologen Whitfield Diffie und Martin Hellman zurück, den sie 1976 publizierten.[20] Das angekündigte moderne Verschlüsselungsverfahren (der „RSA-Algorithmus") ist durch den „Diffie-Hellman-Algorithmus" inspiriert, dessen Schritte wir metaphorisch zur Illustration durch das Mischen von Farben illustrieren können:

---

[20] Für Interessierte (es lohnt sich schon aus historischen Gründen!): Den Originalaufsatz finden Sie unter https://www-ee.stanford.edu/~hellman/publications/24.pdf

Schritt 1: Sender und Empfänger tauschen eine Farbe öffentlich aus – diese
schnappt auch ein mithörender Spion auf. Außerdem denken sich
beide jeweils eine Farbe, die sie *nicht* austauschen.

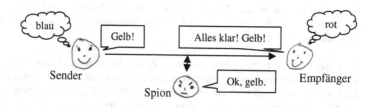

Schritt 2: Sender und Empfänger mischen jeweils ihre ausgedachte und
geheime Farbe. Die Resultate tauschen sie öffentlich aus.

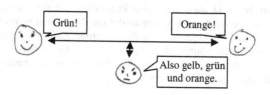

Schritt 3: Sender und Empfänger mischen beide ihre geheime Farbe in die
Mixtur. Auf diese Weise erhalten Sie eine gemeinsame geheime
Farbe und der Spion kann diese nicht nachvollziehen.

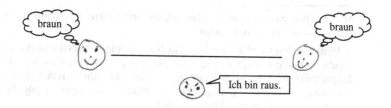

Sowohl im Briefkasten- als auch im Farbbeispiel wird deutlich: Sender und Empfänger operieren mit völlig unterschiedlichen Schlüsseln bei der Ver- und Entschlüsselung – wir erkennen hier das Prinzip eines asymmetrischen Verfahrens (vgl. Kapitel 9.2).

Die zentrale Frage ist nun: Wie können wir uns das Mischen von Farben als Mathematik vorstellen? Dies ist der Clou des Verfahrens, das Sie in diesem Abschnitt kennen lernen:

Man greift darauf zurück, dass man zwei Zahlen leicht multiplizieren kann, aber nur schwer den umgekehrten Weg der Faktorisierung findet, wenn die Zahlen genügend groß sind. Da bieten sich große Primzahlen an. Nehmen wir beispielsweise die beiden größten in der Primzahltabelle im Anhang zu findenden Primzahlen, also 2 971 und 2 999. Ihr Produkt zu bestimmen, ist keine Kunst: Es lautet 8 910 029. Jetzt stellen Sie sich vor, wir hätten Ihnen in Kapitel 5.2 die Übungsaufgabe gestellt, die PFZ von 8 910 029 zu bestimmen. Sie hätten alle Primzahlen bis 2 971 als Teiler durchprobieren müssen. Gut, es gibt im Internet Programme, die das für Sie erledigen, in Sekundenschnelle. Aber wir haben ja auch nur kleine Primzahlen mit vier Stellen verwendet. Wir hätten aber auch zwei je hundertstellige Primzahlen nehmen können. Es gibt effiziente Programme, die selbst so große Zahlen auf die Eigenschaft prim untersuchen können. Die Multiplikation der beiden Zahlen ist kein Problem, doch an der Zerlegung des Produktes in die beiden Primzahlen scheitern sogar moderne Computer.

Bevor Sie weiterlesen, überlegen Sie bitte: Warum bedienen wir uns bei dem oben beschriebenen asymmetrischen Verfahren denn ausgerechnet des Produktes zweier Primzahlen und nicht des Produktes zweier zusammengesetzter Zahlen? Die Antwort „Weil wir dabei schneller eine Faktorisierung angeben könnten." zählt nicht.[21]

---

[21] Wir machen es Ihnen nicht allzu schwer und liefern Ihnen direkt die Antwort – im klassischen Caesar:

Sulpcdkohq hljqhq vlfk ehvvhu, zhlo lkuh Nrpelqdwlrq vfkzlhuljhu cx huudwhq lvw dov hlqh Nrpelqdwlrq cxvdpphqjhvhwcwhu Cdkohq. Ehl Sulpcdkohq jlew hv qxu hlqh Pöjolfknhlw ghu Idnwrulvlhuxqj, ehl cxvdpphqjhvhwcwhq Cdkohq jlew hv phkuhuh Nrpelqdwlrqvpöjolfk-nhlwhq, glh cxp Hujheqlv iükuhq nöqqwhq.

Na gut, wenn Sie zu faul sein sollten, können Sie auch in den Lösungshinweisen nachschauen.

Fachliche Hintergründe des RSA-Algorithmus

Nun schlagen wir die Brücke zur Kongruenzrechnung! In Kapitel 9.4 lieferte die Verallgemeinerung der Caesar- als affine Chiffre bereits ein Beispiel für den Nutzen der „modulo-Rechnung" im Zusammenhang mit Kryptographie. Unser Ziel besteht im Folgenden darin, dass Sie den RSA-Algorithmus, dessen zentrale Grundideen Sie oben kennen gelernt haben, anwenden können – die folgenden Inhalte liefern den Background. Sie werden sehen, dass der Einsatz der „modulo-Rechnung" durch den RSA-Algorithmus ausgesprochen elegant und faszinierend ist. Wir benötigen als Grundlagen

- eine bekannte zahlentheoretische Funktion nebst einiger ihrer Eigenschaften (die Eulersche φ-Funktion, benannt nach dem Schweizer Mathematiker Leonard Euler),

- einen berühmten mathematischen Satz, der auch von Euler stammt, und

- einen „kleinen Satz" des französischen Mathematikers Pierre de Fermat.

Definition 1: Eulersche φ-Funktion

Für jede natürliche Zahl m bezeichnet φ(m) die Anzahl der zu m teilerfremden natürlichen Zahlen, die kleiner oder gleich m sind:

$$\varphi(m) = |\{n \in \mathbb{N} \mid n \le m \text{ und } ggT(n,m) = 1\}|$$

Beispiele:

$\varphi(1) = 1$, $\varphi(2) = 1$, $\varphi(3) = 2$, $\varphi(4) = 2$, $\varphi(5) = 4$, $\varphi(6) = 2$,
$\varphi(7) = 6$ (denn 1, 2, 3, 4, 5 und 6 sind zu 7 teilerfremd),
$\varphi(8) = 4$ (denn 1, 3, 5 und 7 sind zu 8 teilerfremd), ...

Es folgen zwei Sätze über Eigenschaften der Eulerschen φ-Funktion, die wir im Folgenden benötigen werden.

Satz 1: Für alle $p \in \mathbb{P}$ gilt: $\varphi(p) = p - 1$.

Beweis:

Da p eine Primzahl ist, sind alle Zahlen von 1 bis p – 1 zu p teilerfremd, und das sind gerade p – 1 Zahlen.

Beispiele: Gemäß Satz 1 sind für die Angabe der Anzahl aller teilerfremden Zahlen zu einer Primzahl keine größeren Überlegungen notwendig.

$\varphi(17) = 16$, es gibt 16 teilerfremde Zahlen zu der Primzahl 17.
$\varphi(1399) = 1398$, es gibt 1398 teilerfremde Zahlen zu der Primzahl 1399.

Satz 2:   Es seien p, q $\in \mathbb{P}$ und p $\neq$ q. Dann gilt:

$$\varphi(p \cdot q) = (p - 1) \cdot (q - 1) = \varphi(p) \cdot \varphi(q)$$

Beweis:

Um die Anzahl der zu p · q teilerfremden Zahlen zu bestimmen, wenden wir einen Trick an. Wir ermitteln die Anzahl von Zahlen, die gemeinsame Teiler mit p · q haben. Diese ziehen wir anschließend von allen Zahlen, die kleiner oder gleich p · q sind, ab und praktischerweise sind dies ja gerade p · q Stück. Als Konsequenz bleibt genau die Anzahl der teilerfremden Zahlen übrig.

Welche Zahlen sind nicht teilerfremd zu p · q? Da p und q Primzahlen sind, müssen es jeweils ihre Vielfachen sein, also:

p, 2p, 3p, 4p, …, (q − 1) · p, q · p   und   q, 2q, 3q, 4q, …, (p − 1) · q, p · q

Wir haben offenbar q Vielfache von p und p Vielfache von q. Obacht: p · q ist das einzige Vielfache von sowohl p als auch q – wir dürfen es natürlich nicht doppelt abziehen, es taucht ja sowohl bei den Vielfachen von p als auch bei den Vielfachen von q auf – in der folgenden Rechnung zählen wir daher als Ausgleich wieder eine 1 hinzu:

	Anzahl der Zahlen $\leq$ p · q	Abziehen der Anzahl der Vielfachen von p	Abziehen der Anzahl der Vielfachen von q	p · q doppelt abgezogen, wieder ausgleichen
$\varphi(p \cdot q) =$	p · q	− q	− p	+1
=	$(p - 1) \cdot (q - 1)$			
=	$\varphi(p) \cdot \varphi(q)$			

Beispiele: Gemäß Satz 2 muss bei einem Produkt zweier Primzahlen nicht groß überlegt werden, wie viele Zahlen teilerfremd hierzu sind. Man multipliziert einfach die beiden entsprechenden Werte der Eulerschen φ-Funktion.

$\varphi(3 \cdot 5) = \varphi(3) \cdot \varphi(5) = 2 \cdot 4 = 8$
$\varphi(17 \cdot 1399) = \varphi(17) \cdot \varphi(1399) = 16 \cdot 1398 = 22368$

Jetzt kommt endgültig die Kongruenzrechnung ins Spiel und zwar als erstes in Gestalt des angekündigten berühmten Satzes von Euler (gelegentlich auch als Satz von Euler-Fermat bezeichnet).

Satz 3:   Seien a und n zwei teilerfremde natürliche Zahlen. Dann gilt:

$$a^{\varphi(n)} \equiv 1 \bmod n$$

Beweis:

Da $\varphi(m)$ die Anzahl der Zahlen angibt, die $\leq m$ und zu m teilerfremd sind, können wir diese $\varphi(m)$ verschiedenen Zahlen wie folgt angeben:

$$n_1, n_2, n_3, \ldots, n_{\varphi(m)}$$

Wir können diese $\varphi(m)$ Zahlen als Repräsentanten derjenigen Restklassen ansehen, welche die zum Modul m teilerfremden Zahlen enthalten. Man nennt diese auch prime Restklassen.

Da a und m nach Voraussetzung und ebenso die Zahlen $n_1, n_2, n_3, \ldots, n_{\varphi(m)}$ teilerfremd sind, sind auch die Zahlen $a \cdot n_1, a \cdot n_2, a \cdot n_3, \ldots, a \cdot n_{\varphi(m)}$ zu m teilerfremd.

Zudem sind je zwei von diesen Zahlen zueinander nie kongruent modulo m. Wäre dies der Fall, also $a \cdot n_i \equiv a \cdot n_j \bmod m$ mit $1 \leq i, j \leq \varphi(m)$, so könnte man diese Kongruenzgleichung durch a dividieren (Kapitel 8, Satz 6a), denn ggT(a, m) = 1, und würde $n_i \equiv n_j \bmod m$ erhalten. Dies würde $n_i = n_j$ bedeuten, da $n_i, n_j < m$. Das wäre ein Widerspruch dazu, dass n_i und n_j verschiedene zu m teilerfremde Zahlen sind.

Wir haben also $\varphi(m)$ prime Restklassen und $\varphi(m)$ zueinander nicht kongruente Zahlen $a \cdot n_1, a \cdot n_2, a \cdot n_3, \ldots, a \cdot n_{\varphi(m)}$, die zu m teilerfremd sind.

Jede dieser Zahlen muss folglich in eine der durch $n_1, n_2, n_3, \ldots, n_{\varphi(m)}$ repräsentierten Restklassen fallen (Kapitel 8, Satz 8).

Also ist je eine der Zahlen $n_1, n_2, n_3, \ldots, n_{\varphi(m)}$ zu einer der Zahlen $a \cdot n_1, a \cdot n_2, a \cdot n_3, \ldots, a \cdot n_{\varphi(m)}$ kongruent modulo m.

Wir können diese Kongruenzen multiplizieren (mehrfache Anwendung von Satz 4, Teil 2 aus Kapitel 8) und erhalten:

$$a \cdot n_1 \cdot a \cdot n_2 \cdot a \cdot n_3 \cdot \ldots \cdot a \cdot n_{\varphi(m)} \equiv n_1 \cdot n_2 \cdot n_3 \cdot \ldots \cdot n_{\varphi(m)} \bmod m$$

Da alle n_i zu m teilerfremd sind und damit auch das Produkt aller n_i, können wir die obige Gleichung durch $n_1 \cdot n_2 \cdot n_3 \cdot \ldots \cdot n_{\varphi(m)}$ dividieren (wieder Kapitel 8, Satz 6a) und erhalten

$\underbrace{a \cdot a \cdot a \cdot \ldots \cdot a}_{\varphi(m)\text{-mal}} \equiv 1 \bmod m$, also $a^{\varphi(m)} \equiv 1 \bmod m$.

Machen Sie sich die Beweisschritte des Satzes von Euler auch an einem Beispiel deutlich. Wir schlagen dafür als Werte m = 5 und a = 7 vor. Sie werden sehen, dass $a \cdot n_1 \equiv n_2 \bmod 5$, $a \cdot n_2 \equiv n_4 \bmod 5$, $a \cdot n_3 \equiv n_1 \bmod 5$ und $a \cdot n_4 \equiv n_3 \bmod 5$ ist.

Mit dem Satz von Euler lassen sich große Exponenten modulo n geschickt umformen. It's magic!

Beispiel 1:

Ein typisches Beispiel der Anwendung des Satzes von Euler ist die elegante Reduzierung großer Exponenten: Was ist beispielsweise die letzte Ziffer von 7^{222} im Dezimalsystem? Zur Beantwortung werden wir Eulers Satz für a = 7 und natürlich m = 10 anwenden. Es ist ggT(7, 10) = 1 . Die Voraussetzung der Teilerfremdheit ist somit erfüllt. Zudem ist $\varphi(10) = 4$, dies verwenden wir direkt, um den Satz zu benutzen:

$$7^4 \equiv 1 \bmod 10$$

Nun können wir den unhandlichen Exponenten mit elementaren Umformungen und durch Anwendung von Potenzgesetzen leicht modulo 10 reduzieren:

$$7^{222} \equiv 7^{4 \cdot 55 + 2} \equiv (7^4)^{55} \cdot 7^2 \equiv 1^{55} \cdot 7^2 \equiv 7^2 \equiv 49 \equiv 9 \bmod 10$$

Beispiel 2:

Der Satz von Euler garantiert andererseits die Richtigkeit von Beziehungen wie dieser:

$$29^{352} \bmod 391 \equiv 29^{16 \cdot 22} \bmod 391 \equiv 29^{\varphi(17 \cdot 23)} \bmod 391 \equiv 29^{\varphi(391)} \bmod 391 \equiv 1$$

Aus dem Satz von Euler können wir den „kleinen Satz von Fermat" ableiten:

Satz 4:   Ist $a \in \mathbb{N}$, so gilt für alle $p \in \mathbb{P}$ mit $p \nmid a$:

$$a^{p-1} \equiv 1 \bmod p$$

Dies ist gleichbedeutend mit: $a^p \equiv a \bmod p$

Beweis:

Nach Voraussetzung sind p und a teilerfremd. Also gilt nach dem Satz von Euler $a^{\varphi(m)} \equiv 1 \bmod m$. Da für eine Primzahl p stets $\varphi(p) = p - 1$ gilt (Satz 1), folgt die Behauptung $a^{p-1} \equiv 1 \bmod p$ und nach Multiplikation mit a (Kapitel 8, Satz 4a, Teil 2) auch $a^p \equiv a \bmod p$.

Machen Sie sich zur Übung klar: Die Aussage $a^p \equiv a \bmod p$ aus Satz 4 ist sogar im Falle p|a richtig.

So, das Fundament ist bereitet! Nun wird es wieder konkreter – wir wenden uns der konkreten Durchführung des „RSA-Algorithmus" zu.

Der RSA-Algorithmus

Der RSA-Algorithmus gilt als das berühmteste asymmetrische Verschlüsselungsverfahren. Die Bezeichnung RSA ist entstanden aus den Anfangsbuchstaben der Familiennamen der drei Mathematiker Roland L. Rivest, Adi Shamir und Leonard Adleman, die den Algorithmus 1977 vorgelegt haben. Der Clou ist, wie Sie schon längst wissen, der Einsatz von Kongruenzrechnung in Verbindung mit möglichst großen Primzahlen. Nur um Ihnen die Vorgehensweise zu verdeutlichen, Sie also in die Lage zu versetzen, die entsprechenden Ver- und Entschlüsselungsprozeduren selbst mit Hilfe Ihres Taschenrechners nachzuvollziehen, werden wir uns mit kleinen Primzahlen bescheiden. Wir werden Zahlen verschlüsseln. Man kann ebenso Buchstaben verschlüsseln, indem man einen passenden Code anwendet, bei Computern in der Regel beispielsweise ein Zeichensatzsystem wie z.B. ASCII[22], das jedem Buchstaben eine Zahl zuordnet. Zum Vorgehen: Als erstes generieren wir unsere Schlüssel, dann ver- und entschlüsseln wir.

Schritt 1:	Beispielrechnung:
Zunächst bilden wir das Produkt m zweier Primzahlen p und q. Dieses Produkt wird *RSA-Modul* genannt und mit m bezeichnet.	Wir wählen p = 2 und q = 7. m = p · q = 2 · 7 = 14

[22] ASCII steht für American Standard Code for Information Interchange, eine 7-Bit-Zeichencodierung. Die binäre Zahl 1000001 steht z.B. für den Buchstaben A, 1000010 für B, 1000011 für C.

Schritt 2:	Beispielrechnung:
Wir berechnen $\varphi(m) = \varphi(p \cdot q)$ $= (p-1) \cdot (q-1)$.	$\varphi(14) = \varphi(2 \cdot 7)$ $= 1 \cdot 6$ $= 6$

Schritt 3:	Beispielrechnung:
Wir wählen eine Zahl e, die zu $\varphi(m)$ teilerfremd ist. Üblicherweise nimmt man für e ebenfalls eine Primzahl, meist eine die größer als p und q ist. Die Zahl e heißt *Verschlüsselungsexponent* (e wie „encrypt"). Beachten Sie: Nur e und m sind die Daten, die öffentlich bereitgestellt werden, sie bilden zusammen den öffentlichen Schlüssel.	Wir wählen: e = 11

Schritt 4:	Beispielrechnung:
Wir bestimmen eine Zahl d, den *Entschlüsselungsexponenten* (d wie „decrypt"). d und m sind der private Schlüssel. Dabei ist d das multiplikativ Inverse zu e bezüglich des Moduls $\varphi(m)$, also die Zahl, für die gilt: $e \cdot d \equiv 1 \bmod \varphi(m)$ Dieses Inverse existiert, da e und $\varphi(m)$ teilerfremd sind. Wir können umformen: $e \cdot d \equiv 1 \bmod \varphi(m)$ $\Leftrightarrow \varphi(m) \mid e \cdot d - 1$ / Kap. 8, Satz 1 $\Leftrightarrow \exists\, r \in \mathbb{Z}$ mit: $e \cdot d - 1 = r \cdot \varphi(m)$ / Kap. 4, Def. 1 $\Leftrightarrow e \cdot d + \varphi(m) \cdot (-r) = 1$ Da e hier so gewählt wurde, dass $ggT(e, \varphi(m)) = 1$ gilt, finden wir nach Satz 12 aus Kapitel 7 für diese Linearkombination ein ganzzahliges Lösungspaar (d, −q).	Man führt den euklidischen Algorithmus für e und $\varphi(m)$ durch und durchläuft ihn anschließend von unten nach oben (vgl. Kapitel 7.6). Wir führen dies für unsere Zahlen $e = 11$ und $\varphi(14) = 6$ durch: $11 = 1 \cdot 6 + 5$ $6 = 1 \cdot 5 + 1$ $\quad \longrightarrow 1 = 6 - 1 \cdot 5$ $\qquad = 6 - 1 \cdot (11 - 1 \cdot 6)$ $\qquad = 11 \cdot (-1) + 2 \cdot 6$ Die Lösung d = −1 erfüllt nicht ganz unsere Erwartungen, denn der Entschlüsselungsexponent d soll eine positive ganze Zahl sein. Allerdings können wir sofort durch Addition des Moduls $\varphi(14) = 6$ einen Wert für d erhalten, für den ebenfalls $e \cdot d \equiv 1 \bmod \varphi(m)$ gilt. d ist dann 5.

Fassen wir den Stand zusammen:

- Der öffentliche Schlüssel (e,m), wichtig für den Sender der Zahl, besteht aus den Zahlen 11 und 14.

- Der private Schlüssel (d,m) des Empfängers besteht aus den Zahlen 5 und 14. Im Falle einer Antwort, d.h., würde der Empfänger zum Sender und der Sender zum Empfänger, würde sich das Prozedere wiederholen.

- Die Zahlen p, q, $\varphi(m)$ sowie das r, das sich aus dem euklidischen Algorithmus ergeben hat, können vernichtet werden. Für den weiteren Vorgang werden sie nicht mehr benötigt.

Die Schlüssel sind generiert! Nun ver- und entschlüsseln wir. Nehmen wir als Beispiel einmal an, die persönliche Identifikationsnummer Ihrer Scheckkarte sei 2543. Diese wollen wir mit den o.g. Parametern chiffrieren. Die Ziffern Ihrer PIN sind $a_1 = 2$, $a_2 = 5$, $a_3 = 4$ und $a_4 = 3$. Zur Verschlüsselung mit dem öffentlichen Schlüssel muss man $a_i^e \bmod m$, also $a_i^{11} \bmod 14$ für i = 1, 2, 3, 4 berechnen. Die verschlüsselten Werte bezeichnen wir als c_1, c_2, c_3 und c_4.

$$a_1^{11} = 2^{11} = 2048 \equiv 4 \bmod 14, \text{ also } c_1 = 4$$
$$a_2^{11} = 5^{11} = 48\,828\,125 \equiv 3 \bmod 14, \text{ also } c_2 = 3$$
$$a_3^{11} = 4^{11} = 4\,194\,304 \equiv 2 \bmod 14, \text{ also } c_3 = 2$$
$$a_4^{11} = 3^{11} = 177\,147 \equiv 5 \bmod 14, \text{ also } c_4 = 5$$

Ihre verschlüsselte PIN lautet nun 4325.

Zur Entschlüsselung verwenden wir den privaten Schlüssel und berechnen $a_i^d \bmod m$, also $a_i^5 \bmod 14$ für i = 1, 2, 3, 4.

$$c_1^5 = 4^5 = 1\,024 \equiv 2 \bmod 14, \text{ also } a_1 = 2$$
$$c_2^5 = 3^5 = 243 \equiv 5 \bmod 14, \text{ also } a_2 = 5$$
$$c_3^5 = 2^5 = 32 \equiv 4 \bmod 14, \text{ also } a_3 = 4$$
$$c_4^5 = 5^5 = 3\,125 \equiv 3 \bmod 14, \text{ also } a_4 = 3$$

Da ist also Ihre PIN wieder 2543. It's magic!

Glauben Sie ernsthaft an Wunder in der Mathematik? Die berechtigte Forderung, dass nach dem Chiffrieren und anschließendem Dechiffrieren wieder die ursprünglichen Werte erscheinen, wird aufgrund logischer Überlegungen erfüllt. Hier kommt nun der Satz von Euler ins Spiel.

Satz 5:   Sei a die ursprüngliche Zahl und a' die sich nach Ver- und Entschlüsselung entsprechend des RSA-Algorithmus ergebende Zahl. Dann gilt für jede natürliche Zahl a < m:

a' = a.

Beweis:

$$a' \equiv c^d \bmod m \qquad\qquad\qquad\qquad\qquad \text{/Dechiffrierung}$$
$$\equiv (a^e)^d \bmod m \qquad\qquad\qquad\qquad \text{/Chiffrierung}$$
$$\equiv a^{ed} \bmod m \qquad\qquad\qquad\qquad \text{/Potenzregeln}$$
$$\equiv a^{1+q\varphi(m)} \bmod m \qquad\qquad\qquad \text{/ed} \equiv 1 \bmod \varphi(m)$$
$$\equiv a \cdot a^{q\varphi(m)} \bmod m \qquad\qquad\qquad \text{/Potenzregeln}$$
$$\equiv a \cdot a^{\varphi(m)} \cdot \ldots \cdot a^{\varphi(m)} \bmod m \qquad\qquad \text{/Potenzregeln}$$
$$\equiv a \cdot 1 \cdot \ldots \cdot 1 \bmod m \qquad \text{/Satz von Euler: } a^{\varphi(m)} \equiv 1 \bmod m$$
$$\equiv a \bmod m$$

Aus a' $\equiv$ a mod m folgt, da a' und a kleiner m sind, dass a' = a gilt.

Satz 5 garantiert uns, dass durch den beschriebenen Algorithmus der entschlüsselte Wert a' gleich dem Wert a des Klartextes ist. Dazu muss a < m sein, was kein Problem darstellt, wenn wir für m das Produkt zweier großer Primzahlen, etwa mit je 100 Stellen, wählen. Mit dem RSA-Modul 14, das wir im obigen Beispiel gewählt haben, können wir natürlich nicht das gesamte Alphabet in Groß- und Kleinschreibung, 10 Ziffern und noch diverse Satz- und Steuerzeichen verschlüsseln.

Auf S. 172 hatten wir in einer Abbildung ein Schema zur Veranschaulichung des Prozederes bei klassischen kryptographischen Verfahren dargestellt. Die folgende Abbildung zeigt als grobe Zusammenfassung ein Pendant für den RSA-Algorithmus als prototypisches Beispiel für ein modernes asymmetrisches Verfahren.

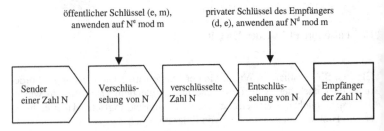

Abschließende Bemerkungen zur Sicherheit des RSA-Algorithmus

Susanne will eine Botschaft an Jochen schicken, die niemanden sonst etwas angeht. Jochen hat sich zwei große Primzahlen p und q ausgesucht, $p \cdot q = m$ berechnet, ebenso $\varphi(m)$ und eine zu $\varphi(m)$ teilerfremde Zahl e bestimmt. Die Zahlen m und e teilt er für jedermann sichtbar auf seiner Homepage mit.

Susanne entnimmt Jochens Homepage diese beiden Zahlen, verschlüsselt damit ihre Botschaft und schickt diese an Jochen. Sie kann sie ruhig für jedermann sichtbar auf Jochens Homepage deponieren, niemand kann mit dieser verschlüsselten Botschaft etwas anfangen.

Inzwischen hat Jochen nach dem oben beschriebenen Verfahren seine Entschlüsselungszahl d berechnet. Diese hebt er in einer Schublade seines heimischen Schreibtisches auf. Die Zahlen p, q und $\varphi(m)$ löscht er aus Sicherheitsgründen dauerhaft.

Wenn er nun die eingehende Botschaft von Susanne empfängt, kann er diese mit Hilfe von d und m entschlüsseln. Das kann auch nur er, denn d kennt außer ihm niemand.

Mal angenommen, jemand sei am Inhalt der Botschaft interessiert, vielleicht weil die Person vermutet, dass Susanne Jochen einen Vorschlag für die nächste Arithmetikklausur geschickt hat[23]. Diese Person müsste den Entschlüsselungsexponenten d errechnen. Dazu müsste ihr $\varphi(m)$ bekannt sein. $\varphi(m)$ wurde aber von Jochen dauerhaft gelöscht. $\varphi(m)$ könnte man jedoch leicht rekonstruieren, wenn man die Primzahlen p und q kennt. Die sind aber auch gelöscht. Es bleibt nur noch der Versuch, aus m die beiden Faktoren p und q zu ermitteln, sprich die Primfaktorzerlegung von m zu bestimmen.

Dieses vermeintlich einfache Problem entpuppt sich bei näherer Betrachtung als schier unlösbar. Wenn man stumpf alle Primzahlen bis zur Wurzel aus m ausprobiert, so hätte man bei mindestens 100-stelligen Primzahlen p und q, also einem mindestens 200-stelligen m, über 10^{97} Primzahlen als Teiler von m zu untersuchen. Die Zahl der Primzahlen zwischen 2 und 10^{100} beträgt nämlich annähernd 10^{97} und übersteigt damit die Zahl der Atome im Universum, die auf etwa 10^{78} geschätzt wird, bei Weitem. Es gehört nicht viel Fantasie dazu sich vorzustellen, dass das keine praktikable Methode ist. Hier zeigt sich, dass die Suche nach großen Primzahlen und nach schlanken

---

[23] Wir kämen selbstredend niemals auf die Idee, unseren Studierenden solch üble Pläne zu unterstellen.

Algorithmen zum Primzahltesten nicht nur Sport ist, sondern großen praktischen Nutzen hat.

Die Mathematiker haben sich natürlich klügere Algorithmen für die Faktorisierung von Zahlen einfallen lassen als das stupide gerade genannte Verfahren. Und damit haben sie auch bemerkenswerte Ergebnisse erzielt. So gelang am 12. Dezember 2009 Thorsten Kleinjung u.a. die Faktorisierung der 232-stelligen RSA-Zahl RSA-768. Auch mit der Faktorisierung großer Zahlen ließen sich Preisgelder gewinnen, wie beim Finden größter Primzahlen (vgl. Kap. 6). Allerdings hatte die Firma RSA Security den RSA Factory Challenge da schon eingestellt. Als Begründung heißt es 2007, die ursprüngliche Intention des Wettbewerbs, die Darlegung der Sicherheit von RSA, sei inzwischen ausreichend geklärt.

Sicher ist, dass wir es hier mit einem sehr ungleichen Rennen zu tun haben. Während es leicht ist, auf noch größere Primzahlen zurückzugreifen, um das RSA-Modul m festzulegen, stehen die Gegner beim Versuch, die Zerlegung von m in Primzahlen zu bestimmen, in vergleichsweise kurzem Hemd da.

Übung: 1) Bestimmen Sie $\varphi(m)$ für $m = 9, \ldots, 20$.

            2) Vollziehen Sie den Beweis zu Satz 2 am Beispiel der Primzahlen $p = 7$ und $q = 11$ nach.

            3) Beweisen Sie: Für alle $a \in \mathbb{N}$ und $p \in \mathbb{P}$ gilt: $a^p \equiv a \bmod p$.

            4) Zeigen Sie, dass der 7er-Rest von 3^{5555} gleich 5 ist.

            5) Wir haben den Buchstaben des Alphabets zweistellige Zahlen zugeordnet ($A = 01$, $B = 02$, ..., $Z = 26$), das RSA-Modul ist 33, der Verschlüsselungsexponent ist 7.

               a) Entschlüsseln Sie unsere Botschaft.

                              14 20 16 14

               b) Verschlüsseln Sie unsere Botschaft sicherer.

10 Stellenwertsysteme

Für uns Erwachsene ist der Umgang mit Zahlen, sowohl die Darstellung als auch das Rechnen mit ihnen, so selbstverständlich, dass wir uns nur schwer in die Lage eines Kindes versetzen können, das am Anfang seiner Zahlbegriffsbildung steht. Ein Blick in die Geschichte der Mathematik zeigt uns, welch enorme Denkleistung unser heutiges Zahlensystem verkörpert, wie es sich über Jahrtausende entwickelt hat, und welche unterschiedlichen Wege dabei von verschiedenen Kulturen eingeschlagen wurden. Der Versuch, Zahlen in uns fremden Zahlensystemen darzustellen und mit ihnen zu rechnen, lässt uns erahnen, welche Leistung Kinder vollbringen und welche Probleme dabei auftreten können.

Für eine an den Schwierigkeiten der Schüler orientierte Unterrichtsvorbereitung könnte daher empfohlen werden: Der Lehrer bereite die neu einzuführende Zahldarstellung bzw. Rechentechnik zuhause auch an einer für ihn ungeläufigen Basis vor.

10.1 Zahldarstellungen

Prinzipiell lassen sich zwei Wege unterscheiden, wie man Zahlen darstellen kann. Wir können zum einen für die Einheit ein Symbol erfinden (z.B. eine Kerbe in einem Holz) und dieses Symbol so oft wiederholen, wie die Zahl Einheiten enthält („kardinaler Weg"). Zum anderen können wir uns für jede Zahl ein neues Symbol überlegen, z.B. $|$, $\perp$, $\not\perp$, $\square$, $\leftrightarrow$, $\Leftrightarrow$, ... („ordinaler Weg"). Beides ist nicht der Weisheit letzter Schluss. Unsere Kerbhölzer werden schnell unübersichtlich. Und immer neue Symbole zu erfinden und sich diese zu merken ist auch unmöglich. Eine erste Lösung besteht in der Anwendung einer Mischform dieser Wege.

Das ägyptische Zahlensystem

Seit etwa 3000 v. Chr. verwandten die Ägypter Ziffern, die Bestandteile der Hieroglyphenschrift waren, zur Darstellung von Zahlen. Man erkennt die Prinzipien *Reihung* (die den einzelnen Einheiten zugeordneten Ziffern werden ihrer Anzahl entsprechend wiederholt) und *Bündelung* (je 10 Einheiten werden zu einer neuen Einheit zusammengefasst).

© Springer Fachmedien Wiesbaden GmbH, ein Teil von Springer Nature 2018
R. Benölken, H.-J. Gorski, S. Müller-Philipp, *Leitfaden Arithmetik*,
https://doi.org/10.1007/978-3-658-22852-1_10

Das Zeichen für 100 stellt ein Seil dar, das Zeichen für 1000 eine Lotosblüte, das Zeichen für 10 000 ist ein Schilfhalm, das für 100 000 eine Kaulquappe und das Zeichen für die Million ist das Zeichen für Gottheit.

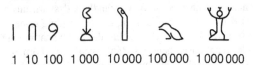

1   10   100   1 000   10 000   100 000   1 000 000

Die Darstellung rechts steht dann für 3254 (aus Schlagbauer, Lemke & Müller-Philipp, 1991, S. 32).

Beim Schreiben wurde darauf geachtet, dass nicht mehr als vier Zeichen einer Einheit nebeneinander standen, was wohl mit der Fähigkeit zum simultanen Erfassen von Anzahlen zusammenhängt, und gewöhnlich wurden die Zeichen der Größe nach geordnet. Dies ist aber für die Eindeutigkeit der Zahldarstellung nicht zwingend, denn eine Kaulquappe bedeutet immer 100 000, unabhängig von ihrer Stellung im Zahlwort. Das Zahlensystem der Ägypter ist kein Positionssystem.

Das römische Zahlensystem

Allgemein bekannt sind die römischen Zahlen. Sie bestehen aus sieben einfachen Zeichen (Buchstaben). Abwechselnd werden 5 und 2 Einheiten zu einer neuen Einheit zusammengefasst (*alternierende Fünfer- und Zweierbündelung*).

Zahlen ohne eigenes Zahlzeichen werden durch Reihung gebildet. So bedeutet CCCXXIII 323 und MXXII steht für 1022. Dabei tritt die folgende Zusatzregel in Kraft:

I	1	·5
V	5	·2
X	10	·5
L	50	·2
C	100	·5
D	500	·2
M	1 000	

Bei ungleichen Ziffern wird die kleinere zur größeren addiert, wenn sie rechts von ihr steht, wenn sie links von ihr steht, subtrahiert. VII bedeutet $5 + 2 = 7$ und CD bedeutet $500 - 100 = 400$.

Trotz dieser Zusatzregel handelt es sich beim römischen Zahlensystem um kein Positionssystem.

Ähnlich wie bei den Ägyptern müssen mit dem römischen Zahlensystem größere Zahlen in unübersichtlich langen Zahlzeichenreihen dargestellt werden (versuchen Sie es einmal mit 3888). Und das Rechnen mit römischen Zahlen ist äußerst kompliziert. Deswegen benutzten die Römer zum Rechnen ein Rechenbrett (Abakus), welches das Stellenwertsystem vorwegnimmt:

10^6	10^5	10^4	10^3	10^2	10^1	10^0
$\overline{\text{M}}$	$\overline{\text{C}}$	$\overline{\text{X}}$	M	C	X	I
●● ●		●● ●● ●	●	●● ●● ●● ●●	●● ●	●● ●●

In dem einfachen römischen Abakus von oben ist die Zahl 3051834 dargestellt.

Das babylonische Zahlensystem

Im dritten Jahrtausend v. Chr. haben die Sumerer[1] die Keilschriftziffern entwickelt. Etwa im 18. Jahrhundert v. Chr. führten babylonische Gelehrte für den wissenschaftlichen Gebrauch das folgende Zahlensystem ein, das das älteste bekannte Stellenwertsystem ist:

---

[1] Die Sumerer erschienen gegen Ende des vierten Jahrtausends v. Chr. im Gebiet des heutigen Südiraks. Dabei ist noch immer nicht geklärt, ob sich das Volk im Lande selbst bildete oder von Nordosten her einwanderte. Unter den Sumerern entstand in der Gegend um Basra eine der ersten Hochkulturen der Menschheit.

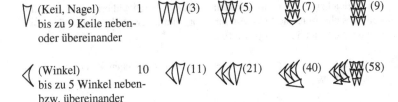

Bis zur 59 läuft alles noch analog zum ägyptischen Zahlensystem. Aber jetzt kommt der Clou:

Beispiel: 82 = 𝖸𝕶𝕶𝗪   und nicht etwa 𝙒𝙒

Als Zahlzeichen für die 60 griffen die Babylonier wieder auf den Keil zurück.

Beispiel: 1452 = 𝕶𝕶𝗪𝕶𝗪 , denn 24 · 60 + 12 = 1440 + 12 = 1452.

Beispiel: 1511 = 𝕶𝕶𝗪𝕶𝗪 , denn 25 · 60 + 11 = 1500 + 11 = 1511.

Wir haben es also bei diesem Zahlensystem mit einer alternierenden Zehner- und Sechserbündelung zu tun. Durch Reihung der beiden Grundzeichen Keil und Winkel werden die Zahlen von 1 bis 59 geschrieben. Ab 60 tritt dann das Positionsprinzip in Kraft: Zur Darstellung größerer Zahlen wird auf dieselben Zahlzeichen zurückgegriffen, der Zahlenwert bestimmt sich durch die Stellung der Zahlzeichen im Zahlwort. Ein Keil kann also sowohl 1 als auch 60 als auch 3600 als auch ... bedeuten. Es liegt also ein *Stellenwertsystem mit der Basiszahl 60* vor.

60^3	60^2	60^1	60^0
$1 \cdot 60^3$	$57 \cdot 60^2$	$36 \cdot 60^1$	$15 \cdot 60^0$
$= 1 \cdot 216000$	$= 57 \cdot 3600$	$= 36 \cdot 60$	$= 15 \cdot 1$

In der Stellentafel des *Sexagesimalsystems (60er-Systems)* oben ist die Zahl 423 375 dargestellt.

Die Art der babylonischen Zahldarstellung ist nicht unproblematisch. Das erste Problem betrifft das Rechnen. Addition und Subtraktion lassen sich direkt stellenweise durchführen, so wie wir es in unserem Dezimalsystem auch tun. Natürlich muss man dabei auf Überträge achten und beim Subtrahieren gegebenenfalls vom höheren Stellenwert eine Einheit umwandeln oder passend erweitern. Allerdings stehen an den einzelnen Stellen nicht wie bei uns Zahlen bis höchstens 9, sondern bis 59.

Die benötigten 1+1-Fakten, die man für zügiges Rechnen im Kopf haben sollte, beinhalten bei uns 100 Aufgaben (inkl. der Aufgaben mit 0), bei den Babyloniern 3600 Aufgaben. Das scheint noch machbar. Problematischer wird es bei der Multiplikation: Man muss das „kleine" 1x1 bis 59 beherrschen, eine unlösbar scheinende Aufgabe für ein menschliches Gehirn[2].

Das zweite Problem betrifft die *Eindeutigkeit* der dargestellten Zahlen. Das durch „ " dargestellte Zahlwort z.B. kann 2, aber auch $2 \cdot 60 = 120$ oder $2 \cdot 3600 = 7200$ oder sonst etwas bedeuten. Was bedeutet „ "? Vielleicht 3, vielleicht aber auch $1 \cdot 60 + 2 = 62$, oder $2 \cdot 60 + 1 = 121$ oder ...

Was gemeint war, musste dem Kontext entnommen werden. Die Babylonier versuchten dem Problem der Mehrdeutigkeit dadurch zu begegnen, dass sie für nicht besetzte Stellen Lücken in der Zahldarstellung ließen, z.B.:

$= 17 \cdot 60^3 + 0 \cdot 60^2 + 46 \cdot 60 + 11$

Im letzten Jahrtausend v. Chr. wurde ein Sonderzeichen für nicht besetzte Stellen eingeführt, das aber noch nicht an das Ende eines Zahlwortes geschrieben wurde.

$= 12 \cdot 60^2 + 0 \cdot 60 + 33$

$$= 11 \cdot 60^2 + 0 \cdot 60^1 + 10 \qquad\qquad ?$$
$$= 11 \cdot 60^3 + 0 \cdot 60^2 + 10 \cdot 60^1 + 0 \qquad ?$$

---

[2] Tatsächlich benutzten die babylonischen Gelehrten tönerne Multiplikationstafeln, denen sie die Ergebnisse entnahmen.

Sowohl das Prinzip des Stellenwertsystems als auch das Sexagesimalsystem blieben dauerhafter Besitz der Menschheit. Unsere heutigen Einteilungen der Stunde in 60 Minuten und 3600 Sekunden sowie die Einteilung des Vollkreises in 360 Grad, des Grades in 60 Minuten, der Minute in 60 Sekunden gehen auf die Sumerer zurück[3]. Vielleicht lag der Grund für die Wahl der Basis 60 im Wunsch begründet, die Maßsysteme zu vereinheitlichen. Vielleicht hat es auch eine Rolle gespielt, dass 60 viele natürliche Teiler besitzt. Leider ist uns darüber nichts bekannt.

Das Dezimalsystem

Mit dem ägyptischen Zahlensystem haben wir eines kennengelernt, das konsequent die Zehnerbündelung verfolgt, aber kein Stellenwertsystem ist. Das babylonische Zahlensystem ist dagegen ein Stellenwertsystem, allerdings mit der für manche Zwecke unhandlich großen Basiszahl 60, dem zusätzlich noch eine Null im heutigen Sinne fehlt. Nimmt man beide Ideen zusammen, erfindet die Null, und führt statt der umständlichen Aneinanderreihung von bis zu 9 Strichen oder Keilen einfache Symbole für die Zahlen von 0 bis 9 ein, so hat man das heutige Dezimalsystem erfunden.

Unsere heutige Zahlschrift stammt aus Indien. Die nebenstehende Abbildung (Schlagbauer, Lemke & Müller-Philipp, 1991, S. 33) zeigt einige Schlaglichter ihrer Entwicklung eindrucksvoll auf. Etwa 300 v. Chr. tauchen in der Brahmi-Zahlschrift die Urahnen unserer heutigen Ziffern zum ersten Mal auf. Die ältesten bekannten Texte (aus Indien und Kambodscha), in denen eine Zahlschrift mit neun Ziffern und der Null mit identischem Aufbau wie die moderne vorkommt, stammen etwa aus dem Jahre 600 n. Chr.

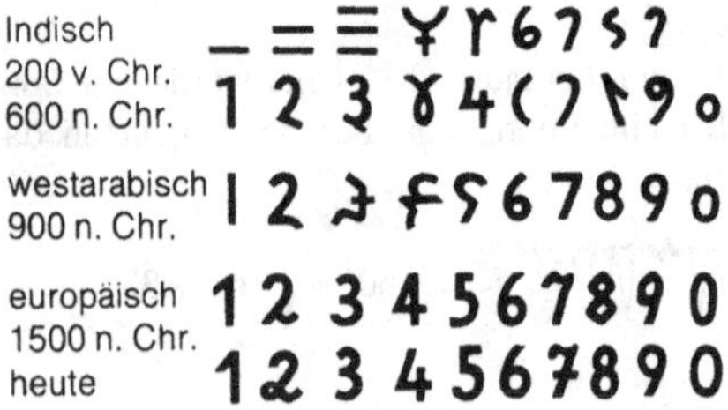
Indisch
200 v. Chr.
600 n. Chr.
westarabisch
900 n. Chr.
europäisch
1500 n. Chr.
1 2 3 4 5 6 7 8 9 0
heute
1 2 3 4 5 6 7 8 9 0

[3] Vgl. hierzu: 83 Sekunden = 1‘ 23‘‘ oder auch 65 min = 1 h 5 min .

Im 8. Jahrhundert übernahmen die Araber das indische Zahlensystem, Ende des 8. Jahrhunderts war das indische dezimale Stellenwertsystem mit der Null auf islamischem Gebiet eingeführt. Die Araber entwickelten die Schreibweise der Ziffern fort und brachten das System schließlich nach Europa. Im 15. Jahrhundert, etwa zeitgleich mit der Erfindung des Buchdrucks, wurden die „arabischen" Ziffern fast überall in Europa benutzt. Ihre Schreibweise wurde fortlaufend normiert.

Das Dezimalsystem hat einige wesentliche Vorteile: Mit einem geringen Aufwand an Ziffern lässt sich jede Zahl eindeutig aufschreiben. Die Rechenverfahren sind verhältnismäßig überschaubar und leicht durchzuführen. Da man stellenweise rechnen kann, reicht die Beherrschung des kleinen 1+1 und 1×1 aus, um beliebig große Zahlen zu addieren und zu multiplizieren. Diese benötigten Grundkenntnisse wären zwar bei einer kleineren Basiszahl als 10 noch geringer, man würde sich diesen Vorteil aber mit längeren und unübersichtlicheren Zahlwörtern erkaufen. Sicher hat es auch eine Rolle gespielt, dass der Mensch 10 Finger hat, die schon immer zum Zählen und Rechnen benutzt wurden. Denn für die Basiszahlen 8 und 12 gelten die oben genannten Vorzüge sicher genauso, gegenüber der 10 hätten diese Zahlen aber den Vorteil, mehr echte Teiler zu besitzen.

Übung: 1) Die folgende Abbildung befindet sich in einem Mathematikschulbuch für Jahrgang 5 (Schlagbauer, Lemke & Müller-Philipp, 1991, S. 32). Übersetzen Sie die Hieroglyphen.

2) Welche Zahlen sind dargestellt?

3) Schreiben Sie ägyptisch: 304113 ; 220204

4) Welche Zahlen sind dargestellt?
   XXIV ; CCXCIII ; CDXL ; MCMXLIX

5) Schreiben Sie mit römischen Zahlzeichen:
   19 ; 43 ; 229 ; 1998 ; 3444

6) Welche Zahlen sind vermutlich dargestellt?

7) Schreiben Sie in Keilschrift: 73 ; 116 ; 3165

10.2 b-adische Ziffernsysteme

Wie bereits erwähnt, ist die Wahl der Basis 10 für unsere Form der Zahldarstellung relativ willkürlich. Im Prinzip hätten wir jede andere natürliche
Zahl ≥ 2 als Basis nehmen können. Von der Wahl der Basis ist die Anzahl der
benötigten Ziffern abhängig: Man braucht b verschiedene Ziffern einschließlich der Null. Nimmt man als Basis die Zahl b = 2, so benötigt man nur
zwei Ziffern, eine Null und eine Eins[4]. Wir zählen:

	...	2^4	2^3	2^2	2^1	2^0	← Stellenwerte
0:						0	
1:						1	Ziffernvorrat er-
2:					1	0	schöpft, also neue
3:					1	1	Stelle
4:				1	0	0	„
5:				1	0	1	
6:				1	1	0	
7:				1	1	1	„
8:			1	0	0	0	
9:			1	0	0	1	
10:			1	0	1	0	
11:			1	0	1	1	
12:			1	1	0	0	
13:			1	1	0	1	
14:			1	1	1	0	
15:			1	1	1	1	„
16:		1	0	0	0	0	
17:		1	0	0	0	1	
.		.	.	.	.	.	
.		.	.	.	.	.	
.		.	.	.	.	.	

[4] Das System mit der Basis 2 heißt Binär- oder Dualsystem oder dyadisches
System (dy*adisch* → allgem. b-*adisch*). Es ist von großer Bedeutung in der
Computertechnik, da man die beiden Ziffern durch die elektrischen Zu-
stände „an" – „aus" bzw. „Stromfluss" – „kein Stromfluss" darstellen kann.

Wir werden im Folgenden zeigen, dass man für jede natürliche Zahl a zu jeder beliebigen Basis b ≥ 2 eine eindeutige b-adische Zifferndarstellung finden kann.

Satz 1: Jede Zahl $a \in \mathbb{N}$ lässt sich für jedes $b \in \mathbb{N}\backslash\{1\}$ in der Form
$a = z_n b^n + z_{n-1} b^{n-1} + ... + z_2 b^2 + z_1 b^1 + z_0 b^0$ mit $z_i \in \mathbb{N}_0$,
$z_n \neq 0$ und $0 \leq z_i < b$ eindeutig darstellen.

Man schreibt $a = (z_n z_{n-1} z_{n-2}...z_2 z_1 z_0)_b$ bzw., wenn klar ist, welche Basis gemeint ist, nur $a = z_n z_{n-1} z_{n-2}...z_2 z_1 z_0$. Die z_i nennt man *Ziffern von a in der b-adischen Zifferndarstellung*, die Potenzen von b *Stellenwerte*. So ist 1010101_2 die duale Zifferndarstellung der Zahl $a = 85$ des Dezimalsystems, denn $85 = 1 \cdot 2^6 + 0 \cdot 2^5 + 1 \cdot 2^4 + 0 \cdot 2^3 + 1 \cdot 2^2 + 0 \cdot 2^1 + 1 \cdot 2^0$.

Beweis:

1. Wir zeigen zuerst, dass eine solche Darstellung <u>existiert</u>. Nach dem Satz von der Division mit Rest gibt es zu a und b ein eindeutig bestimmtes Paar q_0, z_0 mit $q_0, z_0 \in \mathbb{N}_0$ und $z_0 < b$, so dass gilt:

$a = q_0 b + z_0$ Analog gibt es ... ein Paar q_1, z_1 mit
$q_0 = q_1 b + z_1, 0 \leq z_1 < b$,   ... ein Paar q_2, z_2 mit
$q_1 = q_2 b + z_2, 0 \leq z_2 < b$,   ... ein Paar q_3, z_3 mit
$q_2 = q_3 b + z_3, 0 \leq z_3 < b$ usw.

Da $b > 1$ und $z_i \geq 0$ für alle i gilt: $a > q_0 > q_1 > q_2 > q_3 > ...$; wir haben also eine streng monoton fallende Folge natürlicher Zahlen vorliegen, die nach spätestens a Schritten abbricht. Also gibt es ein n, so dass $q_n = 0$ wird:
$q_{n-1} = 0 \cdot b + z_n, 0 \leq z_n < b$.

Wir setzen jetzt die vorstehenden Gleichungen nach und nach in die erste Gleichung ein:

$$a = \quad\quad\quad\quad q_0 b + z_0 \ = \ z_0 + \mathbf{q_0 b}$$
$$a = \quad\quad z_0 + (q_1 b + z_1)b \ = \ z_0 + z_1 b + \mathbf{q_1 b^2}$$
$$a = \quad z_0 + z_1 b + (q_2 b + z_2)b^2 \ = \ z_0 + z_1 b + z_2 b^2 + \mathbf{q_2 b^3}$$
$$a = z_0 + z_1 b + z_2 b^2 + (q_3 b + z_3)b^3 \ = \ z_0 + z_1 b + z_2 b^2 + z_3 b^3 + \mathbf{q_3 b^4}$$
...
$$a = \quad\quad ... \quad + (0 \cdot b + z_n)b^n \ = \ z_0 + z_1 b + z_2 b^2 + z_3 b^3 + ... + z_n b^n$$
$$a = \quad\quad z_n b^n + z_{n-1} b^{n-1} + ... + z_2 b^2 + z_1 b^1 + z_0 b^0$$

Damit haben wir eine Darstellung von a als Potenzen von b konstruiert.

2. Wir zeigen nun, dass diese Darstellung eindeutig ist. Wie üblich nehmen wir an, es gäbe zwei verschiedene Darstellungen und zeigen, dass diese dann doch identisch sind.

Sei $a = z_n b^n + z_{n-1} b^{n-1} + \ldots + z_2 b^2 + z_1 b + z_0$ und

$\qquad a = y_m b^m + y_{m-1} b^{m-1} + \ldots + y_2 b^2 + y_1 b + y_0$ mit $0 \leq z_i, y_i < b$, $z_n, y_m \neq 0$.

Wegen der Eindeutigkeit der Division mit Rest (genau ein Paar q,r) müssen in
$a = (z_n b^{n-1} + \ldots + z_2 b + z_1)b + z_0 = (y_m b^{m-1} + \ldots + y_2 b + y_1)b + y_0$
die beiden Klammerausdrücke und ebenso die Reste identisch sein:
$z_0 = y_0$ und $z_n b^{n-1} + \ldots + z_2 b + z_1 = y_m b^{m-1} + \ldots + y_2 b + y_1$.
Wir formen die letzte Gleichung um:
$(z_n b^{n-2} + \ldots + z_2)b + z_1 = (y_m b^{m-2} + \ldots + y_2)b + y_1$.
Wegen der Eindeutigkeit der Division mit Rest folgt wieder
$z_1 = y_1$ und $z_n b^{n-2} + \ldots + z_2 = y_m b^{m-2} + \ldots + y_2$.
Erneute Umformung (zur Restdarstellung) liefert:
$(z_n b^{n-3} + \ldots + z_3)b + z_2 = (y_m b^{m-3} + \ldots + y_3)b + y_2$
Aus dieser Gleichung folgern wir
$z_2 = y_2$ usw., bis wir schließlich
$z_n = y_m$ erhalten.

Der erste Teil des Beweises von Satz 1 liefert uns ein Verfahren zur Umrechnung einer im Dezimalsystem gegebenen Zahl in ein System mit einer Basis $\neq 10$. Wir demonstrieren das Verfahren an der Aufgabe, die Zahl 579 in das Stellenwertsystem mit der Basis $b = 6$ zu übersetzen:

$$
\begin{array}{rlll}
a = 579 & = q_0 \cdot 6 & + & \boxed{z_0} \\
 & = 96 \cdot 6 & + & \boxed{3} \\
q_0 = 96 & = q_1 \cdot 6 & + & \boxed{z_1} \\
 & = 16 \cdot 6 & + & \boxed{0} \\
q_1 = 16 & = q_2 \cdot 6 & + & \boxed{z_2} \\
 & = 2 \cdot 6 & + & \boxed{4} \\
q_2 = 2 & = q_3 \cdot 6 & + & \boxed{z_3} \\
 & = 0 \cdot 6 & + & \boxed{2}
\end{array}
$$

Als Reste ergeben sich die Ziffern der Darstellung von 579 im Sechsersystem: $579 = 2403_6$. Wir lesen dieses Ergebnis ziffernweise (also: „zwei, vier, null, drei im Sechsersystem") und nicht wie im Dezimalsystem üblich (also nicht zweitausendvierhundertunddrei). Schließlich bedeutet die 2 in 2403_6 nicht „2 Tausender", sondern „2 Zweihundertsechzehner".

Eine andere, meist aber umständlichere Art der Umrechnung besteht darin, zunächst die Potenzen der Basis b zu ermitteln und die dezimal gegebene Zahl dann als Summe von Vielfachen dieser Potenzen auszudrücken. Soll z.B. 954 ins Fünfersystem übersetzt werden, so berechnen wir die Potenzen von 5 bis $5^4 = 625$ (5^5 passt nicht mehr in 954) und ermitteln dann die Darstellung von 954 als Summe dieser Potenzen:

$$954 = 1 \cdot 625 + 329$$
$$954 = 1 \cdot 625 + 2 \cdot 125 + 79$$
$$954 = 1 \cdot 625 + 2 \cdot 125 + 3 \cdot 25 + 4$$
$$954 = 1 \cdot 625 + 2 \cdot 125 + 3 \cdot 25 + 0 \cdot 5 + 4$$
$$954 = 1 \cdot 625 + 2 \cdot 125 + 3 \cdot 25 + 0 \cdot 5 + 4 \cdot 1$$
$$954 = 1 \cdot 5^4 + 2 \cdot 5^3 + 3 \cdot 5^2 + 0 \cdot 5^1 + 4 \cdot 5^0 = 12304_5$$

Dieser Weg entspricht genau der Umkehrung des Vorgehens, mit dem man b-adische Zahldarstellungen ins Dezimalsystem übersetzt.

So ist z.B.:
$$21012_3 = 2 \cdot 3^4 + 1 \cdot 3^3 + 0 \cdot 3^2 + 1 \cdot 3^1 + 2 \cdot 3^0$$
$$= 2 \cdot 81 + 1 \cdot 27 + 0 \cdot 9 + 1 \cdot 3 + 2 \cdot 1 = 194$$

Ist die Basis größer als 10, so benötigen wir mehr Ziffern als unsere Zahlschrift kennt. Üblicherweise verwendet man dann Buchstaben zur Bezeichnung der fehlenden Ziffern. Im Zwölfersystem könnte man die Buchstaben z und e für die Ziffern zehn und elf verwenden, im Sechzehnersystem wollen wir die Buchstaben A (für zehn) bis F (für fünfzehn) unseren 10 Ziffern 0 bis 9 hinzufügen. Wir übersetzen 970 ins Sechzehnersystem:

$$970 = 60 \cdot 16 + A$$
$$60 = 3 \cdot 16 + C$$
$$3 = 0 \cdot 16 + 3 \qquad 970 = 3CA_{16}$$

Das folgende Spiel „Zahlenraten" basiert auf der Möglichkeit, jede natürliche Zahl eindeutig im Dualsystem darzustellen. Für die kleine Version des Spiels brauchen Sie 4 Karten, wobei jeder Karte eine Zweierpotenz zugeordnet wird. Diese Zweierpotenzen werden als erste Zahlen auf den Karten notiert. Dann schreibt man die übrigen Zahlen bis 15 nach der folgenden Regel auf die Karten: Wenn in der Dualdarstellung der Zahl eine der Zweierpotenzen mit der Ziffer 1 auftritt, dann wird sie auf der entsprechenden Karte notiert, wenn die Ziffer an dieser Stelle 0 ist, dann kommt sie nicht auf die Karte.

Beispiele: $3 = 1 \cdot 2^1 + 1 \cdot 2^0 = 11_2$, also steht 3 auf der 2^1-Karte und auf der 2^0-Karte. $5 = 1 \cdot 2^2 + 0 \cdot 2^1 + 1 \cdot 2^0 = 101_2$, also steht 5 auf der 2^2-Karte und auf der 2^0-Karte, aber nicht auf der 2^1-Karte.

2^3-Karte	2^2-Karte	2^1-Karte	2^0-Karte
8	4 5 6 7	2 3 6 7	1 3 5 7

Das Spiel mit diesen Karten besteht nun darin, dass sich Ihr Mitspieler eine Zahl zwischen 1 und 15 ausdenkt und Ihnen alle Karten gibt, auf denen die ausgedachte Zahl steht. Sie „erraten" diese, indem Sie die entsprechenden Zweierpotenzen addieren. Beispiel: Jemand hat sich die Zahl 7 ausgedacht und Ihnen die drei rechten Karten gegeben. Sie rechnen $4 + 2 + 1 = 7$.

Vervollständigen Sie die vier Spielkarten und erproben Sie das Spiel in Ihrem Bekanntenkreis.

Und hier noch die Variante für die Spielprofis unter Ihnen: Stellen Sie einen Kartensatz für das Spiel „Zahlenraten" mit den Zahlen von 1 bis 30 her und erproben Sie das Spiel.

Übung: 1) Verwandeln Sie die b-adisch geschriebene Zahl a in die g-
               adische Zahldarstellung:

               a) a = 10101010   b = 2   g = 6
               b) a = 7777   b = 8   g = 5
               c) a = ez43   b = 12   g = 3
               d) a = AFFE   b = 16   g = 9

           2) Kann man bei geeigneter Basis b die Zahl 5416 des Dezimal-
               systems als

               a) 12450
               b) F1A

               eines b-adischen Systems schreiben?
               Wenn ja, geben Sie die Basis b an. Wenn nein, begründen
               Sie, warum es nicht geht.

10.3 Die Grundrechenarten in b-adischen Stellenwertsyste-men

Wie bereits erwähnt kann man in jedem Stellenwertsystem ziffernweise rechnen. Die Algorithmen für die vier Grundrechenarten in schriftlicher Form
arbeiten bei jeder Basis b genauso wie in dem uns vertrauten Dezimalsystem.
Während wir sie aber in dem letztgenannten System automatisiert und ohne
Bewusstmachung der zugrunde liegenden Regeln durchführen können, erfor-
dert das schriftliche Rechnen in anderen Stellenwertsystemen ein großes Maß
an Aufmerksamkeit für die verwendeten Verfahren und Fakten.

Wir beginnen mit dem relativ einfachen Verfahren der schriftlichen Addition
und dem Stellenwertsystem mit der Basis 4. Wir gehen dabei entsprechend
dem an deutschen Grundschulen üblichen Normalverfahren vor, beginnen
also mit dem kleinsten Stellenwert und addieren von unten nach oben. Zum
besseren Verständnis notieren wir die Aufgabe in einer Stellentafel und geben
die ausführliche Sprechweise an, so wie es bei der Einführung der schriftlichen Addition im Dezimalsystem in der Grundschule üblich ist.

	16er	4er	Einer
	1	1	3
+		2	2
	1	1	
	2	0	1

2 Einer plus 3 Einer sind 11 Einer.

Das sind 1 Einer und 1 Vierer.

1 Vierer plus 2 Vierer sind 3 Vierer,

3 Vierer plus 1 Vierer sind 10 Vierer.

Das sind 0 Vierer und 1 Sechzehner.

1 Sechzehner plus 1 Sechzehner sind
2 Sechzehner.

Zur Lösung dieser Aufgabe haben wir folgende 1+1-Aufgaben im Vierer-system benötigt: $2_4 + 3_4 = 11_4$, $1_4 + 2_4 = 3_4$, $3_4 + 1_4 = 10_4$, $1_4 + 1_4 = 2_4$. Die folgende Tabelle gibt alle 16 Aufgaben des kleinen 1+1 des Vierersystems wieder.

$+_4$	0	1	2	3
0	0	1	2	3
1	1	2	3	10
2	2	3	10	11
3	3	10	11	12

Diese Tabelle ist uns auch hilfreich, wenn wir im Folgenden eine schriftliche Subtraktionsaufgabe lösen, denn wir werden diese nach dem in Deutschland bis vor Kurzem vorgeschriebenen Ergänzungsverfahren lösen, also als Addi-tionsaufgabe mit fehlendem Summanden, wobei das Ergebnis oben steht. Von den drei Übertragstechniken benutzen wir das Vorgehen des Erweiterns.

	16er	4er	Einer
		10	
	3	1	3
−	1	3	2
	1		
	1	2	1

2 Einer plus 1 Einer sind 3 Einer.

3 Vierer plus wie viele Vierer sind 1 Vie-rer? Geht nicht. Wir erweitern oben mit
10 Vierern und unten mit 1 Sechzehner.

3 Vierer plus 2 Vierer sind 11 Vierer.

1 Sechzehner plus 1 Sechzehner sind
2 Sechzehner. 2 Sechzehner plus
1 Sechzehner sind 3 Sechzehner.

Für die Beispiele zur Multiplikation und Division wechseln wir die Basis und rechnen im Sechsersystem. Wir werden die schriftliche Multiplikation ebenfalls nach dem bei uns üblichen Verfahren durchführen. Wir beginnen die Multiplikation also mit dem höchsten Stellenwert des zweiten Faktors und notieren das erste Teilergebnis unter dieser Zahl. Bevor wir mit der Rechnung beginnen notieren wir die 1x1-Tafel des Sechsersystems, um aus ihr die benötigten 1x1-Fakten entnehmen zu können, die wir ja nicht auswendig beherrschen.

$\cdot_6$	0	1	2	3	4	5
0	0	0	0	0	0	0
1	0	1	2	3	4	5
2	0	2	4	10	12	14
3	0	3	10	13	20	23
4	0	4	12	20	24	32
5	0	5	14	23	32	41

$$
\begin{array}{r}
3\ 5\ 0\ 2\ \cdot\ 2\ 4 \\
\hline
1\ 1\ 4\ 0\ 4 \\
2\ 3\ 2\ 1\ 2 \\
+\qquad 1 \\
\hline
1\ 4\ 1\ 2\ 5\ 2
\end{array}
$$

$2_6 \cdot 2_6 = 4_6$. Schreibe 4. $2_6 \cdot 0_6 = 0_6$. Schreibe 0.
$2_6 \cdot 5_6 = 14_6$. Schreibe 4, merke 1. $2_6 \cdot 3_6 = 10_6$,
$10_6 + 1_6 = 11_6$. Schreibe 11.
$4_6 \cdot 2_6 = 12_6$. Schreibe 2, merke 1. $4_6 \cdot 0_6 = 0_6$,
$0_6 + 1_6 = 1_6$. Schreibe 1. $4_6 \cdot 5_6 = 32_6$. Schreibe 2,
merke 3. $4_6 \cdot 3_6 = 20_6$, $20_6 + 3_6 = 23_6$. Schreibe 23.

Die abschließende Addition ist nun relativ leicht durchführbar, lediglich bei $3_6 + 4_6 = 11_6$ ergibt sich ein Übertrag zum nächst höheren Stellenwert.

Das komplexeste Verfahren ist das der schriftlichen Division. Wir werden uns auf ein Beispiel mit einem einstelligen Divisor beschränken. Zur Bestimmung der Quotienten der Teilaufgaben benutzen wir wieder unsere 1x1-Tafel des Sechsersystems.

```
1 0 5 2 3 : 3 = 2 1 4 5
1 0
─────
  0 5
    3
  ─────
    2 2
    2 0
    ─────
      2 3
      2 3
      ─────
        0
```

3_6 passt in 10_6 zweimal. $2_6 \cdot 3_6 = 10_6$.

$10_6 + 0_6 = 10_6$. 5_6 herunterholen.

3_6 passt in 5_6 einmal. $1_6 \cdot 3_6 = 3_6$.

$3_6 + 2_6 = 5_6$. 2_6 herunterholen.

3_6 passt in 22_6 viermal. $4_6 \cdot 3_6 = 20_6$.

$20_6 + 2_6 = 22_6$. 3_6 herunterholen.

3_6 passt in 23_6 fünfmal. $5_6 \cdot 3_6 = 23_6$.

$23_6 + 0_6 = 23_6$.

Übung: Rechnen Sie schriftlich im angegebenen b-adischen System.

1) $1234_6 + 2345_6$
   $ez1_{12} + 98_{12}$
   $AFFE_{16} + CAFE_{16}$

2) $2222_4 - 333_4$
   $3746_8 - 2765_8$
   $1000_{16} - DAF_{16}$

3) $5432_6 \cdot 13_6$
   $2ez_{12} \cdot z2_{12}$

4) $10352_6 : 4_6$
   $23202_5 : 3_5$

10.4 Teilbarkeitsregeln in b-adischen Stellenwertsystemen

In Abschnitt 6 des 8. Kapitels haben Sie Teilbarkeitsregeln kennengelernt, die im Dezimalsystem gelten. In diesem Abschnitt sollen diese nun so weit möglich auf beliebige Stellenwertsysteme verallgemeinert werden.

Die einfachste Teilbarkeitsregel ist sicher die erste Endstellenregel (Satz 13, Kapitel 8): $a \equiv z_0 \bmod 10$ und damit auch $a \equiv z_0 \bmod 2$ und $a \equiv z_0 \bmod 5$, da 2 und 5 Teiler von 10 sind. Ersetzen wir 10 durch eine beliebige Basis b, so gilt der folgende Satz:

Satz 2:   Es sei $a \in \mathbb{N}$ mit $a = z_n b^n + z_{n-1} b^{n-1} + ... + z_2 b^2 + z_1 b^1 + z_0 b^0$,
$b \in \mathbb{N} \backslash \{1\}$, $z_i \in \mathbb{N}_0$, $z_n \neq 0$, $0 \leq z_i < b$ und $d \in \mathbb{N}$. Dann gilt:
$a \equiv z_0 \bmod d$ für alle Teiler d von b.

Beweis:

$$
\begin{aligned}
a \ &= z_n b^n + z_{n-1} b^{n-1} + ... + z_2 b^2 + z_1 b^1 + z_0 b^0 \\
&= (z_n b^{n-1} + z_{n-1} b^{n-2} + ... + z_2 b + z_1) b + z_0 \\
&= \qquad\qquad q \qquad\qquad \cdot \qquad\qquad b + z_0, \quad q \in \mathbb{N}_0
\end{aligned}
$$

$\Rightarrow a \ \equiv z_0 \bmod b \qquad$ /Satz 2, Kap. 8: $a \equiv b \bmod m \Leftrightarrow \exists\, q \in \mathbb{Z}: a = q \cdot m + b$

$\Rightarrow a \ \equiv z_0 \bmod d \quad$ für alle Teiler d von b

/n. Übung 4, Abschnitt 3, Kapitel 8:

$a \equiv b \bmod m \wedge d \,|\, m \Rightarrow a \equiv b \bmod d$

Bei der Basis $b = 6$ erhalten wir so Teilbarkeitsregeln für 2, 3 und 6. Eine Zahl im Sechsersystem ist durch 2 teilbar, wenn sie auf 0, 2 oder 4 endet, sie ist durch 3 teilbar, wenn ihre Einerziffer 0 oder 3 ist, und sie ist schließlich durch $6 = 10_6$ teilbar, wenn sie auf 0 endet. So ist z.B. $a = 1234_6$ durch 2, nicht aber durch 3 oder 6 teilbar. Der Dreierrest ist 1, der Sechserrest ist 4.

Völlig analog können wir auch die zweite Endstellenregel (Satz 14 aus Kapitel 5) auf eine beliebige Basis b verallgemeinern:

Satz 3:   Es sei $a \in \mathbb{N}$ mit $a = z_n b^n + z_{n-1} b^{n-1} + ... + z_2 b^2 + z_1 b^1 + z_0 b^0$,
$b \in \mathbb{N} \backslash \{1\}$, $z_i \in \mathbb{N}_0$, $z_n \neq 0$, $0 \leq z_i < b$ und $d \in \mathbb{N}$. Dann gilt:
$a \equiv z_1 \cdot b + z_0 \bmod d$ für alle Teiler d von b^2.

Beweis:

$$
\begin{aligned}
a \ &= z_n b^n + z_{n-1} b^{n-1} + ... + z_2 b^2 + z_1 b^1 + z_0 b^0 \\
&= (z_n b^{n-2} + z_{n-1} b^{n-3} + ... + z_2) b^2 + z_1 b + z_0 \\
&= \qquad\qquad q \qquad\qquad \cdot \qquad b^2 + z_1 b + z_0, \qquad q \in \mathbb{N}_0
\end{aligned}
$$

$\Rightarrow a \ \equiv z_1 b + z_0 \bmod b^2 \qquad\qquad\qquad$ /Satz 2, Kap. 8:

$a \equiv b \bmod m \Leftrightarrow \exists\, q \in \mathbb{Z}: a = q \cdot m + b$

$\Rightarrow a \ \equiv z_1 b + z_0 \bmod d \quad$ für alle Teiler d von b^2

/n. Übung 4, Abschnitt 3, Kapitel 8:

$a \equiv b \bmod m \wedge d \,|\, m \Rightarrow a \equiv b \bmod d$

Bei der Basis $b = 6$ erhalten wir so zusätzlich zu den Teilbarkeitsregeln für 2, 3 und $6 = 10_6$ weitere Teilbarkeitsregeln für 4, $9 = 13_6$, $12 = 20_6$, $18 = 30_6$ und $36 = 100_6$. So ist z.B. $a = 4130_6$ teilbar durch 2, durch 3, durch $6 = 10_6$, durch $9 = 13_6$ und durch $18 = 30_6$.

Auf eine Formulierung der Teilbarkeitsregeln für die Teiler von b^3 verzichten wir. Sie können diese zur Übung selbst aufstellen und beweisen.

In Satz 12, Kapitel 8, wurde die Quersummenregel für die Teilbarkeit einer Dezimalzahl durch 3 und 9 und die alternierende Quersummenregel für die Teilbarkeit durch 11 aufgestellt. Der 9 in unserem Dezimalsystem entspricht die Zahl $b - 1$ in einem beliebigen b-adischen Stellenwertsystem, der 11 entspricht $b + 1$.

Wir betrachten zunächst das Beispiel des Sechsersystems und überlegen anschaulich, was der Übergang von einer Zahl zu ihrer Quersumme bezüglich der Reste bei Division durch 5 bewirkt:

Das Wegnehmen eines Sechsers und das Hinzufügen eines Einers vermindert die Zahl um 5. Werden alle vorhandenen Sechser entfernt und für jeden ein Einer hinzugefügt, hat man die Zahl um ein Vielfaches von 5 verkleinert, was ihren Fünferrest nicht tangiert. Das Entfernen eines Sechsunddreißigers und das Hinzufügen eines Einers bedeutet eine Verminderung der Zahl um 35 bzw. bei mehreren vorhandenen Sechsunddreißigern um Vielfache von 35, was auch keinen Einfluss auf den Rest bei Division durch 5 hat. Entsprechendes gilt für die höheren Stellenwerte. Von daher lässt eine Zahl im Sechsersystem denselben Fünferrest wie ihre Quersumme.

Wir bleiben im Sechsersystem und überlegen, was der Übergang von einer Zahl zu ihrer alternierenden Quersumme bedeutet:

Entfernt man einen Sechser und gleichzeitig einen Einer, so hat man die Zahl um 7 vermindert. Das Wegnehmen eines Sechsunddreißigers und das Hinzufügen eines Einers vermindert die Zahl um 35, also um ein Vielfaches von 7. Entfernt man einen Zweihundertundsechzehner und gleichzeitig einen Einer, so verkleinert man die Zahl um $217 = 7 \cdot 31$ usw. In jedem Fall werden die Siebenerreste nicht tangiert.

Diese Überlegungen gelten natürlich nicht nur im Dezimal- und Sechser-system. Entsprechend können wir Teilbarkeitsregeln für $b - 1$ und $b + 1$ für jede Basis b formulieren und begründen. Es gilt:

Satz 4:   Es sei $a \in \mathbb{N}$ mit $a = z_n b^n + z_{n-1} b^{n-1} + ... + z_2 b^2 + z_1 b^1 + z_0 b^0$, $b \in \mathbb{N} \setminus \{1\}$, $z_i \in \mathbb{N}_0$, $z_n \neq 0$, $0 \leq z_i < b$ und $d \in \mathbb{N}$.

Ferner sei $Q_b(a) = \sum_{i=0}^{n} z_i$ die b-adische Quersumme von a

und $Q'_b(a) = \sum_{i=0}^{n} (-1)^i z_i$ die alternierende b-adische Quer-

summe von a.

Dann gilt:

1) $a \equiv Q_b(a) \bmod d$ für alle Teiler d von $b - 1$.
2) $a \equiv Q_b'(a) \bmod d$ für alle Teiler d von $b + 1$.

Beweis:

1) Wir zeigen $a \equiv Q_b(a) \bmod b{-}1$, woraus dann (n. Übung 4, Abschn. 3, Kapitel 8) folgt, dass diese Kongruenz auch für alle Teiler d von $b{-}1$ gilt.

Da $b{-}1 \mid b{-}1$

$\Rightarrow \quad b \equiv 1 \bmod b{-}1$ /Satz 1, Kap. 8: $m \mid a{-}b \Rightarrow a \equiv b \bmod m$

$\Rightarrow \quad b^n \equiv 1^n \bmod b{-}1$ /Satz 5, Kap. 8

$\Rightarrow \quad b^n \equiv 1 \bmod b{-}1$ /$1^n = 1$

Folglich: $z_0 \equiv z_0 \bmod b{-}1$,

$z_1 b \equiv z_1 \bmod b{-}1$

$z_2 b^2 \equiv z_2 \bmod b{-}1$,

...

$z_n b^n \equiv z_n \bmod b{-}1$.

Damit: $a = z_n b^n + z_{n-1} b^{n-1} + ... + z_2 b^2 + z_1 b^1 + z_0 b^0$

$\equiv z_n + z_{n-1} + ... + z_2 + z_1 + z_0 \bmod b{-}1$

Also: $a \equiv Q_b(a) \bmod b{-}1$

$(\Rightarrow \quad a \equiv Q_b(a) \bmod d$ für alle Teiler d von $b{-}1$ /Übung 4, Kap. 8.3)

2) Wir zeigen, dass $a \equiv Q_b'(a) \bmod b+1$, woraus dann folgt, dass diese Kongruenz auch für alle Teiler d von b+1 richtig ist.

$$b+1 \mid b+1$$
$$\Rightarrow \quad b+1 \mid b-(-1)$$
$$\Rightarrow \quad b \equiv -1 \bmod b+1 \qquad\qquad\qquad \text{/Satz 1, Kap. 8}$$
$$\Rightarrow \quad b^n \equiv (-1)^n \bmod b+1 \qquad\qquad \text{/Satz 5, Kap. 8}$$

Folglich:
$$z_0 \equiv z_0 \bmod b+1 \qquad\qquad z_1 b \equiv -z_1 \bmod b+1$$
$$z_2 b^2 \equiv z_2 \bmod b+1 \qquad\qquad z_2 b^2 \equiv -z_2 \bmod b+1$$
$$...$$
$$z_n b^n \equiv (-1)^n z_n \bmod b+1$$

Damit:
$$a = z_n b^n + ... + z_3 b^3 + z_2 b^2 + z_1 b^1 + z_0 b^0$$
$$\equiv (-1)^n z_n + ... - z_3 + z_2 - z_1 + z_0 \bmod b+1$$

Also: $\quad a \equiv Q_b'(a) \bmod b+1$.

$(\Rightarrow \quad a \equiv Q_b'(a) \bmod d$ für alle Teiler d von b+1 $\quad$ /Übung 4, Kap. 8.3)

Da im Sechsersystem $b-1 = 5$ und $b+1 = 7$ keine echten Teiler besitzen, haben wir durch Satz 4 also zwei weitere Teilbarkeitsregeln erhalten, eine Teilbarkeitsregel für 5 und eine Teilbarkeitsregel für $7 = 11_6$.

Mit diesen Regeln können wir schließen, dass

- die Zahl $a = 1234_6$ durch 5 teilbar ist, denn $Q_6(a) = 10 = 14_6$ ist durch 5 teilbar,

- die Zahl $a = 1234_6$ nicht durch $7 = 11_6$ teilbar ist, denn $Q_6'(a) = 2$ ist nicht durch $7 = 11_6$ teilbar.

- die Zahl $a = 1441_6$ dagegen sowohl durch 5 als auch durch $7 = 11_6$ teilbar ist, denn $Q_6(a) = 10 = 14_6$ und $Q_6'(a) = 0$.

Abschließend wollen wir für das Zwölfersystem alle Teilbarkeitsregeln, die sich aus den Sätzen 2, 3 und 4 ergeben, auflisten und sie den Teilbarkeitsregeln im Dezimalsystem gegenüberstellen.

Für die Endstellenregeln benötigen wir die Teilermengen von 12 und 144:

12	
1	12
2	6
3	4

144	
1	144
2	72
3	48
4	36
6	24
8	18
9	16
12	12

	Dezimalsystem	Zwölfersystem
Endstellenregel 1	2	2
		3
		4
	5	6
	10	$12 = 10_{12}$
Endstellenregel 2	4	
		8
		9
		$16 = 14_{12}$
		$18 = 16_{12}$
	20	$24 = 20_{12}$
	25	$36 = 30_{12}$
		$48 = 40_{12}$
	50	$72 = 60_{12}$
	100	$144 = 100_{12}$
Quersummenregel	3	
	9	$11 = e_{12}$
alt. Quersummenregel	11	$13 = 11_{12}$

Man erkennt unmittelbar: Unter Teilbarkeitsgesichtspunkten ist die Wahl der Basiszahl 10 nicht die günstigste.

Zur Anwendung der Teilbarkeitsregeln im Zwölfersystem lösen wir die folgende Aufgaben:

Beispiel 1:   Wie heißt die größte, im Zwölfersystem vierstellige Zahl, die aus vier verschiedenen Ziffern besteht und gleichzeitig durch $22 = 1z_{12}$ teilbar ist?

Wir spielen zunächst „hohe Hausnummer" und stellen fest, dass die größte vierstellige Zahl im Zwölfersystem aus vier verschiedenen Ziffern $ez98_{12}$ ist. Weiter überlegen wir, dass die Teilbarkeit durch 22 bedeutet, dass die Zahl sowohl durch $11 = e_{12}$ als auch durch 2 teilbar ist. Wir benötigen also die Quersummenregel und die erste Endstellenregel.

$Q_{12}(ez98_{12}) = 38$, unsere Zahl ist also nicht durch 11 teilbar, sie lässt den Elferrest 5. Wir subtrahieren 5, um zur nächst kleineren Zahl zu gelangen, die durch $11 = e_{12}$ teilbar ist:
$ez98_{12} - 5_{12} = ez93_{12}$

Diese Zahl ist nun zwar durch $11 = e_{12}$ teilbar ($Q_{12}(ez93_{12}) = 33$), sie besteht erfreulicherweise auch noch aus vier verschiedenen Ziffern. Aber sie ist leider nicht durch 2 teilbar, denn ihre letzte Stelle, 3, ist nicht durch 2 teilbar.

Um die Teilbarkeit durch 11 zu erhalten, subtrahieren wir 11:
$ez93_{12} - e_{12} = ez84_{12}$

Diese Zahl endet auf 4 und $2 \,|\, 4$. Sie besteht aus vier verschiedenen Ziffern und durch unsere Manipulationen muss sie durch 11 teilbar sein. Wir haben also die größte, im Zwölfersystem vierstellige Zahl, die aus vier verschiedenen Ziffern besteht und durch $22 = 1z_{12}$ teilbar ist, gefunden.

Beispiel 2:   Wie heißt die kleinste Zahl, die im Vierersystem vierstellig ist mit lauter verschiedenen Ziffern und die gleichzeitig durch $5 = 11_4$ teilbar ist?

Die kleinste Zahl aus vier verschiedenen Ziffern lautet im Vierersystem 1023_4. Zur Überprüfung ihrer Teilbarkeit durch $5 = 11_4$ verwenden wir die alternierende Quersummenregel:
$Q_4'(1023_4) = 3 - 2 + 0 - 1 = 0$ und $5 \,|\, 0$.

1023_4 ist also schon die gesuchte Zahl. Im Dezimalsystem lautet sie 75.

Abschließend möchten wir die Interessierte und den Interessierten auf eine Verallgemeinerung unserer Teilbarkeitsregeln hinweisen:

Alle in diesem Kapitel vorgestellten Teilbarkeitsregeln sind in der folgenden sehr allgemeinen Aussage enthalten:

Für alle $t \in \mathbb{N}$ gilt: $\sum_{i=0}^{n} z_i b^i \equiv \sum_{i=0}^{n} z_i r_i \mod t$, wobei $r_i \equiv b^i \mod t$.

So ergibt sich z.B. für $b = 10$ die zweite Endstellenregel für die Teilbarkeit einer natürlichen Zahl durch $t = 4$ durch die Überlegung, dass $r_i \equiv 0 \mod 4$ für alle $i \geq 2$, da $b^i \equiv 0 \mod 4$ für alle $i \geq 2$.

Die Hunderter-, Tausender-, Zehntausenderreste ... r_i sind also 0, tauchen folglich in der rechten Summe nicht mehr auf. Wir betrachten also nur die beiden letzten Stellen der Zahl. Statt die aus den beiden letzten Ziffern der Zahldarstellung gebildete Zahl auf Teilbarkeit durch 4 zu untersuchen, können wir auch den Viererrest von 10 multipliziert mit der Ziffer beim Zehner zu der Ziffer beim Einer addieren ($2z_1 + z_0$).

Die Quersummenregel für die Teilbarkeit durch 3 oder 9 im Dezimalsystem ergibt sich unmittelbar, da die Dreier- bzw. Neunerreste der Zehnerpotenzen allesamt 1 sind ($r_i \equiv 1 \mod 3$ bzw. $\mod 9$ für alle i), die rechte Summe ist dann gerade die Quersumme. Analog ergeben sich die Teilbarkeitsregeln in b-adischen Ziffernsystemen.

Aus dieser „Oberregel", die alle Teilbarkeitsregeln, die wir formuliert haben, einschließt, könnten wir jetzt auch eine Teilbarkeitsregel für 7 im Dezimalsystem herleiten:

$7 \mid a \iff 7 \mid 1 \cdot z_0 + 3 \cdot z_1 + 2 \cdot z_2 + 6 \cdot z_3 + 4 \cdot z_4 + 5 \cdot z_5 + 1 \cdot z_6 + 3 \cdot z_7 + \ldots$

denn 1, 3, 2, 6, 4, 5, 1, 3, 2, 6, ... sind die Siebenerreste der Zehnerpotenzen. Diese Regeln sind allerdings von geringer praktischer Relevanz. Trotzdem wollten wir Ihnen die Möglichkeit aufzeigen, unsere Teilbarkeitsüberlegungen noch weiter zu verallgemeinern.

Mit den folgenden Übungen „haben Sie und wir Kapitel 10 fertig" und wir versprechen Ihnen ein interessantes, schulrelevantes Kapitel 11.

Übung: 1) Überprüfen Sie mit den Teilbarkeitsregeln für b-adische Stellenwertsysteme die folgenden Aussagen:

   a) $9 \mid 2222_3$ b) $16 \mid A3C50_{16}$ c) $5 \mid 32123_4$

   d) $4 \mid 5ze8_{12}$ e) $6 \mid 5101_7$ f) $8 \mid 765432_8$

   g) $6 \mid 9ze56_{12}$ h) $13 \mid AB6CD_{14}$ i) $2 \mid 101010_2$

   j) $15 \mid AFFE_{16}$ k) $7 \mid 555555_6$ l) $4 \mid 101100_2$

   m) $4 \mid 43210_5$ n) $8 \mid 7452321_9$ o) $5 \mid 4CE38B_{15}$

2) Bestimmen Sie die größte Zahl, die im Vierzehnersystem mit vier verschiedenen Ziffern geschrieben wird und durch 13 teilbar ist.

3) Wie heißt die kleinste durch 7 teilbare Zahl, die im Sechsersystem fünfstellig ist und aus lauter verschiedenen Ziffern besteht?

4) Sind die folgenden Dezimalzahlen durch 7 teilbar?
   a) 9191   b) 164191   c) 864192

11 Alternative Rechenverfahren

11.1 Zur Einführung

Die schriftlichen Verfahren zu den vier Grundrechenarten werden mit vergleichsweise geringfügigen Variationen[1] seit Langem in der heute üblichen Form (Normalverfahren) in den Klassen 3 und 4 thematisiert.

Tatsächlich sind die schriftlichen Rechenverfahren ein lohnender Unterrichtsgegenstand. Ohne Anspruch auf Vollständigkeit und nicht in ihrer Reihenfolge gewichtet, nennen wir einige Argumente:

- Man liefert sich nicht vollständig den Maschinen aus. Bei Abwesenheit des Taschenrechners kommt man auch durch eigenes Rechnen zum Ziel.

- Schriftliche Rechenverfahren sind ein gutes Beispiel für Algorithmen, so dass hier exemplarisch ein wichtiger Aspekt mathematischen Arbeitens vermittelt werden kann.

- Schriftliche Rechenverfahren können zu einem tieferen Verständnis unseres Zahlensystems führen – sie werden erst durch unsere Art der Zahldarstellung möglich.

Diese Argumente gelten natürlich nur, wenn die Verfahren wirklich verstanden werden.

Dennoch wird seit geraumer Zeit breit darüber diskutiert, wie schriftliches Rechnen in der Grundschule thematisiert werden soll, denn:

- Im Taschenrechner-Zeitalter verlieren die schriftlichen Verfahren zunehmend an lebenspraktischer Bedeutung. Wann haben Sie das letzte Mal eine schriftliche Multiplikation oder Division durchgeführt?

- Die schriftlichen Rechenverfahren, insbesondere diejenigen zur schriftlichen Subtraktion, Multiplikation und Division sind für Schüler vergleichsweise schwer zu entdecken. Ein entdeckender Unterricht wird aber nicht nur von den Rahmenrichtlinien eingefordert.

---

[1] Die Variationen beziehen sich bei der schriftlichen Subtraktion im Wesentlichen auf die Wahl eines abziehenden bzw. ergänzenden Verfahrens und verschiedene Übertragstechniken, bei der schriftlichen Division auf die verwendete Schreibweise und die Restnotation (im Detail z.B. Padberg & Benz, 2011).

© Springer Fachmedien Wiesbaden GmbH, ein Teil von Springer Nature 2018
R. Benölken, H.-J. Gorski, S. Müller-Philipp, *Leitfaden Arithmetik*,
https://doi.org/10.1007/978-3-658-22852-1_11

- Der hohe Kompressionsgrad der in den Normalverfahren konkretisierten Algorithmen ist einerseits Grund für deren Effizienz, andererseits die Ursache für Verständnisprobleme (nicht nur) bei Grundschulkindern. Lassen Sie sich einmal von einem Zeitgenossen Ihrer Wahl das Verfahren zur schriftlichen Division begründend erklären.
- Mit dem o.g. Sachverhalt geht im Unterricht die Gefahr einher, dass unverstandene Verfahren automatisiert werden, was zu den in vielen empirischen Untersuchungen nachgewiesenen vielfältigen Fehlermustern führt.

Akzentverschiebungen bei der Behandlung des schriftlichen Rechnens in der Grundschule scheinen unausweichlich:

Zunächst sollten alle Maßnahmen, die nur zu einer möglichst schnellen, sicheren, automatisierten Beherrschung aller möglichen Rechenfälle dienen, minimiert werden. Ferner muss das Verstehen eines Verfahrens, ggf. auch das Verstehen eines „leichteren" Verfahrens in den Vordergrund gerückt werden. In diesem Zusammenhang gewinnen die sogenannten *alternativen Verfahren* zunehmend an Bedeutung, teilweise zur Vorbereitung des schriftlichen Normalverfahrens, teilweise zu seiner Nachbereitung und zum tieferen Verständnis und teilweise als Ersatz für das Normalverfahren.

Wir verlassen an dieser Stelle bewusst den Rahmen eines konventionell fachmathematischen Buches und machen Sie mit einigen alternativen Rechenverfahren vertraut. Zusätzlich werden Sie Ihr Wissen über b-adische Stellenwertsysteme vertiefen, indem Sie die Normalverfahren auch in nichtdezimalen Stellenwert anwenden. Möglicherweise werden Sie gerade beim Rechnen in unvertrauten Stellenwertsystemen am eigenen Leib erfahren, dass bestimmte alternative Verfahren wirklich deutlich leichter sind als unsere Normalverfahren. Einen ähnlichen Akzent können „Rechentricks" liefern, die wir mit dem Schwerpunkt Multiplikation abschließend behandelt werden.

11.2 Schriftliche Addition und Subtraktion

Zu unserem Normalverfahren der schriftlichen Addition sind kaum nennenswerte Alternativen denkbar. Außer der Verwendung anderer Schreibweisen wie z.B. die rechts, die in Italien üblich ist, kann man statt von unten nach oben von oben nach unten addieren, was wir bei der Probe ja auch machen.

$$27+$$
$$39=$$
$$\overline{}$$

Wie das Beispiel rechts zeigt, kann man
mit der Addition auch bei dem höchsten
Stellenwert beginnen. Bei den Überträgen
sind dann allerdings nachträgliche Be-
richtigungen notwendig, was dieses Vorgehen wenig empfehlenswert macht.

	H	Z	E
	5	7	3
+	3	5	8
	8	12	11
	9	2	11
	9	3	1

Während bei uns lange Zeit nach dem Ergänzungsverfahren kombiniert mit
der Auffüll- oder der Erweiterungstechnik schriftlich subtrahiert wurde, ist
weltweit die am meisten verbreitete Subtraktionsmethode die des *Abziehens
mit Entbündeln*[2]. Inzwischen ist dieses Verfahren auch in Deutschland wieder
erlaubt. Wir demonstrieren es an einem Beispiel.

H	Z	E
3	1	
$\not{4}$	$\not{2}$	3
1	5	4
2	6	9

3 Einer – 4 Einer geht nicht. Ich entbündele einen Zehner, das sind 10 Einer.
13 Einer – 4 Einer = 9 Einer.
1 Zehner – 5 Zehner geht nicht. Ich entbündele einen Hunderter, das sind 10
Zehner. 11 Zehner – 5 Zehner = 6 Zehner.
3 Hunderter – 1 Hunderter = 2 Hunderter.

Es gibt verschiedene Methoden, das Entbündeln zu notieren. Oben wurde
nach dem Entbündeln der neue Wert in der entsprechenden Stelle notiert, wie
es z.B. in der Türkei üblich ist. Oft wird in der Stelle, aus der entbündelt
wurde, eine kleine Eins notiert. In manchen Ländern wird das Entbündeln
auch gar nicht kenntlich gemacht, was wir für sehr fehleranfällig halten.

Als Vorteile dieses Verfahrens lassen sich sicher anführen, dass die zugrunde
liegende Idee des Entbündelns nahe liegend ist und von Kindern nach entsprechender Vorarbeit auch selbständig entdeckt werden kann. Zudem ist es,
vor allem in Sachsituationen, sicher „natürlicher", Subtraktionsaufgaben
durch Abziehen statt durch Ergänzen zu lösen.

Einen bedeutenden Nachteil hat dieses Verfahren bei Aufgaben mit Zwischennullen im Minuenden und bei Aufgaben mit mehreren Subtrahenden. So
sind im linken Beispiel unten keine Zehner oder Hunderter vorhanden, man

---

[2] Meist wird die nicht korrekte Bezeichnung *Borgen* verwendet.

muss also einen Tausender entbündeln in 9 Hunderter, 9 Zehner und 10 Einer. Das ist fehleranfällig. Beim rechten Beispiel müssen 2 Zehner und sogar 3 Hunderter entbündelt werden. Allerdings ließe sich dieses Problem leicht vermeiden, indem man zunächst die drei Subtrahenden addiert und in einem zweiten Schritt diese Summe vom Minuenden abzieht.

$$
\begin{array}{r}
5\ \ 9\ \ 9 \\
\not6\ \ \not0\ \ \not0\ \ 3 \\
-\qquad\quad 2\ \ 7 \\
\hline
5\ \ 9\ \ 7\ \ 6
\end{array}
\qquad\qquad
\begin{array}{r}
1\ \ \ 0\ \ 2 \\
\not2\ \ \not3\ \ \not4\ \ 5 \\
-\quad 5\ \ 7\ \ 8 \\
-\quad 1\ \ 9\ \ 4 \\
-\quad 4\ \ 7\ \ 6 \\
\hline
1\ \ 0\ \ 9\ \ 7
\end{array}
$$

Die Entbündelungstechnik ist ebenso gut mit dem Ergänzungsverfahren kombinierbar.

Im Folgenden lösen wir zwei Subtraktionsaufgaben mit der Entbündelungstechnik, einmal abziehend, einmal ergänzend, in nichtdezimalen Stellenwertsystemen. Die Sprech- bzw. dahinter liegende Denkweise ist unter der jeweiligen Aufgabe notiert. Dabei bedeutet E Einer, V Vierer, S Sechzehner, ZW Zwölfer und HV Hundertvierundvierziger.

Vierersystem

$$
\begin{array}{r}
2\ \ \ 0 \\
\not3\ \ \not1\ \ 2\ _4 \\
-\ 1\ \ 3\ \ 3\ _4 \\
\hline
1\ \ 1\ \ 3\ _4
\end{array}
$$

Zwölfersystem

$$
\begin{array}{r}
3\ \ \ 3 \\
\not4\ \ \not4\ \ 4\ _{12} \\
-\quad e\ \ z\ _{12} \\
\hline
3\ \ 4\ \ 6\ _{12}
\end{array}
$$

2 E – 3 E geht nicht. Entbündele
1 V = 10_4 E. 10_4 E + 2 E = 12_4 E.
12_4 E – 3 E = **3 E**.
0 V – 3 V geht nicht. Entbündele
1 S = 10_4 V. 10_4 V + 0 V = 10_4 V.
10_4 V – 3 V = **1 V**.
2 S – 1 S = **1 S**.

z E + wie viele E = 4 E geht nicht.
Entbündele 1 ZW = 10_{12} E.
10_{12} E + 4 E = 14_{12} E. z E + **6** E =
14_{12} E. e ZW + wie viele ZW =
3 ZW geht nicht. Entbündele 1 HV
= 10_{12} ZW. 10_{12} ZW + 3 ZW =
13_{12} ZW. e ZW + **4** ZW = 13_{12} ZW.
0 HV + **3** HV = 3 HV.

Übung: 1) Lösen Sie die folgenden Aufgaben schriftlich mit dem Abziehverfahren und der Entbündelungstechnik.

             a) $5237_{10} - 2589_{10}$ c) $B0A4_{16} - 3C8D_{16}$

             b) $1212_3 - 1022_3$ d) $2301_5 - 423_5$

          2) Lösen Sie die folgenden Aufgaben schriftlich mit dem Ergänzungsverfahren und der Entbündelungstechnik.

             a) $3603_{10} - 2144_{10}$ c) $4356_8 - 757_8$

             b) $39e4_{12} - z58_{12}$ d) $10000_2 - 1111_2$

11.3 Schriftliche Multiplikation

Eine relativ geringfügige Modifikation unseres Normalverfahrens besteht
darin, dass mit den Einern des zweiten Faktors begonnen wird statt wie bei
uns mit dem höchsten Stellenwert. Dies ist in vielen Ländern üblich, z.B. in
der Türkei, in Italien, Spanien oder Griechenland. Hinzu kommt meist noch
eine andere Notation:

		3	2	4	Gerechnet wird dabei in folgender Reihenfolge:
	x		1	5	$5 \cdot 4 = 20$, schreibe 0, merke 2.
					$5 \cdot 2 = 10$, $10 + 2 = 12$, schreibe 2, merke 1.
1	6	2	0		$5 \cdot 3 = 15$, $15 + 1 = 16$, schreibe 16.
3	2	4			$1 \cdot 4 = 4$, schreibe 4. $1 \cdot 2 = 2$, schreibe 2,
					$1 \cdot 3 = 3$, schreibe 3.
4	8	6	0		Dann wird wie üblich addiert.

Das ist für uns zwar gewöhnungsbedürftig, es macht aber keinen prinzipiellen
Unterschied. Schwierigkeiten bereiten auf jeden Fall das Merken und korrekte Weiterverarbeiten der Behalteziffern sowie die stellengerechte Notation
der Teilprodukte. Diese Schwierigkeiten entfallen vollständig bei der folgenden Methode des schriftlichen Multiplizierens.

Die Gittermethode

Die Faktoren werden oben und rechts an ein mit Quadraten und Diagonalen versehenes Feld geschrieben. Jede Ziffer des einen Faktors wird mit jeder Ziffer des anderen multipliziert und das Ergebnis zweistellig in dem von den beiden Ziffern zu erreichenden Feld notiert, der Zehner oberhalb und der Einer unterhalb der Diagonalen.

Im Beispiel rechts ist mit der Aufgabe 4073 · 825 begonnen worden. 8 · 3 = 24 wurde notiert, ebenso sind 2 · 4 = 8, 5 · 0 = 0 und auch 5 · 7 = 35 bereits eingetragen.

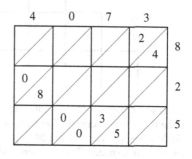

Da alle Teilprodukte vollständig notiert werden und nichts zu „merken" ist, spielt die Reihenfolge der Teilmultiplikationen keine Rolle.

Nachdem auf diese Weise das gesamte Feld ausgefüllt wurde, werden die in einem Schrägstreifen stehenden Zahlen addiert und am Rande des Feldes notiert. Die letzte Stelle des Ergebnisses ist 5, die Zehnerstelle ergibt sich als 5 + 1 + 6 = 12, also 2 Zehner und 1 als Übertrag für die nächste Stelle, dann 1 + 0 + 3 + 4 + 0 + 4 = 12, also 2 Hunderter, 1 als Übertrag usw. Das Ergebnis ist 3 360 225.

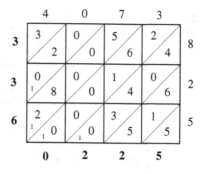

Ein großer Vorteil dieses Verfahrens ist die Art der Handhabung von Überträgen. Alles wird aufgeschrieben, man muss sich nichts merken und nicht ständig zwischen Multiplikation und Addition hin- und herspringen. Ein weiterer Vorteil ist, dass Stellenwertfehler praktisch nicht auftreten können.

Durch eine geringfügige Modifikation des Gitters kann man auch erreichen, dass das Ergebnis in einer Zeile erscheint und nicht wie oben „über Eck":

In diesem Gitter werden wir nun eine Aufgabe im Zwölfersystem rechnen. Da bei uns das Einmaleins im Zwölfersystem nicht „sitzt", genießen wir an dieser Stelle, dass wir uns auf die Multiplikation konzentrieren können und nicht auch noch Behalteziffern merken und addieren müssen, und dass wir uns keine Gedanken über die Reihenfolge der Rechnungen und die korrekte Anordnung der Teilprodukte machen müssen.

$2304_{12} \cdot 87z_{12} =$
$175z474_{12}$

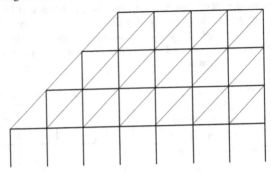

Dieses Verfahren ist keinesfalls eine Erfindung der neueren Didaktik[3], sondern stellt eines der im Mittelalter in Italien gebräuchlichen Verfahren, dort *multiplicare per gelosia* (Multiplikation nach Art der Jalousien) genannt,

---

[3] Es wird heute aber für die Grundschulmathematik in vielen Schulbüchern wieder entdeckt.

dar[4]. Im Anschluss daran entstanden die *Rechenstäbchen* oder *Neperschen*[5] *Streifen*, die man als erste Rechenmaschine ansehen kann, die nach einer Einstellung „selbständig" rechnet. Der einfache Nachbau dieser „Maschine" mit Hilfe von Pappstreifen, die von den Kindern selbst zu beschriften sind, und das Rechnen mit den Neperschen Streifen sind lohnende Aktivitäten für Grundschulkinder.

Man braucht für jede Ziffer von 0 bis 9 einen Streifen, auf dem untereinander das Einfache, Zweifache, Dreifache usw. bis zum Neunfachen dieser Ziffer notiert ist, in diagonal halbierten Quadraten wie bei der Gittermethode. Sinnvoll ist zusätzlich ein Leitstreifen, auf dem die Zahlen von 1 bis 9 notiert sind, eventuell eingekreist oder als römische Ziffern, der neben die anderen Streifen gelegt sofort zeigt, das Wievielfache der entsprechenden Ziffer in einer Zeile des Streifens zu sehen ist. In der folgenden Abbildung sehen Sie die Streifen für 5, 7 und 3 sowie den Leitstreifen.

Den in dieser Weise nebeneinander-gelegten Streifen kann man unmittelbar die Vielfachen von 573 entnehmen. So liest man in der 6. Zeile das Sechsfache von 573 als 3438 ab. Dabei werden die in einem Schrägstreifen auftretenden Zahlen addiert, also im Beispiel 0 + 4 und 2 + 1. Aber auch das 38-Fache von 573 lässt sich leicht ermitteln: Das Dreifache steht in Zeile 3, es beträgt 1719, also ist das Dreißigfache 17190, das Achtfache findet sich in Zeile 8 als 4584.

Folglich:
573 · 38 = 17190 + 4584 = 21774

Berechnen Sie zur Übung selbst einmal 573 · 917. Fertigen Sie sich selbst die Neperschen Streifen an und berechnen Sie verschiedene Aufgaben.

---

[4] Weitere mittelalterliche Verfahren finden sich bei Menninger (1979).
[5] Die Neperschen Streifen sind nach dem schottischen Mathematiker John Napier (1550–1617) benannt. Ihm verdanken wir auch die Logarithmen.

Das Verdoppelungsverfahren

Ein weiteres alternatives Verfahren der Multiplikation stellt die Verdoppelungsmethode dar. Wir demonstrieren sie an den Aufgaben 12 · 17 und 27 · 31 in zwei unterschiedlichen Schreibweisen.

Der Multiplikand wird fortgesetzt verdoppelt, links wird der jeweilige Faktor (Zweierpotenzen) notiert. Anschließend wird aus geeigneten Zweierpotenzen der Multiplikator zusammengesetzt (*-Zeilen), die entsprechenden Vielfachen des Multiplikanden werden addiert.

	*	1	12			*	·16	496
		2	24			*	·8	248
		4	48				·4	124 ·
		8	96			*	·2	62
	*	16	192			*	·1	31 · 27

$$17 = 16 + 1 \quad | \quad 192 + 12 = 204$$

$$31 \cdot 16 = 496$$
$$31 \cdot \ 8 = 248$$
$$31 \cdot \ 2 = \ 62$$
$$31 \cdot \ 1 = \ 31$$

$$31 \cdot 27 = 837$$

Auch dieses Verfahren ist keinesfalls neu. Schon die alten Ägypter haben ähnliche Algorithmen zum Multiplizieren benutzt. Über das reine Verdoppeln hinaus haben sie jedoch zusätzlich noch das Verzehnfachen in das Verfahren eingebaut. Die Aufgabe 219 · 54 hätten die Ägypter wie folgt berechnet:

*	1	54
*	10	540
	100	5400
*	200	10800
	2	108
	4	216
*	8	432

$$219 = 200 + 10 + 8 + 1 \quad | \quad 10800 + 540 + 432 + 54 = 11826$$

„Russisches Bauernmultiplizieren"

Hinter diesem Verfahren, das ebenfalls ein altbewährtes ist, steckt die Tatsache, dass sich ein Produkt nicht ändert, wenn ein Faktor verdoppelt und der andere halbiert wird, also z.B. $8 \cdot 5 = 4 \cdot 10 = 2 \cdot 20 = 1 \cdot 40$. Deshalb nennt man diese Methode auch *Verdoppelungs-/Halbierungsverfahren*. Wir demonstrieren es zunächst an einem Beispiel, bei dem einer der Faktoren eine Zweierpotenz ist, also immer ohne Rest halbiert werden kann.

$$529 \cdot 16 =$$
$$1058 \cdot \;\;8 =$$
$$2116 \cdot \;\;4 =$$
$$4232 \cdot \;\;2 =$$
$$8464 \cdot \;\;1$$

Im Normalfall wird man beim Halbieren eines der Faktoren mal auf eine ungerade Zahl stoßen. Dann geht man zur nächst kleineren Zahl, die dann zwangsläufig gerade ist, über und fährt mit dieser fort. Den Fehlbetrag muss man vermerken und am Ende der Rechnung berücksichtigen. Beispiel:

$$513 \cdot 28 = \qquad\qquad 4104 \cdot 3$$
$$1026 \cdot 14 = \qquad\qquad 4104 \cdot 2 = \;\;|\,4104$$
$$2052 \cdot \;\;7 \qquad\qquad\;\; 8208 \cdot 1$$
$$2052 \cdot \;\;6 = \;\;|\,2052$$

Also: $513 \cdot 28 = 8208 + 4104 + 2052 = 14354$.

In ausführlicher Schreibweise wurde also das Folgende gerechnet:

$$\;\;\;\;513 \cdot 28$$
$$= 1026 \cdot 14$$
$$= 2052 \cdot \;\;7$$
$$= 2052 \cdot \;\;6 + 2052$$
$$= 4104 \cdot \;\;3 + 2052$$
$$= 4104 \cdot \;\;2 + 4104 + 2052$$
$$= 8208 \cdot \;\;1 + 4104 + 2052$$
$$= 14364$$

Gegenüber unserem Normalverfahren sind die beiden zuletzt vorgestellten Verfahren insofern einfacher, als man mit dem Verdoppeln und, beim russischen Bauernmultiplizieren, Halbieren sowie der Addition auskommt, was uns relativ leichtfällt. Selbst in unvertrauten Stellenwertsystemen fällt uns das Verdoppeln nicht schwer, brauchen wir von den Einmaleinsaufgaben doch nur wenige im Kopf zu haben. Auch das Multiplizieren mit Zehnerpotenzen bereitet keine Probleme. Überzeugen Sie sich, indem Sie mit uns die Aufgabe $2200_3 \cdot 102_3$ rechnen:

$$
\begin{array}{r|l}
1_3 & 102_3 \\
2_3 & 211_3 \\
11_3 & 1122_3 \\
22_3 & 10021_3 \\
2200_3 & 1002100_3
\end{array}
$$

Die Vorzüge der hier vorgestellten alternativen Multiplikationsverfahren, also das relativ stressfreie und weniger fehleranfällige Rechnen, erkauft man sich mit einem höheren Schreibaufwand. Es ist hier nicht der Ort, diese Vor- und Nachteile auszudiskutieren. Wir wollten Sie lediglich mit einigen Möglichkeiten bekannt machen.

Übung: 1) Berechnen Sie mit der Gittermethode:

a) $794_{10} \cdot 482_{10}$ b) $2403_5 \cdot 413_5$ c) $7B5_{14} \cdot A2D_{14}$

2) Berechnen Sie mit dem Verdoppelungsverfahren:

a) $387_{10} \cdot 214_{10}$ b) $41_5 \cdot 2032_5$

3) Berechnen Sie durch „russisches Bauernmultiplizieren" die Aufgabe $4532_{10} \cdot 240_{10}$.

11.4 Schriftliche Division

Auch hier können wir zunächst feststellen, dass bei inhaltlich fast identischem Vorgehen andere Notationsformen möglich sind. So schreibt man z.B. in Griechenland und in der Türkei wie im Beispiel unten links, in Spanien und Portugal, wo man die Teilprodukte nicht notiert, sondern im Kopf gleich abzieht, noch kürzer wie im Beispiel unten in der Mitte.

$$
\begin{array}{r|l}
483 & 17 \\
-34 & 28 \\
\hline
143 & \\
-136 & \\
\hline
007 &
\end{array}
\qquad
483 : 17
\qquad
\begin{array}{r}
28 \\
\hline
483 \;\lfloor 17 \\
34 \\
\hline
143 \\
136 \\
\hline
7
\end{array}
$$

$$
\begin{array}{r|l}
483 & 17 \\
\hline
143 & 28 \\
\hline
07 &
\end{array}
$$

Rechts oben sehen Sie die in Schweden übliche Schreibweise. Hierbei wird das Ergebnis oberhalb des Dividenden notiert, und zwar so, dass die Ziffern mit demselben Stellenwert übereinander stehen. Dies hilft sicherlich, die bei der schriftlichen Division häufig auftretenden Stellenwertfehler, insbesondere durch Zwischennullen oder Endnullen im Ergebnis, zu vermeiden, denn es fällt sofort auf, wenn Dividend und Quotient nicht rechtsbündig sind. Allen drei Darstellungsformen ist gemeinsam, dass sie ohne Gleichheitszeichen auskommen, wie bei uns die drei anderen Grundrechenarten ja auch. Durch diese gleichheitszeichenfreie Notation erspart man sich die Diskussionen darüber, wie ein eventuell auftretender Rest zu schreiben ist.

Wir wollen Ihnen nun drei Verfahren vorstellen, die echte Alternativen zu unserem hochkomplexen Divisionsalgorithmus darstellen. Das erste Verfahren basiert auf der Division als fortgesetzter Subtraktion, das zweite greift das Ihnen schon von der Multiplikation geläufige Verdoppeln auf, das dritte stellt Parallelen zur schriftlichen Multiplikation in den Vordergrund.

Das Subtraktionsverfahren

Kinder, die die Division als Operation noch nicht kennengelernt haben, sind trotzdem oftmals in der Lage, Aufgaben folgender Art zu lösen:

Für 7 Kinder sollen Tütchen mit Gummibären gefüllt werden. Du hast 98 Gummibärchen.

Die Kinder werden verschiedene Wege beschreiten. Das eine zieht vielleicht so lange 7 ab, bis es bei 0 angekommen ist. Ein anderes wird vielleicht gleich 70 Gummibärchen abziehen („In jede Tüte kommen schon mal 10.") und sich dann den restlichen 28 Gummibären widmen. Wieder ein anderes wird zunächst viermal 7 Bärchen abziehen, kommt zur 70 und sieht dann, dass das weitere 10 Bärchen pro Tüte sind. Verschiedene Lösungswege sind möglich; das Kind kann selbst entscheiden, wie viele Schritte es bei einer Aufgabe braucht.

Unten wurde die Aufgabe 448 : 16 auf drei verschiedenen Wegen gerechnet.

448		448		448		
− 16	1 Sechzehner	− 160	10 Sechzehner	− 48	3 Sechz.	
432		288		400		
− 32	2 Sechzehner	− 160	10 Sechzehner	− 320	20 Sechz.	
400		128		80		
− 160	10 Sechzehner	− 80	5 Sechzehner	− 80	5 Sechz.	
240		48		0		
− 160	10 Sechzehner	− 16	1 Sechzehner		28 Sechz.	
80		32				
− 80	5 Sechzehner	− 32	2 Sechzehner			
0		0				
	28 Sechzehner		28 Sechzehner			

Wir werden mit dem Subtraktionsverfahren jetzt eine Divisionsaufgabe im Vierersystem lösen. Die Aufgabe lautet $212223_4 : 23_4$.

Vorüberlegung:

$$1_4 \cdot 23_4 = 23_4$$
$$10_4 \cdot 23_4 = 230_4$$
$$100_4 \cdot 23_4 = 2300_4$$
$$1000_4 \cdot 23_4 = 23000_4$$

212223_4	
− 23_4	1_4
212200_4	
− 23000_4	1000_4
123200_4	
− 23000_4	1000_4
100200_4	
− 23000_4	1000_4
11200_4	
− 2300_4	100_4

Ergebnis:

2300_4	
− 2300_4	100_4
0_4	

$212223_4 : 23_4 = 3201_4$

Das Verdoppelungsverfahren

Ebenfalls an der Aufgabe 448 : 16 verdeutlichen wir das Verdoppelungsverfahren. Hierbei wird zunächst der Divisor fortgesetzt verdoppelt. Die Ergebnisse erleichtern das Auffinden des Teilquotienten und ersparen im Verlauf der Division das Multiplizieren.

```
· 1   16        448 : 16 = 28
· 2   32        32
· 4   64        128
· 8  128        128
                  0
```

Nun wird man nicht immer mit dem Zwei-, Vier- und Achtfachen des Divisors auskommen, wie es gerade in dem Beispiel oben der Fall war. Es empfiehlt sich daher, durch Addition des Zwei- und Vierfachen auch das Sechsfache des Divisors zu ermitteln und eine Schreibweise für den Fall zu vereinbaren, dass der Teilquotient zu klein gewählt wurde. Beispiel:

```
· 1   23                      1
· 2   46        199962 : 23 = 8684 = 8694
· 4   92        184
· 6  138        159
· 8  184        138
                216
                184
                 32
                 23
                 92
                 92
                  0
```

Alternatives Normalverfahren

Die übliche Staffelschreibweise der schriftlichen Division ist in vielen Bundesländern mittlerweile nicht mehr Gegenstand der zu erreichenden Standards der Grundschulmathematik, zumal oft nur Divisionsaufgaben mit einstelligem Divisor thematisiert werden. In jüngerer Zeit schlägt die einschlägige didaktische Literatur daher eine Notation für die Division vor, die sich an das schriftliche Normalverfahren der Multiplikation anlehnt (eine detaillierte Übersicht findet sich beispielsweise bei Padberg & Benz, 2011). Wir betrachten die Aufgabe 675 : 5 als Beispiel:

$$\frac{1\ 3\ 5}{6\ 7\ 5 : 5}$$

Die Rechnung wird wie bei der üblichen Form der schriftlichen Multiplikation in einer Zeile geschrieben, das Ergebnis stellengerecht über den Quotienten. Zur weiteren Erläuterung in einer möglichen begleitenden Sprechweise („H" steht wieder für „Hunderter", „Z" für „Zehner" und „E" für „Einer"):

- 6 H : 5 = 1 H, 1 H bleibt übrig; der Ergebnishunderter wird über die Hunderterstelle des Dividenden notiert.

- 1 H = 10 Z, 10 Z + 7 Z = 17 Z und 17 Z : 5 = 3 Z, 2 Z bleiben übrig; die Ergebniszehner werden über die Zehnerstelle des Dividenden notiert.

- 2 Z = 20 E, 20 E + 5 E = 25 E und 25 E : 5 = 5 E; die Ergebniseiner werden über die Einerstelle des Dividenden notiert.

In dem Fall, dass die erste Stelle des Ergebnisses nicht besetzt ist, ist dies durch einen Punkt zu kennzeichnen. Zudem können Reste leicht notiert werden. Beides illustriert die Aufgabe 675 : 7 als Beispiel:

$$\frac{\bullet\ 9\ 6\quad R3}{6\ 7\ 5 : 7}$$

Dieses alternative schriftliche Verfahren soll durch seine Nähe zum Vorgehen bei der schriftlichen Multiplikation zu einem gesicherteren Verständnis sowie zur Reduzierung von Fehlern gegenüber der bis dato üblichen Notation beitragen. Gerade bei mehrstelligen Divisoren erweist sich das übliche Normalverfahren jedoch als vorteilhaft.

Übung: 1) Lösen Sie die folgenden Aufgaben auf verschiedenen Wegen durch fortgesetztes Subtrahieren.

a) 5598 : 18   b) 7881 : 37

2) Lösen Sie mit dem Verdoppelungsverfahren.

a) 82586 : 17   b) 213612 : 28

3) Lösen Sie mit dem alternativen Normalverfahren.

a) 7165 : 5   b) 11263 : 4   c) 795 : 8

11.5 Rechentricks

In den vorigen Abschnitten dieses Kapitels haben wir uns auf alternative Zugänge zu Rechenverfahren konzentriert, die heutzutage bereits vielfach Eingang in den Mathematikunterricht gefunden haben, mitunter wie bei der „Gittermethode" sogar als Zugangswege, welche die Genese tragfähiger Grundvorstellungen zu Rechenoperationen unterstützen.

Dieser Abschnitt ist „Rechentricks" gewidmet, die in zahlreichen Situationen effizienter, trickreicher, ästhetischer, oft – je nach gegebener Situation – aber auch schlicht simpler als gewohnte Rechenprozeduren anwendbar sind. Ihr didaktisch-pädagogisches Potenzial im Mathematikunterricht können sie natürlich nur entfalten, wenn sie nicht als „Kochrezepte" für ein zügiges Rechnen nach Algorithmen eingesetzt werden. Die bloße Auseinandersetzung mit Rechentricks ist für Kinder bereits meist schon faszinierend und besitzt einen hohen Aufforderungscharakter. Auch und gerade aufgrund ihrer oft verblüffenden Effizienz bieten Rechentricks zugleich eine reichhaltige Substanz für mathematische Argumentationen und Begründungen.

Einige der Beispiele, die Sie in diesem Abschnitt kennenlernen, ähneln den oder wurzeln sogar in Verfahren der „vedischen Mathematik", die besonders in der indischen Kultur von alters her verbreitet ist. Sie bietet einen historischen Aufhänger, um zu verdeutlichen, dass „Rechentricks" keinesfalls bloße Spielereien sind. Die vedische Tradition umfasst interessanterweise zwei Dimensionen, nämlich eine philosophische und eine pragmatische.

„Vedisch" leitet sich von alten Schriften („Veden") ab, die Lehrsätze enthalten, die Körper und Geist eines Menschen schulen und zum Wohlbefinden führen sollen. „Veda" bedeutet übersetzt „Weisheit". Sie kennen Yoga? Das ist zwar keine Mathematik, verfolgt im vedischen Sinne aber einen ähnlichen Ansatz. Statt körperlicher Übungen sollen gewisse Regeln („Sutren") zur Übung des Geistes im Kopf ausgeführt werden. Und für diese Übungen wird auch die Mathematik genutzt: Dem indischen Gelehrten Bharati Krsna Tirthaji schreibt man beispielsweise die Abfassung von insgesamt 16 verschiedenen mathematische „Sutren" zu. Vedische Mathematik bedeutet daher nicht nur Rechnen um des Rechnens willen, sondern das Erlernen ihrer Verfahren als Denkart, die zur Vervollkommnung des Menschen beiträgt, d.h., als eine Art Yoga für den Geist.

Was nun die pragmatische Dimension anbelangt, so hatten wir die Effizienz der Verfahren, die Sie hier kennenlernen, bereits angedeutet – zur Illustration beschränken wir uns vorab auf einen Tipp fürs Leben: Treten Sie niemals gegen einen in den folgenden Rechentricks oder überhaupt in vedischer Mathematik versierten Menschen in einem Kopfrechenwettbewerb an (zumindest unter der Voraussetzung, dass Sie nicht zufällig selbst eine Meisterin oder ein Meister der vedischen Mathematik sind). Wir beschränken uns im Folgenden in erster Linie auf Rechentricks für Multiplikationen und beginnen mit einem simplen Beispiel.

Beispiel 1:   Multiplikation einer Zahl mit 5

Nehmen wir an, Sie wollten 73 mit 5 multiplizieren. Probieren Sie zuerst und rechnen Sie im Kopf, bevor Sie weiterlesen!

Vielleicht ist es Ihnen zügig gelungen (und vielleicht haben Sie ja selbst auf den gleich folgenden „Trick" zurückgegriffen!), vielleicht haben Sie aber auch etwas mühsam z.B. schrittweise gerechnet. Ein simpler Rechentrick besteht darin, sich zu Nutze machen, dass $10 : 2 = 5$ ist, und formal die Aufgabe umzuformen (denken Sie daran, dass man durch einen Bruch dividiert, indem man mit dem Kehrbruch multipliziert):

$$73 \cdot 5 = 73 \cdot (10 : 2) = 73 \cdot (10 \cdot \tfrac{1}{2}) = (73 \cdot 10) \cdot \tfrac{1}{2} = 365$$

Die vielleicht etwas unhandliche Aufgabe $73 \cdot 5$ reduziert sich auf diese Weise zu einer leichter zu berechnenden: Man halbiert einfach das Zehnfache der mit 5 zu multiplizierenden Zahl.

Beispiel 2:   Division einer Zahl durch 5

Auf ähnliche Weise wie im ersten Beispiel erhält man einen simplen Rechentrick für die Division durch 5, indem man ausnutzt, dass $10 : 2 = 5$ ist. Wir betrachten die Aufgabe $140 : 5$ als Beispiel:

$$140 : 5 = 140 : (10 : 2) = 140 : (\tfrac{10}{2}) = 140 \cdot \tfrac{2}{10} = (140 \cdot 2) : 10 = 28$$

Der Trick ist also, eine durch 5 zu dividierende Zahl zunächst zu verdoppeln und anschließend durch 10 zu teilen.

Selbstverständlich handelt es sich bei diesen ersten beiden Beispielen um noch relativ naheliegende Strategien, die von vielen Kindern spontan ohne Vorerfahrung verwendet oder selbst als Rechenvorteile entdeckt werden. Völlig analog ließen sich beispielsweise Rechentricks für die Multiplikation einer Zahl mit 25 bzw. für die Division einer Zahl durch 25 formulieren (dies ist Gegenstand der Aufgabe 4a).

An dieser Stelle verlassen wir das Pflichtprogramm und kommen zur Kür. Bitte beachten Sie, dass in den Kürbeispielen (3) bis (5) Rechnungen innerhalb eines Stellenwertes durch spitze Klammern angedeutet sind.

Beispiel 3: Multiplikation zweier zweistelliger Zahlen

Wir berechnen exemplarisch die Aufgabe $21 \cdot 13$.
Zunächst schreibt man die Faktoren untereinander.
Um das Verfahren übersichtlich beschreiben zu
können, lassen wir in der Darstellung ein wenig
Platz zwischen Einer- und Zehnerstellen.

$$
\begin{array}{cc}
2 & 1 \\
1 & 3 \\
\hline
\end{array}
$$

In einem ersten Schritt werden die Einerziffern der
beiden Faktoren miteinander multipliziert und das
Ergebnis darunter notiert.

$$
\begin{array}{cc}
2 & 1 \\
1 & 3 \\
& 3
\end{array}
$$

Als zweiter Schritt werden Produkte „über Kreuz"
gebildet und die Summe mittig notiert.

$$
\begin{array}{cc}
2 & 1 \\
1 & 3 \\
\langle 2 \cdot 3 + 1 \cdot 1 \rangle & 3
\end{array}
$$

Der letzte Schritt besteht darin, die Zehnerziffern
der Faktoren miteinander zu multiplizieren und das
Ergebnis wiederum direkt darunter zu notieren.

$$
\begin{array}{cc}
2 & 1 \\
1 & 3 \\
\hline
2 \quad 7 & 3
\end{array}
$$

Wir haben hier zunächst ein simples Beispiel zur einführenden Illustration des Prozederes gewählt. Natürlich können bei allen Schritten Überträge auftreten, wenn das jeweilige Zwischenergebnis größer als 9 ist. Gibt es einen Übertrag, so ist die Zehnerstelle des Zwischenergebnisses zum Ergebnis des folgenden Berechnungsschritts zu addieren. Ein zusammenfassendes Beispiel:

$$\cdot\ \left(\begin{array}{cc} 2 & 3 \\ 1 & 7 \end{array} \right)\ \right)\ +$$

$$\langle 2\cdot1\rangle\langle 2\cdot7+3\cdot1\rangle\langle 3\cdot7\rangle$$

also: $\langle 2\rangle\langle 17\rangle\langle 21\rangle$

somit: $\langle 2+1\rangle\ \langle 7+2\rangle 1$

Ergebnis: 3   9   1

Lösen Sie selbst einige Aufgaben mit zweistelligen Zahlen mittels „über-Kreuz-Multiplikation" im Kopf! Sie werden überrascht sein, wie effizient Sie bereits nach wenigen Übungsdurchgängen damit rechnen können. Eine Begründung der „über-Kreuz-Multiplikation" ist Gegenstand der Aufgabe 2. Das Verfahren liefert ein Fundament für weitere interessante Rechentricks – wir betrachten im Folgenden Beispiele hierfür.

Beispiel 4:   Multiplikation einer zweistelligen Zahl mit 11

Aus der „über-Kreuz-Multiplikation" zweier zweistelliger Zahlen lässt sich ein Rechentrick zur Multiplikation zweistelliger Zahlen mit 11 gewinnen. Wir betrachten exemplarisch die Aufgaben $17 \cdot 11$, $21 \cdot 11$, $32 \cdot 11$ sowie $89 \cdot 11$:

$$\cdot\ \left(\begin{array}{cc} 1 & 7 \\ 1 & 1 \end{array} \right)\ \right)\ +$$

$$1\langle 1\cdot1+7\cdot1\rangle 7$$

Ergebnis: 1   8   7

$$\cdot\ \left(\begin{array}{cc} 2 & 1 \\ 1 & 1 \end{array} \right)\ \right)\ +$$

$$2\langle 2\cdot1+1\cdot1\rangle 1$$

Ergebnis: 2   3   1

$$\cdot\ \left(\begin{array}{cc} 3 & 2 \\ 1 & 1 \end{array} \right)\ \right)\ +$$

$$3\langle 3\cdot1+2\cdot1\rangle 2$$

Ergebnis: 3   5   2

$$\cdot\ \left(\begin{array}{cc} 8 & 9 \\ 1 & 1 \end{array} \right)\ \right)\ +$$

$$8\langle 8\cdot1+9\cdot1\rangle 9$$

Ergebnis: 9   7   9

Die Beispiele zeigen: In dem speziellen Fall einer Multiplikation mit 11 liefert die mit 11 zu multiplizierende Zahl bereits die erste und die letzte Ergebnisziffer (unten jeweils im Fettdruck hervorgehoben) und man kann direkt die „über-Kreuz-Rechnung" ausführen, um die fehlende mittlere Ziffer zu bestimmen (wobei hier ggf. noch auf Überträge zu achten ist, wie das Beispiel der Aufgabe $8 \cdot 9$ zeigt).

Aus den obigen ausführlichen Darstellungen lesen wir als Trick hierfür ab: Die Summe der beiden mit 11 zu multiplizierenden Zahlen ist die mittlere Ziffer des gesuchten Ergebnisses[6] . Unter Verwendung von spitzen Klammern für Rechnungen in den Stellenwerten wie bisher können wir also in viel knapperer Form direkt notieren:

17 · 11 = **1**‹*1* + *7*›**7** = 187   **21** · 11 = **2**‹*2* + *1*›**1** = 231

32 · 11 = **3**‹*3* + *2*›**2**   **89** · 11 = **8**‹*8+9*›**9** = ‹*8+1*›‹*7*›**9** = 979

Ähnliche Rechentricks lassen sich für weitere zweistellige Zahlen mit gleicher Anfangs- und Endziffer formulieren. Betrachtet man die Ziffern der jeweils zu multiplizierenden Zahl, so kann man sich bei Multiplikationen mit 22 z.B. eine durchgehende „Verdoppelung" der Resultatziffern gegenüber einer Multiplikation mit 11 vorstellen, etwa **21** · 22 = **4**‹*4* + *2*›**2** = 462, oder bei einer Multiplikation mit 33 eine durchgehende „Verdreifachung", beispielsweise **21** · 33 = **6**‹*6* + *3*›**3** = 693.

Als weiteres Beispiel eines Tricks, der auf der „über-Kreuz-Multiplikation" basiert, betrachten wir im Folgenden die Berechnung von Quadratzahlen.

Beispiel 5:   Quadrieren zweistelliger Zahlen

Nehmen wir an, Sie wollten das Quadrat der Zahl 87 berechnen. Mit der „über-Kreuz-Multiplikation" erhalten wir:

$$\cdot\ \left(\begin{array}{cc} 8 & 7 \\ 8 & 7 \end{array}\right)\cdot\ +$$

64‹*8·7+7·8*›*49*

also: *64*‹*2 · (8·7)*›*49*

Ergebnis:[7]   75   6   9

---

[6]   Diese Ziffer ist unten kursiv hervorgehoben.
[7]   Mit berücksichtigten Überträgen.

Wir halten fest: Um eine zweistellige Zahl zu quadrieren, quadriert man die einzelnen Ziffern, um die erste und letzte Ziffer des Ergebnisses zu erhalten (Kursivdruck), und schreibt das Doppelte des Produkts beider Ziffern in die mittlere Position (Fettdruck) – natürlich ist jeweils auf Überträge zu achten. Sind a und b die Ziffern einer zweistelligen natürlichen Zahl, so ist deren Quadratzahl in unserer gewohnten Notation a^2‹$2 \cdot a \cdot b$›b^2.

Zu guter Letzt betrachten wir eine „über-Kreuz-Multiplikation" zweier dreistelliger Zahlen. Das Prozedere liefert auch in diesem Fall eine Grundlage, um weitere Rechentricks abzuleiten (siehe Aufgabe 4b und c).

Beispiel 6:   Multiplikation zweier dreistelliger Zahlen

Bei der Multiplikation zweier dreistelliger Zahlen können Sie analog zur Multiplikation zweier zweistelliger Zahlen vorgehen, wie die folgende Illustration zeigt. Beachten Sie insbesondere das erweiterte „über-Kreuz-Multiplizieren" und aufsummieren in Schritt 3.

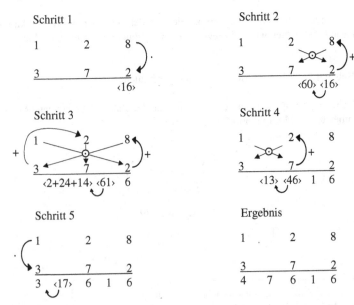

Übung: 1) Wählen Sie selbst Zahlenbeispiele und üben Sie sich in den Rechentricks der Beispiele 1 bis 6.

          2) a) Begründen Sie, wieso das in Beispiel 3 vorgestellte Verfahren der „über-Kreuz-Multiplikation" funktioniert.

             b) Funktioniert das Verfahren auch in anderen Stellenwertsystemen?

          3) Multiplizieren Sie eine zwei- und eine dreistellige Zahl „über Kreuz" miteinander. Was fällt Ihnen auf?

          4) Entwickeln Sie Rechentricks:

             a) Für die Multiplikation mit 25 und die Division durch 25.

             b) Für die Multiplikation dreistelliger Zahlen mit 11.

             c) Für die Berechnung von Quadratzahlen dreistelliger Zahlen.

             d) Und vielleicht haben Sie ja auch selbst eigene Ideen!

Literaturhinweise

Bartholomé, A., Rung, J. & Kern, H. (2008). *Zahlentheorie für Einsteiger* (6. Auflage). Wiesbaden: Vieweg + Teubner.

Beutelspacher, A. (2015). *Kryptologie. Eine Einführung in die Wissenschaft vom Verschlüsseln, Verbergen und Verheimlichen* (10., aktualisierte Auflage). Wiesbaden: Springer Spektrum.

Enzensberger, H. M. (1997). *Der Zahlenteufel.* München: Hanser.

Fritsche, K. (1995). *Mathematik für Einsteiger.* Heidelberg: Spektrum.

Fuchs, M. & Käpnick, F. (2009). *Mathe für kleine Asse. Empfehlungen zur Förderung mathematisch interessierter und begabter Kinder im 3. und 4. Schuljahr* (Bd. 2). Berlin: Cornelsen.

Graumann, G. (2002). *Mathematikunterricht in der Grundschule.* Bad Heilbrunn: Klinkhardt.

Ifrah, G. (1987). *Universalgeschichte der Zahlen* (2. Auflage). Frankfurt: Kampus.

Jahnke, H. N. & Ufer, S. (2015). Argumentieren und Beweisen. In R. Bruder, L. Hefendehl-Hebeker, B. Schmidt-Thieme & H.-G. Weigand (Hrsg.), *Handbuch der Mathematikdidaktik* (S. 331–355). Berlin und Heidelberg: Springer Spektrum.

Käpnick , F. (2014). *Mathematiklernen in der Grundschule.* Heidelberg: Springer Spektrum.

Kirsoh, A. (1987). *Mathematik wirklich verstehen.* Köln: Aulis-Verlag Deubner.

Kramer, J. (2008). *Zahlen für Einsteiger.* Wiesbaden: Vieweg+Teubner.

Menninger, K. (1979). *Zahlwort und Ziffer. Eine Kulturgeschichte der Zahl* (3. Auflage). Göttingen: Vandenhoeck & Ruprecht.

Müller, G. H., Steinbring, H. & Wittmann, E. Chr. (Hrsg.) (2004). *Arithmetik als Prozess.* Seelze: Kallmeyer.

© Springer Fachmedien Wiesbaden GmbH, ein Teil von Springer Nature 2018
R. Benölken, H.-J. Gorski, S. Müller-Philipp, *Leitfaden Arithmetik*,
https://doi.org/10.1007/978-3-658-22852-1

Müller-Philipp, S & Gorski, H.-J. (2014). *Leitfaden Geometrie* (6. Auflage). Wiesbaden: Springer Spektrum.

Neubrand, M. & Möller, M. (1990). *Einführung in die Arithmetik*. Bad Salzdetfurth: Franzbecker.

Padberg, F. & Büchter, A. (2018). *Elementare Zahlentheorie* (4. Auflage). Heidelberg: Springer Spektrum.

Padberg, F & Benz, C. (2011). *Didaktik der Arithmetik* (4. Auflage). Heidelberg: Spektrum.

Padberg, F., Danckwerts, R. & Stein, M. (1995). *Zahlbereiche. Eine elementare Einführung*. Heidelberg: Spektrum.

Rieger, G. J. (1976). *Zahlentheorie*. Göttingen: Vandenhoeck & Ruprecht.

Scheid, H. (1996). *Elemente der Arithmetik und Algebra* (3. Auflage). Heidelberg: Spektrum.

Schlagbauer, A., Lemke, G. & Müller-Philipp, S. (Hrsg.) (1991). *Mathematik Hauptschule, NW, Band 5*. Donauwörth: Auer.

Villiers, de M. (1990). The role and function of proof in mathematics. *Pythagoras*, 24, 17–24.

Winter, H. (1985). Neunerregel und Abakus – schieben, denken, rechnen. *mathematik lehren*, 11, 22–26.

Wittmann, E. Chr. (2004). Operative Beweise in der Schul- und Elementarmathematik. *mathematica didactica*, 37, 213–232.

Wittmann, E. Chr. & Ziegenbalg, J. (2004). Sich Zahl um Zahl hochhangeln. In G. N. Müller, H. Steinbring & E. Chr. Wittmann (Hrsg.), *Arithmetik als Prozess* (S. 35–53). Seelze: Kallmeyer.

Wittmann, E. Chr. & Müller, N. G. (1988). Wann ist ein Beweis ein Beweis? In P. Bender (Hrsg.), *Mathematikdidaktik – Theorie und Praxis. Festschrift für Heinrich Winter* (S. 237–258). Berlin: Cornelsen.

Wittmann, G. (2008). *Elementare Funktionen und ihre Anwendungen*. Heidelberg: Spektrum.

Primzahltabelle bis 3000

2	3	5	7	11	13	17	19
23	29	31	37	41	43	47	53
59	61	67	71	73	79	83	89
97							
101	103	107	109	113	127	131	137
139	149	151	157	163	167	173	179
181	191	193	197	199			
211	223	227	229	233	239	241	251
257	263	269	271	277	281	283	293
307	311	313	317	331	337	347	349
353	359	367	373	379	383	389	397
401	409	419	421	431	433	439	443
449	457	461	463	467	479	487	491
499							
503	509	521	523	541	547	557	563
569	571	577	587	593	599		
601	607	613	617	619	631	641	643
647	653	659	661	673	677	683	691
701	709	719	727	733	739	743	751
757	761	769	773	787	797		
809	811	821	823	827	829	839	853
857	859	863	877	881	883	887	
907	911	919	929	937	941	947	953
967	971	977	983	991	997		
1009	1013	1019	1021	1031	1033	1039	1049
1051	1061	1063	1069	1087	1091	1093	1097
1103	1109	1117	1123	1129	1151	1153	1163
1171	1181	1187	1193				
1201	1213	1217	1223	1229	1231	1237	1249
1259	1277	1279	1283	1289	1291	1297	
1301	1303	1307	1319	1321	1327	1361	1367
1373	1381	1399					

1409	1423	1427	1429	1433	1439	1447	1451
1453	1459	1471	1481	1483	1487	1489	1493
1499							
1511	1523	1531	1543	1549	1553	1559	1567
1571	1579	1583	1597				
1601	1607	1609	1613	1619	1621	1627	1637
1657	1663	1667	1669	1693	1697	1699	
1709	1721	1723	1733	1741	1747	1753	1759
1777	1783	1787	1789				
1801	1811	1823	1831	1847	1861	1867	1871
1873	1877	1879	1889				
1901	1907	1913	1931	1933	1949	1951	1973
1979	1987	1993	1997	1999			
2003	2011	2017	2027	2029	2039	2053	2063
2069	2081	2083	2087	2089	2099		
2111	2113	2129	2131	2137	2141	2143	2153
2161	2179						
2203	2207	2213	2221	2237	2239	2243	2251
2267	2269	2273	2281	2287	2293	2297	
2309	2311	2333	2339	2341	2347	2351	2357
2371	2377	2381	2383	2389	2393	2399	
2411	2417	2423	2437	2441	2447	2459	2467
2473	2477						
2503	2521	2531	2539	2543	2549	2551	2557
2579	2591	2593					
2609	2617	2621	2633	2647	2657	2659	2663
2671	2677	2683	2687	2689	2693	2699	
2707	2711	2713	2719	2729	2731	2741	2749
2753	2767	2777	2789	2791	2797		
2801	2803	2819	2833	2837	2843	2851	2857
2861	2879	2887	2897				
2903	2909	2917	2927	2939	2953	2957	2963
2969	2971	2999					

Lösungshinweise

1 Mengenlehre

Kap. 1.2

1. $T(100) = \{1, 2, 4, 5, 10, 20, 25, 50, 100\}$ oder
   $T(100) = \{a \in \mathbb{N} \mid a \text{ ist Teiler von } 100\}$

2. $T(10) = \{1, 2, 5, 10\}$. Gehen Sie systematisch vor (vergessen Sie die leere Menge nicht!) und ermitteln Sie nacheinander alle ein-, zwei-, drei- und vierelementigen Teilmengen: $\emptyset$, $\{1\}$, $\{2\}$, $\{5\}$, $\{10\}$, $\{1, 2\}$, $\{1, 5\}$, $\{1, 10\}$, $\{2, 5\}$, $\{2, 10\}$, $\{5, 10\}$, $\{1, 2, 5\}$, $\{1, 5, 10\}$, $\{1, 2, 10\}$, $\{2, 5, 10\}$, $\{1, 2, 5, 10\}$

3. Gehen Sie vor wie in Aufgabe 2. Vorsicht bei dem Buchstaben u! Die Menge ist $\{s, t, u, d, i, m\}$ und ihre Teilmengen sind: $\emptyset$, $\{s\}$, $\{t\}$, $\{u\}$, $\{d\}$, $\{i\}$, $\{m\}$, $\{s, t\}$, $\{s, u\}$, $\{s, d\}$, $\{s, i\}$, $\{s, m\}$, $\{t, u\}$, $\{t, d\}$, $\{t, i\}$, $\{t, m\}$, $\{u, d\}$, $\{u, i\}$, $\{u, m\}$, $\{d, i\}$, $\{d, m\}$, $\{i, m\}$, $\{s, t, u\}$, $\{s, t, d\}$, $\{s, t, i\}$, $\{s, t, m\}$, $\{s, u, d\}$, $\{s, u, i\}$, $\{s, u, m\}$, $\{s, d, i\}$, $\{s, d, m\}$, $\{s, i, m\}$, $\{t, u, d\}$, $\{t, u, i\}$, $\{t, u, m\}$, $\{t, d, i\}$, $\{t, d, m\}$, $\{t, i, m\}$, $\{u, d, i\}$, $\{u, d, m\}$, $\{u, i, m\}$, $\{d, i, m\}$, $\{s, t, u, d\}$, $\{s, t, u, i\}$, $\{s, t, u, m\}$, $\{s, t, d, i\}$, $\{s, t, d, m\}$, $\{s, t, i, m\}$, $\{t, u, d, i\}$, $\{t, u, d, m\}$, $\{t, d, i, m\}$, $\{u, d, i, m\}$, $\{s, t, u, d, i, m\}$

4. Sie können so vorgehen, dass Sie entsprechende Beispiele aus den Aufgaben 2 und 3 heraussuchen oder an die Aufgaben anknüpfend Mengen passend modifizieren. Hinsichtlich der ersten Aussage des ersten Teils von Satz 1 sind die Mengen $T(10)$ und $\{s, t, u, d, i, m\}$ beispielsweise bei obigen Aufgaben auch selbst als Teilmengen aufgeführt. Hinsichtlich der ersten Aussage des zweiten Teils des Satzes ist unmittelbar klar, dass diese Mengen nicht vollständig in sich selbst liegen können, denn liegt zwischen zwei Mengen eine echte Inklusion vor, so muss eine Menge weniger Elemente enthalten – dies ist nicht möglich, wenn man nur eine Menge als Teilmenge ihrer selbst betrachtet.

5. Wir betrachten exemplarisch Aufgabenteil a): Wenn A als echte Teilmenge in B liegt, hat A weniger Elemente als B, also eine geringere Mächtigkeit, es ist $|A| < |B|$. Wenn A gleich B ist, haben beide Mengen gleich vie-

le Elemente, es ist $|A| = |B|$. Es kann nicht vorkommen, dass $|A| > |B|$, denn dann könnte A keine Teilmenge von B sein. Stellen Sie für die Aufgabenteile b) und c) ähnliche Überlegungen an.

6. a) Bestimmen Sie alle Teilmengen von M und fassen Sie diese zur Potenzmenge zusammen (zur Kontrolle: $P(M) = \{\varnothing; \{1\}, \{2\}, \{3\}, \{1, 2\}, \{1, 3\}, \{2, 3\}, \{1, 2, 3\}\}$).

b) Als simples Beispiel lassen sich die Mengen $A = \{1\}$, $B = \{1, 2\}$ und $C = \{1, 2, 3\}$ betrachten. Man erhält $P(A) = \{\varnothing; \{1\}\}$ und $|P(A)| = 1 = 2^1$, $P(B) = \{\varnothing; \{1\}, \{2\}, \{1, 2\}\}$ und $|P(B)| = 4 = 2^2$ sowie schließlich $P(C) = \{\varnothing; \{1\}, \{2\}, \{3\}, \{1, 2\}, \{1, 3\}, \{2, 3\}, \{1, 2, 3\}\}$ und $|P(C)| = 8 = 2^3$. Hieraus ergibt sich als Vermutung, dass für eine beliebige endliche Menge X gilt $|P(X)| = 2^{|X|}$.

7. Es ist $\{1, 2\} \times \{1, 3, 4\} = \{(1, 1), (1, 3), (1, 4), (2, 1), (2, 3), (2, 4)\}$. Ermitteln Sie zunächst die zweielementigen Teilmengen und gehen Sie dabei ähnlich wie bei den Aufgaben 2 und 3 systematisch vor:
$\{(1, 1), (1, 3)\}$, $\{(1, 1), (1, 4)\}$, $\{(1, 1), (2, 1)\}$, $\{(1,1), (2, 3)\}$, $\{(1, 1), (2, 4)\}$, $\{(1, 3), (1, 4)\}$, $\{(1, 3), (2, 1)\}$, $\{(1, 3), (2, 3)\}$, $\{(1, 3), (2, 4)\}$, $\{(1, 4), (2, 1)\}$, $\{(1, 4), (2, 3)\}$, $\{(1, 4), (2, 4)\}$, $\{(2, 1), (2, 3)\}$, $\{(2, 1), (2, 4)\}$, $\{(2, 3), (2, 4)\}$.
Für die dreielementigen Teilmengen gehen Sie genau so vor.

Kap. 1.3

1. Analog zu den Beispielen auf S. 8. Noch ein Tipp: Achten Sie darauf, ob es sich tatsächlich um Aussagen handelt.

2. Orientieren Sie sich z.B. an Aufgabe 1 oder den Beispielen auf S. 12.

3. Bei Aufgabenteil a) wäre beispielsweise die Aussage: „Helsinki ist die Hauptstadt von Finnland." wahr, die Aussage „Gießen ist die Hauptstadt von Finnland." aber falsch.

4) Aussagenlogisch ergibt sich:
„der Hahn kräht" $\Rightarrow$ „Wetter ändert sich" $\vee$ „Wetter ändert sich nicht"
Die Implikation ist offenbar immer wahr.

5) Ein einfaches Beispiel: $\mathbb{L} = \{a \in \mathbb{N} \mid a \leq 5\}$.

6) Die zweite Aussage des ersten Teils von Satz 1 lässt sich beispielsweise folgendermaßen knapp notieren: $A \subseteq B \land B \subseteq C \Rightarrow A \subseteq C$.

Kap. 1.4

1. Lesen Sie nach auf S. 15.

2. a)   b)

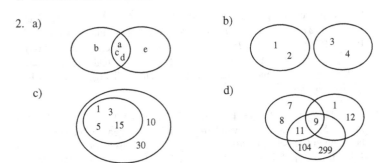

   c)   d)

3. Zur Kontrolle:

A	B	C	$B \cup C$	$A \cup (B \cup C)$	$A \cup B$	$(A \cup B) \cup C$
$\in$	$\in$	$\in$	$\in$	$\in$	$\in$	$\in$
$\in$	$\in$	$\notin$	$\in$	$\in$	$\in$	$\in$
$\in$	$\notin$	$\in$	$\in$	$\in$	$\in$	$\in$
$\notin$	$\in$	$\in$	$\in$	$\in$	$\in$	$\in$
$\notin$	$\notin$	$\in$	$\in$	$\in$	$\notin$	$\in$
$\in$	$\notin$	$\notin$	$\notin$	$\in$	$\in$	$\in$
$\notin$	$\in$	$\notin$	$\in$	$\in$	$\in$	$\in$
$\notin$	$\notin$	$\notin$	$\notin$	$\notin$	$\notin$	$\notin$

4. Den ersten Beweisansatz liefert völlig analog zu Aufgabe 3 bzw. zum ersten Teil von Satz 5 eine Zugehörigkeitstabelle. Den zweiten Beweisansatz liefert das Prozedere mittels Rückgriff auf die zugrundeliegenden Junktoren sowie die Anwendung der Definitionen, zur Kontrolle:

$$a \in [A \cup (B \cap C)]$$
$$\Leftrightarrow a \in A \lor a \in (B \cap C) \qquad\qquad \text{/Def. 6}$$
$$\Leftrightarrow a \in A \lor (a \in B \land a \in C) \qquad\qquad \text{/Def. 5}$$
$$\Leftrightarrow (a \in A \lor a \in B) \land (a \in A \lor a \in C) \qquad \text{/DG(2) für Junktoren}$$
$$\Leftrightarrow [a \in (A \cup B)] \land [a \in (A \cup C)] \qquad\qquad \text{/Def. 6}$$
$$\Leftrightarrow a \in [(A \cup B) \cap (A \cup C)] \qquad\qquad \text{/Def. 5}$$

5. a) G sei die Gesamtmenge der Kinder in der Klasse, F die Menge der Kinder, die Fußball spielen, T die Menge der Kinder, die Tennis spielen und K die Menge der Kinder, die in keinem Sportverein sind. Darstellung der Situation im Venn-Diagramm mit den möglichen Zusammenhängen:

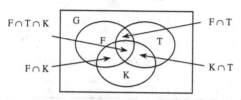

b/c) Gehen Sie analog zu dem Beispiel auf S. 23 vor. Bei Aufgabenteil b) erhalten Sie mit den Bezeichnungen aus Aufgabenteil a): $|F \cap T| = 2$, d.h., zwei Kinder sind in beiden Vereinen.

6. a) Die Gleichung ist falsch. Betrachten Sie diese Venn-Diagramme:

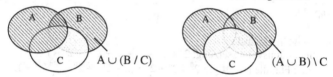

Sie können dann eine Zugehörigkeitstabelle verwenden, etwa:

A	B	C	B\C	$A \cup (B \setminus C)$	$A \cup B$	$(A \cup B) \setminus C$
...	...	...	...	...	...	...

b) Die Gleichung ist wahr. Machen Sie sich die Situation wieder in einem Venn-Diagramm klar. Beweisen Sie die Gleichung z.B. mittels Rückgriff auf die Junktoren und die Definitionen 5, 6 und 7 sowie die „Rückrichtung" des ersten Distributivgesetzes für Junktoren.

7. Dies kann ein Ansatz für Aufgabenteil a) sein:

$$a \in [A \cap (A \cup B)]$$
$$\Leftrightarrow \quad a \in A \wedge a \in (A \cup B) \qquad \text{/Def. 5}$$
$$\Leftrightarrow \quad \ldots$$

Benutzen Sie Definition 6, das erste Distributivgesetz für Junktoren sowie Definition 5. Bei Aufgabenteil b) können Sie analog vorgehen.

Bei den Aufgabenteilen c) und d) können Sie gut mittels Zugehörigkeits-
tabellen argumentieren. Für Aufgabenteil c) veranschaulicht das folgende
Venn-Diagramm die Situation:

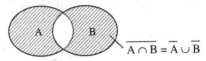

$$\overline{A \cap B} = \overline{A} \cup \overline{B}$$

Und hier ein Ansatz für eine Zugehörigkeitstabelle:

A	B	$A \cap B$	$\overline{A \cap B}$	$\overline{A}$	$\overline{B}$	$\overline{A} \cup \overline{B}$
...	...	...	...	...	...	...

2 Grundlegende Beweistechniken

Kap. 2.6

a) <u>Induktionsschritt:</u>
   Induktionsvoraussetzung: $2^0 + 2^1 + 2^2 + ... + 2^{n-1} = 2^n - 1$
   z.z.: Für alle $n \in \mathbb{N}$ gilt $2^0 + 2^1 + 2^2 + ... + 2^{n-1} + 2^n = 2^{(n+1)} - 1$.
   $A(n) \Rightarrow A(n+1)$

$$2^0 + 2^1 + 2^2 + ... + 2^{n-1} + 2^n = 2^n - 1 + 2^n \quad \text{\textbackslash nach Induktionsvoraussetzung}$$
$$= 2 \cdot 2^n - 1$$
$$= 2^{n+1} - 1$$

b) <u>Induktionsschritt:</u>
   Induktionsvoraussetzung: $(a^m)^n = a^{m \cdot n}$
   z.z.: $(a^m)^{n+1} = a^{m \cdot (n+1)}$
   $A(n) \Rightarrow A(n+1)$

$$(a^m)^{n+1} = (a^m)^n \cdot (a^m)^1$$
$$= a^{m \cdot n} \cdot (a^m)^1 \quad \text{\textbackslash nach Induktionsvoraussetzung}$$
$$= a^{m \cdot n} \cdot a^m \quad \text{\textbackslash Der Exponent 1 gibt an, wie oft } a^m \text{ mit sich sich}$$
$$\text{selbst zu multiplizieren ist, also nur einmal.}$$
$$= a^{m \cdot n + m} \quad \text{\textbackslash Potenzgesetz}$$
$$= a^{m \cdot (n+1)} \quad \text{\textbackslash m ausklammern}$$

c) <u>Induktionsanfang:</u>   Die Menge M besitze nur ein Element, beispielsweise M = {1}. M hat dann als Teilmengen nur die trivialen, nämlich $\varnothing$
   und {1}, und dies sind gerade $2 = 2^1$ Stück.

Induktionsschritt: Induktionsvor.: Eine Menge aus n Elementen
habe genau 2^n Teilmengen.

z.z.: $M = \{1, 2, ..., n, n + 1\}$ hat genau 2n+1
Teilmengen.

$A(n) \Rightarrow A(n+1)$

Wir betrachten $M = \{1, 2, 3, ... , n, n + 1\}$ sowie
die Menge aller Teilmengen von M. Diese Mengen
unterteilen wir in zwei Teilmengen M_1 und M_2, so
dass M_1 alle Teilmengen von M umfasst, die n+1
enthalten, und M_2 alle Teilmengen von M umfasst,
die n+1 nicht enthalten.[1] In M_2 sind somit genau
die Teilmengen der Menge $\{1, . . . , n\}$ enthalten
und dies sind nach Induktionsvoraussetzung genau
2^n. M_2 und M_1 müssen gleich viele Teilmengen
von M enthalten, d.h., auch M_1 hat 2^n Teilmengen.
Zusammen erhalten wir: für die Anzahl aller Teilmengen von M $2^n + 2^n = 2 \cdot 2^n = 2^{n+1}$.

d) Induktionsschritt:

Induktionsvoraussetzung: $1^2 + 2^2 + 3^2 + ... + n^2 = \frac{1}{6} n (n+1) (2n+1)$

z.z.: $1^2 + 2^2 + 3^2 + ... + n^2 + (n + 1)^2 = \frac{1}{6} (n + 1) (n + 2) (2(n + 1) + 1)$

$A(n) \Rightarrow A(n+1)$

Einerseits können wir $1^2 + 2^2 + 3^2 + ... + n^2 + (n + 1)^2$ mit der getroffenen Induktionsvoraussetzung leicht berechnen:

$$\underbrace{1^2 + 2^2 + 3^2 + ... + n^2} + (n + 1)^2 = \frac{1}{6} n (n + 1) (2n + 1) + (n + 1)^2$$

$$= \frac{2n^3 + 9n^2 + 13n + 6}{6}$$

*Andererseit*s können wir die nachzuweisende Formel anwenden:

$$1^2 + 2^2 + 3^2 + ... + n^2 + (n + 1)^2 = \frac{1}{6} (n + 1) (n + 2) (2(n + 1) + 1)$$

$$= \frac{2n^3 + 9n^2 + 13n + 6}{6}$$

Da „*Einerseits*" und „*Andererseits*" zu demselben Ergebnis führen, ist
der Beweis erbracht.

---

[1] Machen Sie sich dies an einem einfachen Beispiel klar!

3 Operative Beweise

Kap. 3.2

1. Suchen Sie Beispiele und Gegenbeispiele für die Verifikation oder die Falsifikation des Satzes. Wird die Quersumme (siehe Kap. 8.6, S. 161) einer natürlichen Zahl a mit Q(a) bezeichnet, so erhält man beispielsweise Q(3) = 3, Q(15) = 6, Q(195) = 15 oder Q(3189) = 21 und alle Quersummen sind wie die Zahlen selbst jeweils durch 3 teilbar.

2. a) *Systematisches Probieren* und damit ein experimenteller Nachweis erfolgt durch analoges Vorgehen zur Aufgabe 1 (etwa 1 + 3 = 4, 3 + 5 = 8, 5 + 7 = 12, 1 + 17 = 18, 17 + 3 = 20, 123 + 337 = 460, ...).

   Für einen *operativen Beweis* gehen Sie analog zu dem Textbeispiel auf S. 46 vor: Betrachten Sie das Zusammenlegen von Doppelreihen aus Plättchen, unten exemplarisiert an zwei ungeraden Zahlen, nämlich 7 und 5. Der Clou ist die spezielle Anordnung der Doppelreihen:

   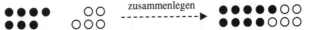

   Ein *formal-deduktiver Beweis* erfolgt analog zu dem Beispiel unten auf S. 43. Betrachten Sie zwei beliebige ungerade ganze Zahlen a und b. Diese besitzen je eine Darstellung a = 2 · x + 1 und b = 2 · y + 1, x ∈ ℤ bzw. y ∈ ℤ. Setzen Sie diese Darstellungen in die Summe a + b ein.

   b) Gehen Sie ähnlich wie bei Aufgabenteil a) vor. Für einen operativen Beweis verwenden Sie eine Darstellung wie die folgende für die Zahlen 8 und 5:

   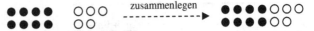

   Für einen formal-deduktiven Beweis gehen Sie von Darstellungen einer beliebigen geraden ganzen Zahl a als a = 2 · x mit x ∈ ℤ und einer beliebigen ungeraden Zahl b als b = 2 · y + 1 mit y ∈ ℤ aus.

3. Hier einige Ideen: Das *systematische Probieren* bzw. das experimentelle Vorgehen ist sehr anschaulich. Es ermöglicht es Kindern, abstraktere Aussagen und mathematische Phänomene zwar auf einer elementaren Ebene, aber doch in ihrer ganzen Tiefe zu erfassen bzw. zu entdecken. Es handelt sich jedoch nicht um Beweise in einem strengeren mathematischen Sinne – aus einer niemals vollständig werdenden Sammlung von

Beispielen kann man eigentlich auch niemals auf Allgemeingültigkeit schließen (dies gilt natürlich nicht für das Aufzeigen eines Gegenbeispiels).

Operative Beweise sind nicht minder anschaulich als das experimentelle Vorgehen, eher sogar noch erheblich anschaulicher, da eine konkrete Operation in den Vordergrund gestellt wird. Diese entspricht im Regelfall dem Grundprinzip eines korrespondierenden formal-deduktiven Beweises, das auf diese Weise für Kinder erfassbar wird, wodurch sich eine größere inhaltliche Tiefe gegenüber experimentellen Beweisen ergibt. Es fehlt allerdings an der formalen Abstraktion, die formal-deduktive Beweise liefern, und das Aufzeigen einer Operation verbleibt stets exemplarisch – im strengen Sinne sind hier also wiederum Ansprüche an einen mathematischen Beweis nicht erfüllt.

Formal-deduktive Beweise genügen fachlichen Ansprüchen. Sie sind ein Mittel, um die Allgemeingültigkeit von Aussagen tatsächlich nachzuweisen. Jüngeren Kindern ist dieses Prozedere aus Gründen der formalen Formelsprache einerseits sowie der deduktiven Abstraktion andererseits jedoch verschlossen (informieren Sie sich z.B. über das klassische Stufenmodell der Denkentwicklung nach Jean Piaget).

Kap. 3.3

1. a) Exemplarische Formulierung: „Man legt zunächst zwei schwarze Plättchen, dann zwei weiße, dann je ein schwarzes und ein weißes. Anschließend beginnt man wieder von vorne: Man legt zunächst zwei schwarze Plättchen, …"

    b) Die Anordnung der ersten sechs Plättchen wird 16-mal bis zur 100 aneinander gelegt, so dass nur noch vier weitere Plättchen fehlen. Also ist das 100. Plättchen weiß.

2. Zur Kontrolle:　　　a) $(n : (n + 1))_{n \in \mathbb{N}_0}$　　　b) $(n : 2^n)_{n \in \mathbb{N}_0}$

3. Definieren Sie als Rekursion $a_n = a_{n-1} + a_{n-2}$ für $n > 2$ und $a_1 = a_2 = 1$. Nach einem Jahr führt die Fertilität zu einer sehr beachtlichen Zahl von 143 Kaninchenpaaren.

4. Analog zu den Beispielen auf S. 52 bzw. 53 und 54.

Kap. 3.4

1. a)

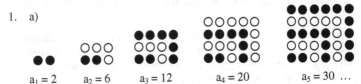

$a_1 = 2$ $a_2 = 6$ $a_3 = 12$ $a_4 = 20$ $a_5 = 30$ …

Die Folge der Rechteckzahlen entsteht durch regelmäßiges Anlegen von Winkelhaken, indem 2n
Plättchen an a_{n-1} in dieser Form angelegt werden.
Entsprechend entsteht $a_6 = 42$ durch Hinzufügen
von 12 Plättchen in Winkelhakenform an a_5 wie
rechts abgebildet.

b) Die Plättchenanzahl einer Figur ergibt sich durch Multiplikation der
Plättchenanzahl je einer Zeile und Spalte, also: $a_n = (n + 1) \cdot n = n^2 + n$

2. a) Die vierte Figur ist zur Kontrolle rechts abgebildet.

b) Um eine explizite Bildungsregel zu formulieren, können Sie so vorgehen: Fassen Sie die
enthaltenen Teilfiguren zu Rechtecken zusammen. Dies funktioniert sowohl für die weißen
als auch für die grauen Anteile, wenn auch mit
leicht unterschiedlichen Tricks:

Für die weißen Kästchen berechnet sich die Anzahl durch $2 \cdot n^2$, für die
grauen durch $2 \cdot n \cdot (n + 1)$. Die Anzahl der schwarzen Kästchen berechnet sich außerdem durch $2 + 4 \cdot n$. Zusammengefasst erhält man als explizite Bildungsregel $a_n = 2 \cdot n^2 + 2 \cdot n \cdot (n + 1) + 2 + 4 \cdot n$ und damit
$a_n = (2n + 2) \cdot (2n + 1)$.

3. a) Um einen Stein in der Mitte werden Quadrate gelegt.

b) Die folgende Abbildung gibt Aufschluss:

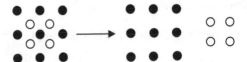

Aus dem geometrischen Muster erkennt man: Jede zentrierte Quadratzahl ist die Summe zweier aufeinanderfolgender Quadratzahlen.

Für eine beliebige natürliche Zahl besteht das $(n + 1)$-te Folgenglied somit aus $n^2 + (n + 1)^2$ Plättchen. Nun müssen Sie noch umformen.

4. a) Verwenden Sie z.B. die nebenstehende Abbildung.

b) $n^2 = [n \cdot (n - 1) : 2] + [n \cdot (n + 1) : 2]$

Kap. 3.5

1. Die nebenstehende Abbildung illustriert die Aufgabe $(5 \cdot 3) \cdot 2$ bzw. $5 \cdot (3 \cdot 2)$ – je nachdem, wie Sie darauf blicken.

2. Die Abbildung illustriert die Aufgabe $3 \cdot (2 + 4)$ bzw. $3 \cdot 2 + 3 \cdot 4$ – je nachdem, ob Sie reihenweise zählen $(3 \cdot (2 + 4))$ oder getrennt nach weißen und schwarzen Kreisen $(3 \cdot 2 + 3 \cdot 4)$.

3. Ein operativer Beweis verläuft ähnlich zu dem operativen Beweis von Satz 6, nur „umgekehrt" – hier aufgezeigt am Beispiel der Zahl 20:

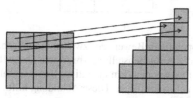

4. a) Dargestellt ist ein großes Quadrat, dessen Seiten entsprechend der eingezeichneten Zerlegungen jeweils $5 + 3 = 8$ Plättchen umfassen. Wir können die Plättchenanzahl des großen Quadrats folglich so berechnen:

$$(5 + 3)^2 = 8^2 = 64$$

Durch die Zerlegung entstehen andererseits zwei kleinere Quadrate sowie zwei Rechtecke. Oben links entsteht ein „$5 \cdot 5$"-Quadrat aus entsprechend 25 Plättchen und unten rechts ein „$3 \cdot 3$"-Quadrat aus 9 Plättchen. Die durch die Zerlegung entstandenen Rechtecke sind mit $3 \cdot 5 = 15$ Plättchen gleich groß. Statt die Plättchenanzahl des „$8 \cdot 8$"-Quadrats direkt zu berechnen, kann folglich auch so vorgegangen werden:

$$5^2 + 3 \cdot 5 + 3 \cdot 5 + 3^2 = 5^2 + 2 \cdot (3 \cdot 5) + 3^2 = 25 + 30 + 9 = 64$$

Durch den Vergleich der Gesamtplättchenanzahl ist klar, dass die beiden beschrittenen Wege gleichwertig sind. Wir hatten hier exemplarisch ein „8 · 8"-Quadrat aus Plättchen gewählt, das Prozedere lässt sich aber grundsätzlich auch auf jedes andere Quadrat anwenden – wirklich sinnvoll wird die Darstellung jedoch erst, wenn das große Quadrat mindestens ein „5 · 5" –Quadrat ist (probieren Sie es aus!).

b) Die Punktmusterdarstellung liefert eine Darstellung, die günstig ist, um erste Einsicht in die Gültigkeit der Formel zu erlangen, da sie operativ erschließbar ist. Weniger günstig ist es demgegenüber, dass die Punktmusterdarstellung auf natürliche Zahlen beschränkt ist, die Einsicht in die Allgemeingültigkeit des Nachweises also deutlich eingeschränkt wird. Statt einer Punktmusterdarstellung läge eine Darstellung wie die folgende grundsätzlich näher, bei der für die Seitenlängen a und b beliebige reelle Zahlen wählbar sind:

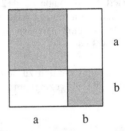

c) Für einen operativen Beweis der zweiten binomischen Formel können Sie die durch die Aufgabenstellung vorgelegte Darstellung oder die Darstellung aus b) verwenden. Ein operativer Beweisansatz für die dritte binomische Formel ist kniffliger. Diese Abbildung hilft:

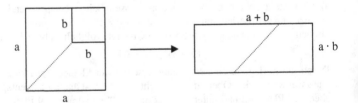

4 Die Teilbarkeitsrelation

Kap. 4.1

1. Zur Kontrolle: a) falsch; b) wahr; c) wahr; d) falsch

2. Zur Kontrolle; ±2, ±3, ±5, ±6, ±10, ±15 sind die echten Teiler von 30
    (die trivialen Teiler 1 und ±30 gehören nicht zu den *echten* Teilern).

    Es sind 2 und 15, 3 und 10, 5 und 6, (–2) und (–15), (–3) und (–10) so-
    wie (–5) und (–6) zueinander komplementär.

3. Aus 0 | a folgt: $\exists\, r \in \mathbb{Z}$: $r \cdot 0 = a$. Für welche Werte von a kann diese
    Gleichung nur erfüllt werden?

Kap. 4.2

1. Der Beweis ist nicht ganz einfach. Wir geben Ihnen zunächst den Tipp,
    dass Hin- und Rückrichtung zu beachten sind und die Beträge dazu füh-
    ren, dass eine Fallunterscheidung notwendig wird (und zwar von vier
    Fällen). Probieren Sie zunächst und lesen Sie dann erst weiter: Im Fol-
    genden finden Sie zum Abgleich oder auch zum Nachvollziehen den
    vollständigen Beweis.

    „$\Rightarrow$" z.z.: $\forall\, a, b \in \mathbb{Z}$ gilt: $a \mid b \Rightarrow |a| \mid |b|$

    $\quad$ $a \mid b$

    $\Rightarrow$ $\quad \exists\, q \in \mathbb{Z}$: $b = q \cdot a$ $\qquad\qquad\qquad\qquad$ / Def. „$\mid$"

    $\Rightarrow$ $\quad -b = -(q \cdot a) = (-q) \cdot a$,

    $\qquad$ also $\underline{-b = q' \cdot a}$ mit $q' = -q \in \mathbb{Z}$ $\qquad$ / $\cdot (-1)$, AG, Abg. $\cdot$ in $\mathbb{Z}$

    $\qquad$ und $b = (-q) \cdot (-a)$,

    $\qquad$ also $\underline{b = q' \cdot (-a)}$ mit $q' = -q \in \mathbb{Z}$ $\qquad$ / $(-q) \cdot (-a) = q \cdot a$

    $\qquad$ und $-b = -(q \cdot a) = q \cdot (-a)$,

    $\qquad$ also $\underline{-b = q \cdot (-a)}$ $\qquad\qquad\qquad$ / $\cdot (-1)$, AG $\cdot$ in $\mathbb{Z}$

    $\Rightarrow$ $\quad a \mid b$ und $a \mid -b$ und $-a \mid b$ und $-a \mid -b$ $\qquad$ / Def. „$\mid$"

    $\Rightarrow$ $\quad |a| \mid |b|$

„$\Leftarrow$" z.z.: $\forall a, b \in \mathbb{Z}$ gilt: $|a| \mid |b| \Rightarrow a \mid b$

$$|a| \mid |b|$$
$\Rightarrow \quad \exists q \in \mathbb{Z}: |b| = q \cdot |a| \hspace{3cm}$ / Def. „$\mid$"

1. Fall: $a, b \geq 0$: $\hspace{2cm} |b| = b, |a| = a$, also $\underline{b = q \cdot a, q \in \mathbb{Z}}$

2. Fall: $a < 0, b \geq 0$: $\hspace{1.5cm} |b| = b, |a| = -a$, also $b = q \cdot (-a) = (-q) \cdot a$,
$$\text{also } \underline{b = q' \cdot a, q' \in \mathbb{Z}}$$

3. Fall: $a \geq 0, b < 0$: $\hspace{1.5cm} |b| = -b, |a| = a$, also $-b = q \cdot a$,
$$\text{also } b = (-q) \cdot a \text{ und folglich } \underline{b = q' \cdot a, q' \in \mathbb{Z}}$$

4. Fall: $a, b < 0$: $\hspace{2cm} |b| = -b, |a| = -a$, also $-b = q \cdot (-a)$,
$$\text{also } \underline{b = q \cdot a, q \in \mathbb{Z}}$$

$\Rightarrow \quad a \mid b \hspace{6cm}$ / Def. „$\mid$"

2. Der Beweis verwendet die typischen Kniffe, die Sie auch in den Beweisen des Kapitels finden! Tipp: Einsetzen! Im Folgenden finden Sie zum
   Abgleich Ihrer Überlegungen oder zum Nachvollziehen den Beweis.

$$a \mid b \text{ und } a \mid (b + c)$$
$\Rightarrow \quad \exists q_1, q_2 \in \mathbb{Z}: b = q_1 \cdot a \land (b + c) = q_2 \cdot a \hspace{2cm}$ / Def. „$\mid$"
$\Rightarrow \quad \exists q_1, q_2 \in \mathbb{Z}: (q_1 \cdot a + c) = q_2 \cdot a \hspace{2.8cm}$ / einsetzen
$\Rightarrow \quad \exists q_1, q_2 \in \mathbb{Z}: c = q_2 \cdot a - q_1 \cdot a \hspace{3cm}$ / $- q_1 \cdot a$
$\Rightarrow \quad \exists q_1, q_2 \in \mathbb{Z}: c = (q_2 - q_1) \cdot a \hspace{3.3cm}$ / DG
$\Rightarrow \quad \exists q \in \mathbb{Z}, \ q = q_2 - q_1, : c = q \cdot a \hspace{2cm}$ / Abgeschl. $-$ in $\mathbb{Z}$
$\Rightarrow \quad a \mid c \hspace{7cm}$ / Def. „$\mid$"

3. Gegenbeispiel: $4 \mid 2 \cdot 10$, jedoch teilt 4 weder 2 noch 10. Vergleichen Sie
   mit den Ausführungen zu Satz 7 auf S. 86 und 87.

4. Folgen Sie den Hinweisen der Aufgabenstellung. Ist n beispielsweise
   gleich 1, 2 oder 3, so erhält man 6 | 9, 6 | 21 bzw. 6 | 39. Nun zu einer
   Skizze des „Induktionsschritts" $A(n) \Rightarrow A(n + 1)$:

z.z.: $6 \mid 3(n + 1)^2 + 3(n + 1) + 3$

$$\begin{aligned}
3(n + 1)^2 + 3 (n + 1) + 3 &= 3(n^2 + 2n + 1) + 3n + 3 + 3 \\
&= 3n^2 + 6n + 3 + 3n + 3 + 3 \\
&= \underline{3n^2 + 3n + 3} + 6n + 6
\end{aligned}$$

Der unterstrichene Ausdruck ist nach Induktionsvoraussetzung durch 6
teilbar, d.h., er hat die Form $3n^2 + 3n + 3 = 6s$ mit $s \in \mathbb{Z}$. Ebenso ist der
Term $6n + 6 = 6(n + 1)$ durch 6 teilbar. Durch Ausklammern der 6 und
Anwenden der Definition der Teilbarkeit folgt die Behauptung.

Kap. 4.3

1. Zur Kontrolle: T(32) = {1, 2, 4, 8, 16, 32}; T(60) = {1, 2, 3, 4, 5, 6, 10, 12, 15, 20, 30, 60}; T(210) = {1, 2, 3, 5, 6, 7, 10, 14, 15, 21, 30, 35, 42, 70, 105, 210}

2. a) Gehen Sie analog zum Beweis von Satz 5 vor.

   b) Wenden Sie die Definition von „|" an. Quadrieren Sie die entstandene Gleichung, wenden Sie erneut die Definition von „|" an und verwenden Sie Aufgabenteil a).

3. Die vier kleinsten vollkommenen Zahlen sind 6, 28, 496 und 8128. Weitere vollkommene Zahlen sind noch erheblich größer. Die fünftgrößte vollkommene Zahl ist beispielsweise bereits 33 550 336.

Kap. 4.4

1. Zur Kontrolle:

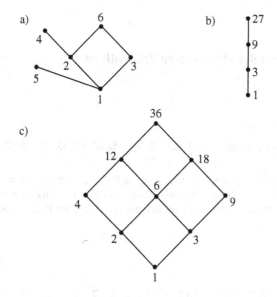

2. Beispiellösungen:

a) T(343)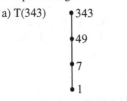

b) T(21)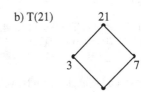

c) T(12)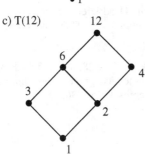

d) T(60)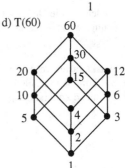

3. –

5 Der Hauptsatz der elementaren Zahlentheorie

Kap. 5.1

1. –

2. a) Die kleinsten Primzahlen in F sind: 5, 10, 15, 20, 30, 35, 40, 45, 55, 60, 65, 70, 80.

b) Die kleinsten zusammengesetzten Zahlen in F sind $25 = 5 \cdot 5$, $50 = 5 \cdot 10$ und $75 = 5 \cdot 15$. Diese haben die allesamt auch in F noch eine eindeutige PFZ. 100 ist die kleinste Zahl in F mit verschiedenen PFZen: $100 = 5 \cdot 20 = 10 \cdot 10$.

Kap. 5.2

1. Zur Kontrolle: a) $2^2 \cdot 3 \cdot 5 \cdot 7$; b) $2 \cdot 5^2 \cdot 13^2$; c) $3^3 \cdot 7^3$; d) $3^2 \cdot 5^3 \cdot 17$

2. Tipp: Hauptsatz, Einsetzen und Potenzgesetze! Im Folgenden finden Sie zum Abgleich oder zum Nachvollziehen den Beweis.

Sei a eine natürliche Zahl, die größer als 1 ist.

„$\Rightarrow$" a sei eine Quadratzahl, also $a = b^2$ für eine natürliche Zahl b größer 1. b hat nach dem Hauptsatz eine eindeutig bestimmte PFZ, d.h.:

$$b = p_1^{n1} \cdot \ldots \cdot p_k^{nk} \qquad \text{mit Primzahlen } p_1, \ldots, p_k \text{ und natürlichen}$$
$$\text{Zahlen } n_1, \ldots, n_k.$$

Durch Einsetzen erhält man:

$a = (p_1^{n1} \cdot \ldots \cdot p_k^{nk})^2$ und durch Anwendung von Potenzgesetzen

$a = p_1^{2n1} \cdot \ldots \cdot p_k^{2nk}$.

„$\Leftarrow$" Seien alle Exponenten in der PFZ von a gerade, d.h.:

$a = p_1^{2n1} \cdot \ldots \cdot p_k^{2nk}$

mit Primzahlen $p_1, \ldots, p_k$ und natürlichen Zahlen $n_1, \ldots, n_k$.
Durch Anwendung von Potenzgesetzen erhält man:

$a = (p_1^{n1} \cdot \ldots \cdot p_k^{nk})^2$

Damit ist a das Quadrat der Zahl, welche die PFZ $p_1^{n1} \cdot \ldots \cdot p_k^{nk}$ hat.

Kap. 5.3

1. Zur Kontrolle:
   a) $2 \cdot 3^2 \cdot 5^2$ c) $2^3 \cdot 5^3$
   b) $2^3 \cdot 3 \cdot 5^2$ d) $3 \cdot 7^2 \cdot 11$

2. Zur Kontrolle:
   zu a)   zu b)

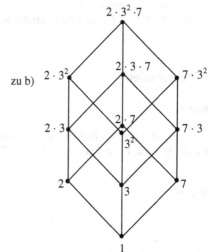

zu c)

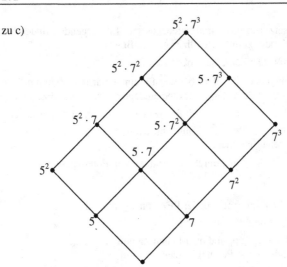

3.   Benutzen Sie Satz 6: T(6600) besteht aus 48 Elementen.

4.   –

5.   5 ist Primzahl in F, $5 \mid 10 \cdot 10$, aber 5 ist *nicht* Teiler von 10 in F. Ein
     weiteres Gegenbeispiel ist 200 $(10 \cdot 20; \ 5 \cdot 40)$: 5 ist in F ein Teiler von
     $10 \cdot 20$, 5 ist in F auch eine Primzahl, aber 5 teilt in F weder 10 noch 20.

6 Primzahlen

Kap. 6.1

Unterscheiden Sie drei Fälle: Eine Zahl kann schließlich beim Teilen durch 3
nur die Reste 0, 1 und 2 lassen. Siehe auch S. 138.

Kap. 6.2

1.   –

2. Nach dem Hilfssatz von S. 95 gilt: $(2^8 - 1) \mid 2^{256} - 1$, m = 256 = 32 · 8. Nun ist $2^8 - 1 = 256 - 1 = 255$ und 255 = 85 · 3 = 51 · 5 = 15 · 17. Mit Satz 1, Teil 1, aus Kapitel 4.2 folgt die Behauptung.

3. a) Für n = 6 erhält man mit 93 bereits eine durch 3 teilbare Zahl.

    b) Betrachten Sie n^2 und n + 41 separat, insbesondere für n = 41. Wenden Sie dann die Summenregel an.

    c) Siehe einerseits die Aufgabe 3 aus Kapitel 3.2 zum systematischen Probieren. Rumprobieren mit der Formel zum Finden von Primzahlen mag hier verführerisch sein, es ist aber ein Paradebeispiel dafür, dass vorschnelle Verallgemeinerungen ziemlich in die Hose gehen können.

Kap. 6.3

1. Der Text umreißt die „schwache Goldbachsche Vermutung": Jede ungerade Zahl, die größer als 5 ist, ist Summe dreier Primzahlen. Für die 27 erhält man beispielweise 27 = 3 + 11 + 13.

2. Beispielsweise ist 18 = 5 + 13 = 7 + 11. Dieses Beispiel zeigt zugleich, dass die Zerlegung nicht eindeutig ist.

7 ggT und kgv

Kap. 7.1

1. Es können 3 Hühner und 10 Enten, 8 Hühner und 6 Enten oder 13 Hühner und 2 Enten sein – siehe auch S. 129.

2. Nein, schon weil hier ja nur mit geraden Beträgen hantiert wird. Und denken Sie jetzt nicht an Hühner- und Entenklein.

Kap. 7.2

1. 1) Nach Def. 4 ist der ggT(1,a) das größte Element von T(1) ∩ T(a) und dies ist 1, da 1 ja nur sich selbst als Teiler hat.

    2) Wenden Sie Satz 5 aus Kapitel 4.3 an: a | b ⇔ T(a) ⊆ T(b). Der ggT(a,b) muss das größte Element aus der untergeordneten Menge sein.

2. Zur Kontrolle: a) ggT(30,75) = 15, kgV(30,75) = 150; b) ggT(48,64) =
    16, kgV(48,64) = 192; c) ggT(12,30,50) = 2, kgV(12,30,50) = 300

Kap. 7.3

1. Betrachten Sie $a = \prod_{p \in \mathbb{P}} p^{n_p}$ und $b = \prod_{p \in \mathbb{P}} p^{m_p}$.

    d ist der ggT(a,b), d.h., nach Satz 2 ist $d = \prod_{p \in \mathbb{P}} p^{m_p}$.

    Betrachten Sie nun die Quotienten:

    $a : d = \prod_{p \in \mathbb{P}} p^{n_p} : \prod_{p \in \mathbb{P}} p^{Min(n_p, m_p)}$ und $b : d = \prod_{p \in \mathbb{P}} p^{m_p} : \prod_{p \in \mathbb{P}} p^{m_p}$.

    Überlegen Sie nun genau: Durch Kürzen entstehen zwei teilerfremde
    Zahlen. Machen Sie sich dies an dem folgenden Beispiel klar:

    $a = 15, b = 20$; $15 = 3 \cdot 5$; $20 = 2^2 \cdot 5$; ggT(15,20) = 5 und nun ist
    (15 : 5) = 3 und (20 : 5) = 4, also ggT(a:d,b:d) = 1.

2. Hier einige Beispiellösungen, die jeweils Aussagen von Satz 6 verwen-
    den (vielleicht schaffen Sie es ja jeweils auch noch geschickter):

    a) ggT(520,910) = 10 · ggT(52,91) = 10 · 13 = 130
        kgV(520,910) = 10 · kgV(52,91) = 10 · 364 = 3640

    b) ggT(600,650) = 50 · ggT(12,13) = 50 · 1 = 50
        kgV(600,650) = 50 · kgV(12,13) = 50 · 156 = 7800

    c) ggT(657,707) = 1; ggtT(657,707) · kgV(657,707) = 657 · 707, also
        kgV(657,707) = 657 · 707 = 464499

Kap. 7.4

Zur Kontrolle hier als Beispiel die Lösung von Aufgabenteil a) nebst Skizze
des Vorgehens. Gehen Sie für b) und c) analog vor und orientieren Sie sich
an den Beispielen auf S. 112 und 113. In einem ersten Schritt überlegen Sie
sich die Hasse-Diagramme zu den einzelnen Zahlen. In einem zweiten legen
Sie die Diagramme passend zusammen. Der am weitesten oben stehende
gemeinsame Teiler ist das ggT, das kgV konstruieren Sie zusätzlich (gestri-
chelte Linien).

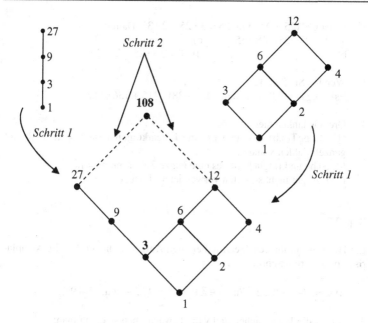

Also: ggT(12,27) = 3 und kgV(12,27) = 108.

Kap. 7.5

1. Abstrahieren Sie die Argumentation von S. 116.

2. Analog zu dem Beispiel oben auf S. 116.
    Zur Kontrolle: a) ggT(60,13) = 1   b) ggT(80,66) = 2
                                c) ggT(242,33) = 11   d) ggT(368,264) = 8

3. Betrachten Sie beispielsweise die Primfaktorzerlegungen.

4. –

Kap. 7.6

1. Zur Kontrolle: ggT(299,247) = 13; 5 · 299 – 6 · 247 = 13

2. Es ist ggT(25,35) = 5 und 5 = 3 · 25 – 2 · 35. Damit:
   a) 45 = 27 · 25 – 18 · 35   c) –
   b) –   d) 60 = 36 · 25 – 24 · 35

3. Wenden Sie Satz 12a an:
   Es ist ggT(315,88) = 1 und –2 = (–38) · 315 + 136 · 88.

4. Drei Gedanken hierzu:
   (1) Da ggT(a,b) = 1, gibt es eine Linearkombination $1 = xa + yb$ mit ganzen Zahlen x und y.
   (2) a | bc und folglich gibt es eine ganze Zahl r mit bc = ra.
   (3) Ein (gar nicht so selten verwendeter) Trick: c = c · 1.

Kap. 7.7

Ein Hinweis vorab: Beachten Sie bei allen Aufgaben die auf S. 129 exemplarisch präzisierten Schritte.

1. a) $\mathbb{L} = \{(-1 + 8a, 2 - 7a), a \in \mathbb{Z}\}$ b) $\mathbb{L} = \{(2 + 16a, -1 - 9a), a \in \mathbb{Z}\}$

2. Sind x die Jugendlichen und y die Erwachsenen so erhält man:
   $x = 90 + 17a$ und $y = -12a$, $a \in \mathbb{Z}$. Achten Sie auf sinnvolle Werte.

3. Achten Sie auf die Einheiten. Man erhält: $50x + 75y = 1000$, wobei x die Anzahl der kleinen und y die Anzahl der großen Platten beschreibt. Achten Sie auf sinnvolle Werte.

4. 1) Beschreibt x die Anzahl der Seelachsmenüs und y die Anzahl der Teufelsschmause, so erhält man: $7x + 24y = 200$. Die allgemeinen Lösungen sind $x = 32 - 24a$ und $y = -1 + 7a$ mit einer ganzen Zahl a. Achten Sie wieder auf sinnvolle Lösungen.

   2) a) Es sei x die Anzahl der Kampf- und y die Anzahl der Goldfische. Man erhält: $14x + 4y = 1000$, $x = -2a$ sowie $y = 25 + 7a$, $a \in \mathbb{Z}$. Sinnvoll sind nur positive Werte für x, so dass a < 0 sein muss. Es sind auch nur positive Werte für y sinnvoll, also muss a < –3 sein. (zur Kontrolle die sinnvollen Lösungen: x = 2 und y = 18; x = 4 und y = 11; x = 6 und y = 4).

   b) Eine gute Frage! Sollen die Schnecken das Wasser belasten? Und warum heißen Kampffische eigentlich Kampffische?

8 Kongruenzen und Restklassen

Kap. 8.1

1. An einem Donnerstag ($150 \equiv 3 \bmod 7$).

2. Zur Kontrolle:

    a) Bei Division durch 3 Rest 1, bei Division durch 9 Rest 4.

    b) Bei Division durch 3 Rest 0, bei Division durch 9 Rest 6.

    c) Bei Division durch 3 Rest 2, bei Division durch 9 Rest 8.

    d) Bei Division durch 3 Rest 0, bei Division durch 9 Rest 0.

Kap. 8.2

1. Siehe auch die Übung auf S 93. Wir betrachten Primzahldrillinge, also Zahlen der Form p, p + 2, p + 4, wobei $p \in \mathbb{P}$ und $p \geq 3$:

    1. Fall: $p \equiv 0 \bmod 3 \Rightarrow p = 3$ (Drilling 3, 5, 7) oder $p \notin \mathbb{P}$.

    2. Fall: $p \equiv 1 \bmod 3 \Rightarrow p + 2 \equiv 0 \bmod 3 \Rightarrow p + 2 \notin \mathbb{P}$.

    3. Fall: $p \equiv 2 \bmod 3 \Rightarrow p + 4 \equiv 0 \bmod 3 \Rightarrow p + 4 \notin \mathbb{P}$.

    Von den drei Zahlen p, p + 2, p + 4 ist also stets eine durch 3 teilbar. Das führt nur in dem Fall p = 3 zu einem Primzahldrilling.

2. a) $a \equiv b \bmod m \Leftrightarrow m \mid a - b$ \Satz 1 $\Leftrightarrow \exists q \in \mathbb{Z}: a - b = q \cdot m$ \Def. "|"
        $\Leftrightarrow (a - b)^2 = (q \cdot m)^2 \setminus^2 \Leftrightarrow \ldots$ \Def. "|" $\Leftrightarrow \ldots$

    b) Gegenbeispiel: a = 5, b = 2 und m = 7.

3. Wenden Sie die Definition von „|" sowie Satz 2 an.

Kap. 8.3

1. Verwenden Sie Satz 4a mit a^{n-1} und beachten Sie, dass $a \equiv b \bmod m$ vorausgesetzt ist.

2. Rechnen Sie mod 10, betrachten Sie Potenzen von 3 und wenden Sie Satz 5 sowie Potenzgesetze an. Bei b) ist z.B.: $3^{110} \equiv 3^2 \cdot 3^{108} \equiv 3^2 \cdot (3^4)^{27} \equiv 9 \cdot (81)^{27} \bmod 10 \equiv \ldots$

3. Siehe auch Aufgabe 2 auf S. 97. Rechnen Sie mod 3, mod 5 bzw. mod 17, betrachten Sie Potenzen von 2 und wenden Sie Satz 1 sowie Potenzgesetze an. Um zu zeigen, dass 17 Teiler von $2^{256} - 1$ ist, kann man beispielsweise diese Überlegungen verwenden:

$17 \mid 2^{256} - 1 \Leftrightarrow 2^{256} - 1 \equiv 0 \bmod 17 \Leftrightarrow 2^{256} \equiv 1 \bmod 17$

Außerdem sind $2^4 \equiv -1 \bmod 17$ und $256 = 4 \cdot 64$.

4) a) Satz 1 und Def. „|".

   b) Def. „|" und geeignetes Einsetzen.

   c) Anwenden geeigneter Sätze führt zu $a - b = q \cdot m$ und $a - b = p \cdot n$. Was folgt daraus, dass ggT(m,n) = 1 vorausgesetzt ist?

Kap. 8.4

1. Zur Kontrolle: $R_3 = \{\, \overline{0}, \overline{1}, \overline{2} \,\}$ und $R_5 = \{\, \overline{0}, \overline{1}, \overline{2}, \overline{3}, \overline{4} \,\}$.

2. Zur Kontrolle: a) $\overline{3}, \overline{0}, \overline{1}, \overline{1}, \overline{3}$ b) $\overline{0}, \overline{1}, \overline{3}, \overline{3}, \overline{4}$

3. Sonntag ($147 \equiv 0 \bmod 7$, dann drei Tage weiterzählen) und nach Verschiebung Dienstag.

Kap. 8.5

1. Zur Kontrolle:

$\oplus$	$\overline{0}$	$\overline{1}$	$\overline{2}$	$\overline{3}$	$\overline{4}$	$\overline{5}$
$\overline{0}$	$\overline{0}$	$\overline{1}$	$\overline{2}$	$\overline{3}$	$\overline{4}$	$\overline{5}$
$\overline{1}$	$\overline{1}$	$\overline{2}$	$\overline{3}$	$\overline{4}$	$\overline{5}$	$\overline{0}$
$\overline{2}$	$\overline{2}$	$\overline{3}$	$\overline{4}$	$\overline{5}$	$\overline{0}$	$\overline{1}$
$\overline{3}$	$\overline{3}$	$\overline{4}$	$\overline{5}$	$\overline{0}$	$\overline{1}$	$\overline{2}$
$\overline{4}$	$\overline{4}$	$\overline{5}$	$\overline{0}$	$\overline{1}$	$\overline{2}$	$\overline{3}$
$\overline{5}$	$\overline{5}$	$\overline{0}$	$\overline{1}$	$\overline{2}$	$\overline{3}$	$\overline{4}$

$\otimes$	$\overline{0}$	$\overline{1}$	$\overline{2}$	$\overline{3}$	$\overline{4}$	$\overline{5}$
$\overline{0}$	$\overline{0}$	$\overline{0}$	$\overline{0}$	$\overline{0}$	$\overline{0}$	$\overline{0}$
$\overline{1}$	$\overline{0}$	$\overline{1}$	$\overline{2}$	$\overline{3}$	$\overline{4}$	$\overline{5}$
$\overline{2}$	$\overline{0}$	$\overline{2}$	$\overline{4}$	$\overline{0}$	$\overline{2}$	$\overline{4}$
$\overline{3}$	$\overline{0}$	$\overline{3}$	$\overline{0}$	$\overline{3}$	$\overline{0}$	$\overline{3}$
$\overline{4}$	$\overline{0}$	$\overline{4}$	$\overline{2}$	$\overline{0}$	$\overline{4}$	$\overline{2}$
$\overline{5}$	$\overline{0}$	$\overline{5}$	$\overline{4}$	$\overline{3}$	$\overline{2}$	$\overline{1}$

2. Die inversen Elemente sind der Verknüpfungstabelle zu entnehmen:

$\oplus$	$\bar{0}$	$\bar{1}$	$\bar{2}$	$\bar{3}$	$\bar{4}$	$\bar{5}$	$\bar{6}$
$\bar{0}$	$\bar{0}$	$\bar{1}$	$\bar{2}$	$\bar{3}$	$\bar{4}$	$\bar{5}$	$\bar{6}$
$\bar{1}$	$\bar{1}$	$\bar{2}$	$\bar{3}$	$\bar{4}$	$\bar{5}$	$\bar{6}$	$\bar{0}$
$\bar{2}$	$\bar{2}$	$\bar{3}$	$\bar{4}$	$\bar{5}$	$\bar{6}$	$\bar{0}$	$\bar{1}$
$\bar{3}$	$\bar{3}$	$\bar{4}$	$\bar{5}$	$\bar{6}$	$\bar{0}$	$\bar{1}$	$\bar{2}$
$\bar{4}$	$\bar{4}$	$\bar{5}$	$\bar{6}$	$\bar{0}$	$\bar{1}$	$\bar{2}$	$\bar{3}$
$\bar{5}$	$\bar{5}$	$\bar{6}$	$\bar{0}$	$\bar{1}$	$\bar{2}$	$\bar{3}$	$\bar{4}$
$\bar{6}$	$\bar{6}$	$\bar{0}$	$\bar{1}$	$\bar{2}$	$\bar{3}$	$\bar{4}$	$\bar{5}$

3. Zur Kontrolle: $\bar{2} \otimes \bar{6} = \bar{0}$, $\bar{3} \otimes \bar{4} = \bar{0}$, $\bar{3} \otimes \bar{8} = \bar{0}$,

$\bar{4} \otimes \bar{6} = \bar{0}$, $\bar{4} \otimes \bar{9} = \bar{0}$, $\bar{6} \otimes \bar{6} = \bar{0}$, $\bar{6} \otimes \bar{8} = \bar{0}$,

$\bar{6} \otimes \overline{10} = \bar{0}$, $\bar{8} \otimes \bar{9} = \bar{0}$

sowie $\bar{6} \otimes \bar{2} = \bar{0}$, $\bar{4} \otimes \bar{3} = \bar{0}$ usw.

4. Analog zu den Beispielen auf S. 151 bis 154.

Kap. 8.6

1. Gehen Sie analog zu Beispiel 4 auf S. 158 vor und unterscheiden Sie die Fälle, die bei Division durch 6 auftreten können.

2. Bedenken Sie beispielsweise:
    $2^3 \equiv -1 \bmod 9$ und $1000 = 3 \cdot 333 + 1$,
    $2^4 \equiv 3 \bmod 13$, $2^7 \equiv -2 \bmod 13$ und $1000 = 26 \cdot 4 + 128 \cdot 7$.

3. Von $7x = -4y + 20$ gelangen Sie über

    $7 \mid -4y + 20$ und $-4y + 20 \equiv 0 \bmod 7$

    zu $y = 5 + 7k$ und durch Einsetzen dann zu $x = -4k$ mit $k \in \mathbb{Z}$.

4. Analog zu den Beispielen auf S. 167.

9 Geheime Botschaften

Kap. 9.2

1. In dem abgebildeten „6 · 6"-Quadrat wird das Standardalphabet ange-
    ordnet und jedem Buchstaben werden „Koordinaten" zugewiesen (z.B. A
    zu AA). Zur Verschlüsselung werden die „Koordinaten" der zu ver-
    schlüsselnden Buchstaben aneinander gereiht. Einer Erhöhung der Si-
    cherheit kann ein Schlüsselwort dienen, in dessen Buchstabenreihenfolge
    die Buchstaben im „6 · 6"-Quadrat angeordnet sind – die in der Aufgabe
    vorgestellte Variante verzichtet auf einen Schlüssel bzw. verwendet tri-
    vialerweise das Standardalphabet. Fernen können Buchstaben durch Zah-
    len, Zeichen u.Ä. ersetzt werden, insbesondere die Koordinatenbezeich-
    nungen usw.

2. Beispielsweise können Sie die in Aufgabe 1 angedeuteten Variationen
    des Polybios-Chiffre anwenden.

Kap. 9.3

1. Der Text umfasst 279 Buchstaben. Die Einteilung in Gruppen à fünf
    Buchstaben ist willkürlich. Sie dient der Verschleierung Wortlängen. Der
    Text ist per Transposition verschlüsselt (Zaun-Chiffre mit vier Zeilen, s.
    Kap. 9.5):

    wennsiedieslesenkoennenhabensieesgeschafftsiehabensicherfestgestelltd
    assdiesertextnichtmiteinemersetzenvonBuchstabenverschluesseltistdiehie
    rerfolgteverschluesselunggibteinBeispielfuereineanderetechniknaemlichd
    ietranspositionbeisolchenverfahrenwerdenbuchstabenpositionenvertausc
    ht

2. „Enigma" und die „Lorenz-Maschine" sind hoch komplexe Chiffriermas-
    chinen, die im zweiten Weltkrieg von den Deutschen zur Nachrichten-
    übermittlung verwendet wurden. Die „Turing-Bombe" ist eine elektro-
    mechanische Maschine, die von britischen Kryptoanalytikern[2] zur Ent-
    schlüsselung der deutschen Funksprüche eingesetzt wurde. „Colossus"
    ist eine ähnliche Maschine, eigentlich aber eine immense Weiterentwick-
    lung und eher ein früher Computer in unserem modernen Verständnis.

---

[2] Recherchieren Sie auch nach den Erfindern. Es ist wahnsinnig spannend!

Kap. 9.4

Einige Beispiele finden sich im Text des Abschnitts auf S. 179 (Zaubertinte, Bücher mit doppelten Böden, Mikropunkte, ...).

Kap. 9.5

1. b) „ICH WEISS NICHT WAS SOLL ES BEDEUTEN DASS ICH SO TRAURIG BIN." (Ersetzungen durch die vierzehnten Folgebuchstaben).

2. Verschlüsselung mit Zaun-Chiffre von drei Zeilen:
   „IENTSEDESHRINCWISIHWSOLSEETNASCSTARGIHSCALBUDI OUB"

   Verschlüsselung mit Vigenère-Chiffre, Schlüsselwort: „leitfaden"
   „TGPPJIVWATGPMBAVWBWPMLGEGIHEIVWFSVMPSWWMW AXVVRFQG"

3. –

4. a) „Ich freue mich auf die Semesterferien!"

   c) Den im Deutschen am häufigsten vorkommenden Buchstaben werden mehr Ziffernpaare zugeordnet, seltener vorkommenden Buchstaben weniger Ziffernpaare. Auf diese Weise werden die Buchstabenhäufigkeiten im Klartext verschleiert und Häufigkeitsanalysen werden erschwert.

   d) Die vergleichsweise geringere Anfälligkeit für Häufigkeitsanalysen ist der wesentliche Vorzug der Technik. Nachteilig ist beispielsweise, dass Ver- und Entschlüsselung relativ mühsam sind und dass Buchstabenkombinationen, die häufig in Verbindung auftreten (wie sch, ck und qu) bei einem längeren Text entgegen der eigentlichen Intention doch schnell erste Regelmäßigkeiten erkennen lassen.

Kap. 9.6

Zu Anmerkung 21: „Primzahlen eignen sich besser, weil ihre Kombination schwieriger zu erraten ist als eine Kombination zusammengesetzter Zahlen. Bei Primzahlen gibt es nur eine Möglichkeit der Faktorisierung, bei zusammengesetzten Zahlen gibt es mehrere Kombinationsmöglichkeiten, die zum Ergebnis führen könnten."

Nun zu den eigentlichen Übungen:

1. –

2. –

3. Schauen Sie sich den Beweis zu Satz 4 auf S. 199 an.

4. Gehen Sie ähnlich zu Beispiel 1 auf S. 198 vor. Einige Tipps:
    $\varphi(7) = 6$, $5555 = 5550 + 5$, $6 \mid 5550$, …

5. a) $m = 33 = 3 \cdot 11$, $\varphi(33) = \varphi(3 \cdot 11) = 2 \cdot 10 = 20$
    $e = 7$ ist der Verschlüsselungsexponent. Bestimmen Sie damit den Ent-
    schlüsselungsexponenten d. Es muss gelten $e \cdot d \equiv 1 \bmod \varphi(33)$ und so-
    mit $7 \cdot d \equiv 1 \bmod 20$, was im einfachsten Falle für $d = 3$ erfüllt ist. Der
    private Schlüssel ist somit $(d, m) = (3, 33)$. Jede Zahl x wird folglich ent-
    schlüsselt mittels der Kongruenz $x^3 \bmod 33$. Wir erhalten:

    $14^3 = 2744 \equiv 5 \bmod 33$ $\qquad\qquad$ $16^3 = 4096 \equiv 4 \bmod 33$
    $20^3 = 8000 \equiv 14 \bmod 33$

    05 entspricht nach der Zuordnung der Aufgabenstellung dem Buchstaben
    E, 14 dem Buchstaben N und 04 dem Buchstaben D. Die Botschaft lautet
    somit „E N D E".

    b) Wählen Sie größere Primzahlen für das RSA-Modul.

10 Stellenwertsysteme

Kap. 10.1

1. Zur Kontrolle: 1345; 22220; 465

2. Zur Kontrolle: 12583; 1240204

3. Zur Kontrolle:

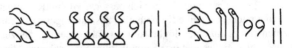

4. Zur Kontrolle: 24, 293; 440; 1949

5. Zur Kontrolle: XIX; XLIII; CCXXIX; MCMXCVIII; MMMCDXLIV

6. Zur Kontrolle: 196; 3194

7. Zur Kontrolle: [Keilschrift-Zahlzeichen] ; [Keilschrift-Zahlzeichen] ; [Keilschrift-Zahlzeichen]

Kap. 10.2

1. Zur Kontrolle: a) 442_6 b) 112340_5 c) 1001010020_3 d) 67720_9

2. a) $5416_{10} = 12450_8$, also $b = 8$.

   b) Eine solche Darstellung existiert nicht. Die Basis des Stellenwertsystems muss mindestens 16 sein. Nun ist $F1A_{16} = 3866_{10}$, $F1A_{17} = 4362_{10}$, $F1A_{18} = 4888_{10}$ und schließlich $F1A_{19} = 5444_{10}$ und damit größer als 5416_{10}, was auch für alle weiteren Basen gilt, die größer als 19 sind.

Kap. 10.3

Orientieren Sie sich bei den Aufgaben jeweils an den Beispielen des Kapitels.

1. Zur Kontrolle: 4023_6; 1079_{12}; $17AFC_{16}$

2. Zur Kontrolle: 1223_4; 761_8; 251_{16}

3. Zur Kontrolle: 123500_6; 26438_{12}

4. Zur Kontrolle: 1355_6; 4214_5

Kap. 10.4

1. –

2. Beginnen Sie mit der größtmöglichen Zahl aus vier verschiedenen Ziffern im Vierzehnersystem (DCBA). Betrachten Sie die 14-adische Quersumme (gemäß Satz 4, Teil 1).

3. Beginnen Sie mit der kleinstmöglichen Zahl aus fünf verschiedenen Ziffern im Sechsersystem (10234). Betrachten Sie die alternierende 6-

adische Quersumme (gemäß Satz 4, Teil 2), d.h,, verwenden Sie die auf
S. 225 beschriebene Teilbarkeitsregel für $7 = 11_6$ im Sechsersystem.

4. Betrachten Sie die Siebenerreste der Zehnerpotenzen in der dekadischen
    Darstellung jeder Zahl (analog zu dem Beispiel unten auf S. 228).

11 Alternative Rechenverfahren

Kap. 11.2

Orientieren Sie sich bei beiden Aufgaben an den Beispielen unten auf
S. 233.

1. Zur Kontrolle: a) 2648_{10} b) 120_3 c) 7417_{16} d) 1323_5

2. Zur Kontrolle: a) 1459_{10} b) $2e58_{12}$ c) 3377_8 d) 1_2

Kap. 11.3

Wir geben Beispiellösungen aus dem Dezimalsystem an und überlassen Ihnen den Transfer der Techniken in die übrigen Stellenwertsysteme.

1a.

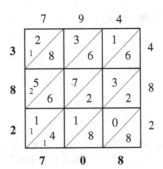

2a.

1	214
2	428
4	856
8	1712
16	3424
32	6848
64	13696
128	27392
256	54784
$387 = 256 + 128 + 2 + 1$	$54784 + 27392 + 428 + 214 = 82818$

3.
$4532 \cdot 240$
$9064 \cdot 120$
$18128 \cdot 60$
$36256 \cdot 30$
$72512 \cdot 15$
$72512 \cdot 14 \mid 72512$

$145024 \cdot 7$
$145024 \cdot 6 \mid 145024$
$290048 \cdot 3$
$290048 \cdot 2 \mid 290048$
$580096 \cdot 1$

Also: $580096 + 72512 + 145024 + 290048 = 1087680$

Kap. 11.4

1. Analog zu den Beispielen auf S. 242.

2. Analog zu den Beispielen auf S. 243.

3. Analog zu den Beispielen auf S. 244.

Kap. 11.5

1. –

2. a) Betrachten Sie zwei natürliche Zahlen x und y in Stellenwertschreib-
    weiseim dekadischen System, d.h.: $x = 10a_1 + a_0$ und $y = 10b_1 + b_0$. Wen-
    den Sie die Überkreuzmultiplikation auf die Ziffern an:

    Multiplizieren Sie die Zahlen in Stellenwertschreibweise, d.h., berechnen
    Sie $(10a_1 + a_0) \cdot (10b_1 + b_0)$, und vergleichen Sie anschließend.

    b) Überlegen Sie analog zu a) mit einer beliebigen Basis B.

3. Die Überkreuzmultiplikation zwei- und dreistelliger Zahlen wird zwar
    im Kapitel getrennt behandelt, sie funktioniert aber auch in diesem Fall.
    Machen Sie sich dies an dem Beispiel der Aufgabe $23 \cdot 423$ klar, indem
    Sie die Schritte von S. 250 durchgehen. Die Hunderterziffer der 23 ist
    eine 0:

    $$\begin{array}{ccc} 0 & 2 & 3 \\ \hline 4 & 2 & 3 \end{array}$$

4. Orientieren Sie sich bei den Aufgabenteilen a bis c an den Beispielen im
    Text, denn diese lassen sich als Grundlage für passende Modifikationen
    verwenden.

Stichwortverzeichnis

Printed in the United States
By Bookmasters

Printed in the United States
By Bookmasters